普通高等学校公共基础类“互联网+”规划教材

大学物理学

（波动与光学）第2版

主　编　王登龙
副主编　马英俊　姜　萌　刘卫萍
主　审　颜晓红

本书资源使用说明

北京邮电大学出版社
·北京·

内容简介

本书是对全新的"互联网+"立体化教材的探索。本书在"十二五"普通高等教育本科国家级规划教材《大学物理学》的基础上缩编而成,并配以手机App学习资源和网络教学平台等新的辅助教学手段,配套建设了丰富的资源库,便于各高校教师的教与学生的学。

本书内容以机械波和光学为主,包括振动、波动、几何光学、光的干涉、光的衍射、光的偏振,共6章;手机App学习资源包括AR动画、智能习题、拓展阅读、科学巨匠介绍等;网络教学平台设有在线题库考试系统、资源库和网络课程。

本书可作为高等工科院校、农林院校等各专业的大学物理教材,也可作为综合性大学和师范院校非物理专业的教材或参考书。

图书在版编目(CIP)数据

大学物理学. 波动与光学 / 王登龙主编. -- 2 版.
北京 : 北京邮电大学出版社, 2025. -- ISBN 978-7
-5635-7464-3

Ⅰ. O4

中国国家版本馆 CIP 数据核字第 2024EC2651 号

策划编辑:马双武　**责任编辑**:唐咸荣　**封面设计**:赫　健

Daxue Wulixue(Bodong yu Guangxue)

出版发行:北京邮电大学出版社
社　　址:北京市海淀区西土城路10号(100876)
电话传真:010-82333010　62282185(发行部)　010-82333009　62283578(传真)
网　　址:www.buptpress3.com
电子信箱:buptpress3@163.com
经　　销:各地新华书店
印　　刷:涿州汇美亿浓印刷有限公司
开　　本:787 mm×1 092 mm　1/16
印　　张:12
字　　数:300千字
版　　次:2017年8月第1版　2025年4月第2版
印　　次:2025年4月第1次印刷

ISBN 978-7-5635-7464-3　　**定价**:39.00元

前　言

随着互联网技术的发展,一种全新的生活、工作、学习方式日益影响着人们的习惯,互联网新技术在逐渐融入传统领域的过程中,不断给人们带来惊喜。对大学物理课程来说,很多专业人士都在努力尝试用一种直观的方法让学生充分体验物理的奥妙。开始以演示实验为主,后来发展到计算机仿真,直到现在的虚拟现实和增强现实。可以说,大学物理课程的教与学迎来了一次创新变革的契机,基于这种情况,我们推出了这本全新的"互联网+"立体化教材。

本书是在"十二五"普通高等教育本科国家级规划教材《大学物理学》的基础上缩编而成的,并根据教育部颁发的《理工科类大学物理课程教学基本要求》(2023 年版)进行了修订。本书配以手机 App 学习资源和网络教学平台等辅助教学手段,配套建设了丰富的资源库,便于各高校教师的教与学生的学。

一、手机 App 学习资源

学生可以通过手机下载 App 软件,通过扫码验证,加载本书的学习资源,并且可以离线学习。手机 App 学习资源包括 AR 动画、智能习题、拓展阅读、科学巨匠介绍等。

(1)AR 动画模块通过增强现实技术与纸质教材和实验仪器进行结合,形象地展示物理现象或实验仪器的三维动画,方便学生学习相关的物理知识。

(2)智能习题模块包括教材中的习题、精选习题详解及每章所有习题的参考答案,其中选择题和填空题可以在手机上直接作答,并有相应的答案提示。

(3)拓展阅读模块内容丰富,涉及物理学知识以及相关领域的各个交叉学科的知识在生活、生产和具体工程中的应用,涵盖的知识面非常广泛。

(4)科学巨匠介绍模块介绍了一些在物理学发展史上做出杰出贡献的物理学家的基本经历、主要成就、经典语录,同时提供了相关的网络链接,可以让读者深入了解这些科学巨匠的成长历程和艰辛的科学探索过程,激励读者以他们为楷模,不断地奋发图强。

二、网络教学平台

网络教学平台设有在线题库考试系统、资源库、网络课程,提供课件、微课、习题等丰富的教学资源,为教师备课和进行教学创新带来了方便;在线答疑、组卷判卷、自动批改、分步提示等功能的设计,可节约教师时间,有效辅助教师教学。

大学物理课程是理工科大学生需要学习的一门重要的基础课。对非物理专业的学生来说，他们可能不会直接运用物理学的定律和公式去解决工作和生活中的问题，但是我们相信学生在以后的工作和生活当中，都将会从所学到的物理学知识及物理学研究方法中得到益处、受到启迪，甚至获得灵感。在课程内容的选取上，本书内容只包含振动、波动和光学的知识，难度适中。其他课程内容请参考相关分册。

在本次修订中，我们在保持原有教材的体系和特点的基础上，做了如下修订工作。

(1)增添了一些涉及中国元素的内容，介绍了近年来物理学的一些新发展、新技术，使教材始终保持其适用性和先进性。

(2)对全书的文字叙述进行了适当的修改，使相关内容更容易理解和学习。

(3)增添了阅读文档，以二维码形式呈现，拓展了教材的相关内容。

(4)调整了部分例题和习题，使内容体系更加完整。

本书包括振动、波动、几何光学、光的干涉、光的衍射、光的偏振，共6章内容。每章的习题部分均包含选择题、填空题和解答题3种题型，题量大，难易度适中。

本书由王登龙担任主编，负责全书的修改和定稿工作；由马英俊、姜萌、刘卫萍担任副主编；由颜晓红担任主审。在修订过程中，马双武参与了大纲的讨论和编写，范军怀、唐咸荣构思并设计了教学资源的结构和配置，刘国辉、杜立、张展华参与了AR及动画方案的设计，王鑫、肖玉坤编辑了教学资源的内容。北京邮电大学出版社有关人员在本书的编辑出版过程中付出了大量的辛勤劳动，在此一并表示感谢。

在党的二十大报告提出的“加强教材建设和管理”精神的指引下，本次修订中，编者对全书进行了检查和梳理。

编写全新的“互联网＋”立体化教材是一种探索，由于编者水平有限，书中难免存在不妥和疏漏之处，恳请读者批评指正，以便再版时改进。

目录

PHYSICS

波动与光学概述

振动的传播过程称为波动，简称波. 声波、水波、地震波、电磁波都是波. 波的传播伴随状态和能量的传递. 尽管不同的振动形式以不同的方式在空间传播，但它们有类似的波动方程，具有共同的特征，如干涉、衍射等波动特有的性质. 振动和波动广泛地存在于自然界中，振动和波动的理论是声学、地震学、建筑学、机械原理、光学以及计算机信息科学等领域的重要基础，有着极其广泛的应用.

光学是研究光的本性、光的传播和光与物质相互作用等规律的学科. 其内容通常分为几何光学、波动光学和量子光学三部分. 以光的直线传播为基础，研究光在透明介质中传播规律的光学称为几何光学；以光的波动性为基础，研究光的传播规律的光学称为波动光学；以光的粒子性为基础，研究光与物质相互作用规律的光学称为量子光学.

光学是人类历史上发展较早的学科，公元前 400 多年，我国的《墨经》中就记载了光影关系、小孔成像、反射成像等光的直线传播现象，对光的几何性质已有了较为完整的描述. 17 世纪初，望远镜和显微镜被发明出来，极大地拓宽了人类的视野. 斯涅耳(Snell)和笛卡儿(Descartes)将光的反射和折射现象的观察结果归纳为如今所用的反射定律和折射定律. 17 世纪后半叶，人们对光的本性的认识有两派不同的学说：一派是牛顿(Newton)所主张的微粒说(至 18 世纪末一直占主导地位)，认为光是一股粒子流；另一派是惠更斯(Huygens)所倡导的波动说，认为光是机械振动在“以太”介质中的传播. 由于当时科学水平的局限，人们或者把光看作由机械微粒所组成，或者把光看作一种机械波. 这两种观点都没有正确地反映光的客观本质.

19 世纪初，波动光学体系已初步形成，其中以英国的托马斯·杨(T. Young)和法国的菲涅耳(A. J. Fresnel)的著作为代表. 托马斯·杨用双缝实验显示了光的干涉现象，测定了光的波长并圆满地解释了“薄膜的颜色”现象；菲涅耳认为光振动是一种连续介质的机械弹性振动，并于1835年以杨氏干涉原理为基础补充了惠更斯波动说，提出了惠更斯-菲涅耳原理，进一步解释了光的干涉和衍射现象. 1808年，法国人马吕斯(E. L. Malus)发现了光的偏振现象，托马斯·杨根据这一发现提出光是一种横波. 光的干涉、衍射和偏振现象表明光具有波动性，并且是横波. 至此，光的波动说获得了普遍承认. 1865年，麦克斯韦(C. Maxwell)的理论研究指出，电场和磁场的变化，不能局限在空间的某一部分，而是以一定的速度传播着，且其在真空中的传播速度等于实验测定的光速——3×10^8 m/s，并且麦克斯韦预言：光是一种电磁波. 这一结论在1887年被赫兹(Hertz)的实验所证实，人们这才认识到光不是机械波，而是电磁波，波动光学的理论得以完善.

19世纪末至20世纪初，人们又发现一系列新现象，如热辐射、光电效应、康普顿(Compton)效应等，这些现象不能用光的波动理论来解释. 1900年，普朗克(Planck)提出了能量子假说，成功地解释了黑体辐射的实验规律，开创了量子光学的新纪元. 1905年，爱因斯坦(Einstein)提出了光量子假说，认为光是由大量以光速运动的粒子流——光子组成的，圆满地解释了光电效应；之后，康普顿又假定光子不仅具有能量，而且具有动量，成功地解释了康普顿效应.

光究竟是"微粒"还是"波"? 近代科学实践证明，光是一种十分复杂的客体，关于光的本性问题，只能用它所表现的性质和规律来回答：光在某些方面的行为像"波"，在另一些方面的行为却像"粒子"，即它具有波动和粒子的两重性质，这就是所谓光的波粒二象性. 光的这种二象性，已被证实也是一切微观粒子所具有的基本属性.

光的干涉、衍射和偏振现象在现代科学技术中的应用已十分广泛，如长度的精密测量、光谱的测量与分析、光测弹性研究、晶体结构分析等. 20世纪60年代以来，激光的问世和激光技术的迅速发展，开拓了光学研究和应用的新领域，如全息技术、信息光学、集成光学、光纤通信以及强激光下的非线性光学效应研究等，推动了现代科技的新发展.

第 1 章
振　动

本章提要

物体在某固定位置附近的往复运动叫作机械振动，它是物体的一种普遍运动形式. 例如，活塞的往复运动、树叶在空气中的抖动、琴弦的振动、心脏的跳动等都是振动. 物体在受到打击，或摇摆、颠簸、发声时必有振动. 任何一个具有质量和弹性的系统在其运动状态发生突变时都会发生振动.

广义地说，**任何一个物理量在某一量值附近随时间的周期性变化都可以叫作振动**. 例如，交流电路中的电流、电压，振荡电路中的电场强度和磁场强度等均随时间做周期性的变化，因此它们的变化都可以称为振动. 这种振动虽然和机械振动有本质的不同，但它们都具有相同的数学特征和运动规律. 所以，振动不仅是声学、地震学、建筑学、机械制造等必需的基础知识，也是电学、光学、无线电学的基础.

本章主要讨论简谐振动和振动的合成，并简要介绍阻尼振动、受迫振动和共振现象以及非线性振动.

1.1 简谐振动的动力学特征

简谐振动是振动中最基本、最简单的振动形式,任何一个复杂的振动都可以看成若干个或无穷多个简谐振动的合成.

简谐振动的动力学特征

一个做往复运动的物体,如果其偏离平衡位置的位移 x(或角位移 θ) 随时间 t 按余弦(或正弦) 规律变化,即

$$x = A\cos(\omega t + \varphi_0) \tag{1.1}$$

则称这种振动为**简谐振动**.

研究表明,对于做简谐振动的物体(或系统),尽管描述它们偏离平衡位置的位移的物理量可以千差万别,但描述它们动力学特征的运动微分方程的形式却完全相同.

1.1.1 弹簧振子模型

将轻弹簧(质量可忽略不计) 一端固定,另一端与质量为 m 的物体(可视为质点) 相连,若该系统在振动过程中,弹簧的形变较小(形变弹簧作用于物体的力总是满足胡克定律),则这样的弹簧-物体系统称为**弹簧振子**.

如图 1.1 所示,将弹簧振子水平放置,使振子(物体) 在水平光滑支撑面上振动. 以弹簧处于自然状态(弹簧既未伸长也未压缩的状态) 的稳定平衡位置为坐标原点,当振子偏离平衡位置的位移为 x 时,其受到的弹性力为

$$F = -kx \tag{1.2}$$

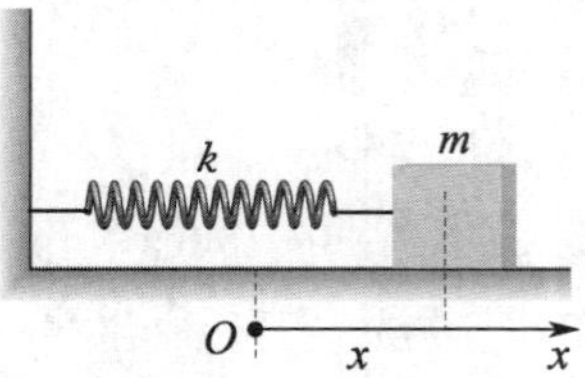

图 1.1 弹簧振子

式中,k 为弹簧的刚度系数;负号表示弹性力的方向与振子的位移方向相反,即振子在运动过程中受到的力总是指向平衡位置. 弹性力的大小与振子偏离平衡位置的位移成正比,这种力称为线性回复力.

如果不计阻力(如振子与支撑面的摩擦力、在空气中运动时受到的介质阻力及其他能量损耗),则振子的运动微分方程为

$$-kx = m\frac{\mathrm{d}^2 x}{\mathrm{d}t^2}$$

令

$$\omega^2 = \frac{k}{m} \tag{1.3}$$

则有

$$\frac{\mathrm{d}^2 x}{\mathrm{d}t^2} + \omega^2 x = 0 \tag{1.4}$$

式(1.4) 的解就是式(1.1)[①],可知式(1.4) 就是描述简谐振动的运动微分方程. 由

① 根据微分方程理论,方程(1.4) 的通解为 $x = A\mathrm{e}^{\mathrm{i}(\omega t+\varphi_0)} = A\cos(\omega t + \varphi_0) + \mathrm{i}A\sin(\omega t + \varphi_0)$. 在经典物理学中只用实数部分表示物理量,描述机械振动通常用余弦函数,所以方程(1.4) 的解取式(1.1).

此可以给出简谐振动的一种更普遍的定义：若某力学系统的动力学方程可归结为式(1.4) 的形式，且其中 ω 仅取决于振动系统本身的性质，则该系统的运动为简谐振动. 能满足式(1.4) 的系统，又称为**谐振子系统**.

1.1.2 微振动的简谐近似

上述弹簧振子(谐振子) 是一个理想模型. 实际发生的振动大多较为复杂，一方面回复力可能不是弹性力，而是重力、浮力或其他力；另一方面回复力可能是非线性的，只能在一定条件下才可近似当作线性回复力，如单摆、复摆、扭摆等.

一端固定且不可伸长的细线与可视为质点的物体相连，当它在竖直平面内做小角度($\theta \leqslant 5°$) 摆动时，该系统称为**单摆**，如图 1.2 所示.

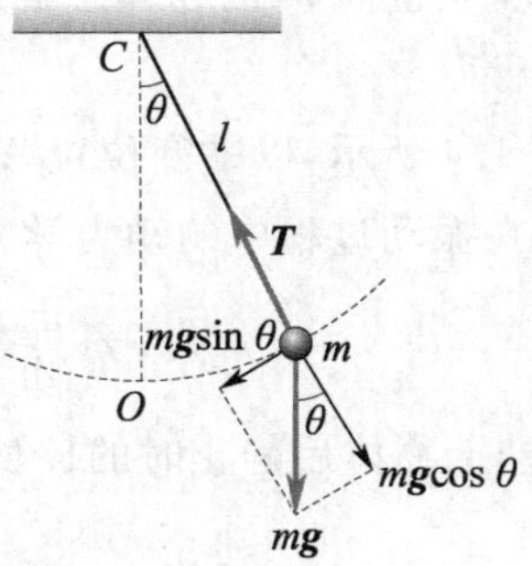

图 1.2 单摆

以摆球为研究对象，单摆的运动可看作绕过 C 点的垂直于纸面的水平轴转动. 显然，摆线处于竖直位置时，摆球处于平衡位置 O(回复力为零的位置). 当摆线偏离竖直方向的角度为 θ 时(此处 θ 又称为角位移)，摆球受到重力 $m\boldsymbol{g}$ 与绳拉力 $\boldsymbol{T}$ 的合力，对过 C 点的转动轴的力矩为

$$M = -mgl\sin\theta \tag{1.5}$$

式中，负号表示力矩的方向总是与角位移的方向相反. 在 $\theta \leqslant 5°$ 时，将 θ 值用弧度表示，则有 $\sin\theta = \theta - \frac{\theta^3}{3!} + \frac{\theta^5}{5!} - \cdots$，略去高阶无穷小，式(1.5) 可近似简化为

$$M = -mgl\theta \tag{1.6}$$

此时回复力矩的大小与角位移成正比，方向相反.

若不计阻力，由转动定律可写出摆球的动力学方程为

$$-mgl\theta = ml^2\frac{\mathrm{d}^2\theta}{\mathrm{d}t^2}$$

令

$$\omega^2 = \frac{g}{l} \tag{1.7}$$

则有

$$\frac{\mathrm{d}^2\theta}{\mathrm{d}t^2} + \omega^2\theta = 0 \tag{1.8}$$

即单摆的小角度摆动是简谐振动.

绕不过质心的水平固定轴转动的刚体称为**复摆**①，如图1.3 所示. 质心 C 在竖直位置时达到平衡位置，以质心 C 至轴心 O 的距离 h 为摆长，同上分析，当 $\theta \leqslant 5°$ 时，复摆的动力学方程为

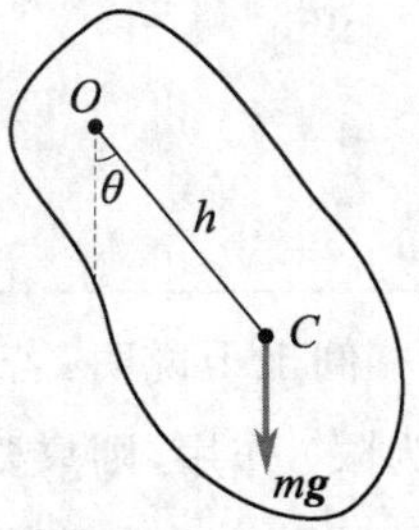

图 1.3 复摆

$$-mgh\theta = J\frac{\mathrm{d}^2\theta}{\mathrm{d}t^2} \tag{1.9}$$

① 若悬线长 l 与“摆球”的线度 r 不满足 $l \gg r$，也称为复摆.

令
$$\omega^2 = \frac{mgh}{J} \tag{1.10}$$
于是式(1.9)也可归为式(1.8).

由上述讨论可知,在小角度摆动情况下,经过近似处理,单摆或复摆的运动微分方程与弹簧振子的运动微分方程,即式(1.8)和式(1.4)具有完全相同的数学形式.进一步的研究表明,任何一个物理量(如长度、角度、电流、电压以及化学反应中某种化学组分的浓度等)的变化规律只要满足式(1.4),且常量ω取决于系统本身的性质,则该物理量做简谐振动.

例 1.1 一质量为m的物体悬挂于轻弹簧下端,不计空气阻力,试证其在平衡位置附近的振动是简谐振动.

证 如图1.4所示,以平衡位置A为坐标原点,向下为x轴正方向,设某一瞬时物体的坐标为x,则物体在振动过程中的动力学方程为
$$m\frac{\mathrm{d}^2x}{\mathrm{d}t^2} = -k(x+l)+mg$$
式中,l是弹簧挂上物体后静止时的伸长量.因为$mg=kl$,所以上式为
$$m\frac{\mathrm{d}^2x}{\mathrm{d}t^2} = -kx$$
即
$$\frac{\mathrm{d}^2x}{\mathrm{d}t^2} + \omega^2 x = 0$$
式中,$\omega^2 = \frac{k}{m}$.于是该系统做简谐振动.

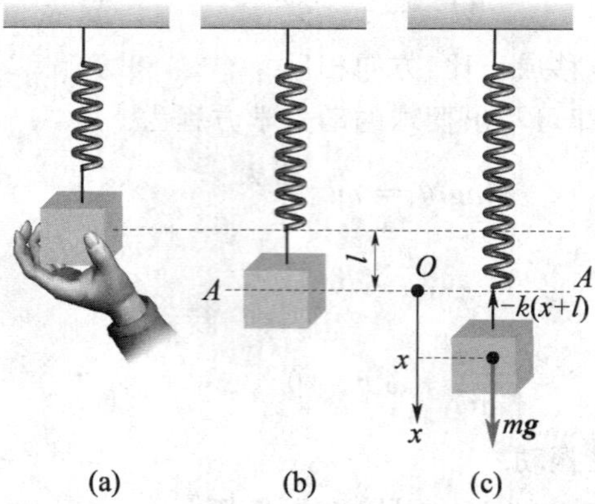

图1.4 例1.1图

例1.1说明:若一个谐振子系统受到一个恒力(以使系统中不出现非线性因素为限)作用,则只要将其坐标原点移至恒力作用下新的平衡位置,该系统仍是一个与原系统动力学特征相同的谐振子系统.

1.2 简谐振动的运动学

1.2.1 简谐振动的振动方程

如前所述,微分方程$\frac{d^2x}{dt^2}+\omega^2x=0$的解可写作

$$x=A\cos(\omega t+\varphi_0) \tag{1.11}$$

式中,A和φ_0是由初始条件确定的两个积分常数.式(1.11)称为**简谐振动的振动方程**.

由于

$$\cos(\omega t+\varphi_0)=\sin\left(\omega t+\varphi_0+\frac{\pi}{2}\right)$$

令$\varphi'=\varphi_0+\frac{\pi}{2}$,则式(1.11)也可写成

$$x=A\sin(\omega t+\varphi')$$

可见,简谐振动的运动规律也可用正弦函数表示.本书对简谐振动统一用余弦函数表示.

1.2.2 描述简谐振动的重要参量

描述简谐振动的物理量

1.振幅

根据简谐振动的振动方程,物体的最大位移不能超过A.物体偏离平衡位置的最大位移(或角位移)的绝对值叫作**振幅**,用A表示.显然,振幅A是由初始条件决定的.

简谐振动的振动方程对时间求一阶导数,即得简谐振动的速度方程为

$$v=-\omega A\sin(\omega t+\varphi_0) \tag{1.12}$$

将初始条件$t=0,x=x_0,v=v_0$分别代入式(1.11)和式(1.12),得

$$\begin{cases}x_0=A\cos\varphi_0\\-\frac{v_0}{\omega}=A\sin\varphi_0\end{cases} \tag{1.13}$$

取两式平方和,即求出振幅为

$$A=\sqrt{x_0^2+\left(\frac{v_0}{\omega}\right)^2} \tag{1.14}$$

当$t=0$时,若物体的位移为x_0,而速度为零,则此时的$|x_0|$即为振幅;当$t=0$时,若物体在平衡位置,而初速度为v_0,则$A=\left|\frac{v_0}{\omega}\right|$,可见此时初速度越大,振幅越大.

2.周期、频率、角频率

物体做简谐振动时,完成一次全振动所需的时间叫作简谐振动的**周期**,用T表示.由周期函数的性质,有

$$A\cos(\omega t+\varphi_0)=A\cos[\omega(t+T)+\varphi_0]$$
$$=A\cos(\omega t+\varphi_0+2\pi)$$

由此可知
$$T=\frac{2\pi}{\omega} \tag{1.15}$$

和周期密切相关的另一物理量是**频率**,即单位时间内系统完成的全振动的次数,用ν表示:

$$\nu=\frac{1}{T}=\frac{\omega}{2\pi} \tag{1.16}$$

在国际单位制中,ν的单位是赫兹(Hz).

由式(1.16),有

$$\omega=\frac{2\pi}{T}=2\pi\nu \tag{1.17}$$

它表示系统在2π s内完成的全振动的次数,称为**角频率**(又称为**圆频率**).在国际单位制中,ω的单位是弧度每秒(rad/s).由1.1节的讨论可知,简谐振动的角频率ω是由系统的力学性质决定的,故又称为固有(本征)角频率.例如:

弹簧振子:
$$\omega=\sqrt{\frac{k}{m}}$$

单摆:
$$\omega=\sqrt{\frac{g}{l}}$$

复摆:
$$\omega=\sqrt{\frac{mgh}{J}}$$

由此确定的振动周期称为固有(本征)周期.例如:

弹簧振子:
$$T=2\pi\sqrt{\frac{m}{k}} \tag{1.18}$$

单摆:
$$T=2\pi\sqrt{\frac{l}{g}} \tag{1.19}$$

复摆:
$$T=2\pi\sqrt{\frac{J}{mgh}} \tag{1.20}$$

3. 相位和初相位

简谐振动的振幅确定了振动的范围,频率或周期则描绘了振动的快慢.不过仅由参量A和ω还不能确定系统在任意瞬时的振动状态.式(1.11)和式(1.12)表明,只有在已知A、ω、φ_0时,系统的振动状态才是完全确定的.能确定系统任意时刻振动状态的物理量

$$\varphi=\omega t+\varphi_0 \tag{1.21}$$

叫作简谐振动的**相位**.例如,当相位$(\omega t_1+\varphi_0)=\pi/2$时,有$x=0, v=-\omega A$,表明此时系统的振动状态是振子处于平衡位置并以速率ωA向x轴负方向运动;当相位$(\omega t_2+\varphi_0)=3\pi/2$时,有$x=0, v=\omega A$,此时系统的振动状态是振子处于平衡位置并以速率$\omega A$向$x$轴正方向运动.可见,在$t_1$和$t_2$时刻,振动相位不同,系统的振动状态就不同.系统的一个确定的振动状态必与确定的振动相位对应.例如,若某时刻系统的位移为$x=A/2$,而速度$v>0$(向正最大位移方向运动),则由式(1.12)可知,与

此振动状态对应的振动相位为$\varphi = -\pi/3$(或$5\pi/3$).

两振动相位之差$\Delta\varphi = \varphi_2 - \varphi_1$,称为**相位差**.若相位差等于零或$2\pi$的整数倍,则称两振动同步,而如果两振动的振幅和频率也相同,则表明此时它们的振动状态相同;若$\Delta\varphi = (2k+1)\pi$,则称两振动的相位相反(或反相),表明它们的振动状态相反;若$0 < \Delta\varphi < \pi$,则称φ_2超前于φ_1,或称φ_1滞后于φ_2.总之,相位差的不同反映了两个振动不同程度的参差错落.

用相位表征简谐振动的振动状态还能充分地反映简谐振动的周期性.简谐振动在一个周期内所经历的振动状态每时每刻都不相同,从相位上来理解,这相当于相位经历了从0到2π的变化过程.因此,对于一个以某个振幅和频率振动的系统,若某两个时刻的振动状态相同,则它们所对应的相位差必定为2π或2π的整数倍.

$t = 0$时的相位叫作初相位.由式(1.13)可得

$$\tan\varphi_0 = -\frac{v_0}{\omega x_0} \tag{1.22}$$

可见,初相位也是由初始条件确定的.

使式(1.13)和式(1.22)均成立的φ_0值,即为该振动的初相位.

若已知振子的初始振动状态,则可直接由式(1.13)得出其初相位.例如,若$t=0$,$x_0 = -A/2$,而$v<0$,则由式(1.13)可推知,与此振动状态对应的初相位为$\varphi_0 = 2\pi/3$.

1.2.3　简谐振动的旋转矢量法

描述简谐振动的方法

在研究简谐振动问题时,常采用一种较为直观的几何方法,即**旋转矢量法**.

如图1.5所示,从坐标原点O(平衡位置)画一矢量$\boldsymbol{A}$,使它的模等于简谐振动的振幅A,并令$t=0$时$\boldsymbol{A}$与x轴的夹角等于简谐振动的初相位φ_0,然后使$\boldsymbol{A}$以等于角频率ω的角速度在平面上绕O点做逆时针转动,这样作出的矢量称为旋转矢量.显然,旋转矢量$\boldsymbol{A}$任一时刻在x轴上的投影$x = A\cos(\omega t + \varphi_0)$就描述了一个简谐振动,矢端沿圆周运动的速度大小等于ωA,其方向与x轴的夹角等于$(\omega t + \varphi_0 + \pi/2)$,在$x$轴上的投影为$\omega A\cos(\omega t + \varphi_0 + \pi/2) = -\omega A\sin(\omega t + \varphi_0)$,这就是简谐振动的速度方程;矢端做圆周运动的加速度的大小为$a_n = \omega^2 A$,它与x轴的夹角为$(\omega t + \varphi_0 + \pi)$,所以加速度在$x$轴上的投影为

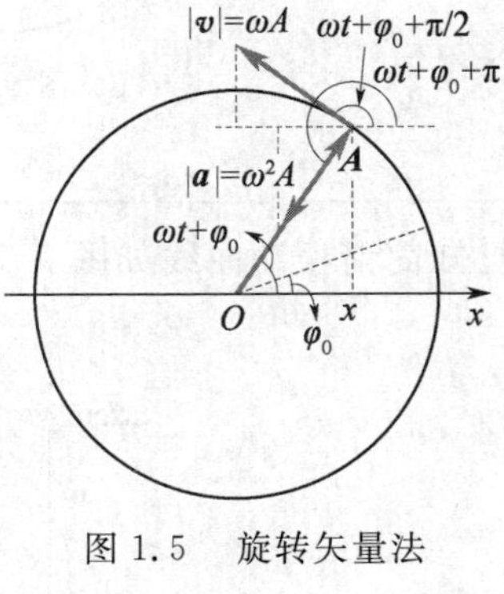

图1.5　旋转矢量法

$$\omega^2 A\cos(\omega t + \varphi_0 + \pi) = -\omega^2 A\cos(\omega t + \varphi_0) = -\omega^2 x$$

以上讨论表明,简谐振动速度的相位比位移超前$\pi/2$,加速度的相位比速度超前$\pi/2$,比位移超前π.

旋转矢量法

例 1.2 一弹簧振子沿 x 轴做简谐振动,振幅为 0.4 m,周期为 2 s,当 $t=0$ 时,位移为 0.2 m,且向 x 轴负方向运动. 求简谐振动的振动方程,并画出 $t=0$ 时的旋转矢量图.

解 设此简谐振动的振动方程为

$$x = A\cos(\omega t + \varphi_0)$$

则其速度为

$$v = \frac{dx}{dt} = -\omega A\sin(\omega t + \varphi_0)$$

将 $A = 0.4\ \text{m}, \omega = \frac{2\pi}{T} = \pi\ \text{rad/s}$,以及 $t=0$ 时,$x_0 = 0.2\ \text{m}$,代入 $x = A\cos(\omega t + \varphi_0)$,得

$$\varphi_0 = \pm\frac{\pi}{3}$$

再由 $t=0$ 时,$v_0 < 0$ 的条件,得 $v_0 = -0.4\pi\sin\varphi_0 < 0$,所以

$$\varphi_0 = \frac{\pi}{3}$$

于是此简谐振动的振动方程为

$$x = 0.4\cos\left(\pi t + \frac{\pi}{3}\right)\ \text{m}$$

$t=0$ 时的旋转矢量图如图 1.6 所示.

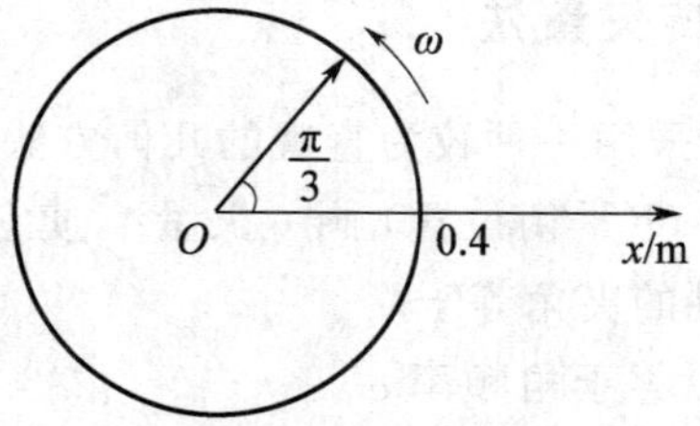

图 1.6 旋转矢量图

例 1.3 已知简谐振动曲线如图 1.7 所示,试写出其振动方程.

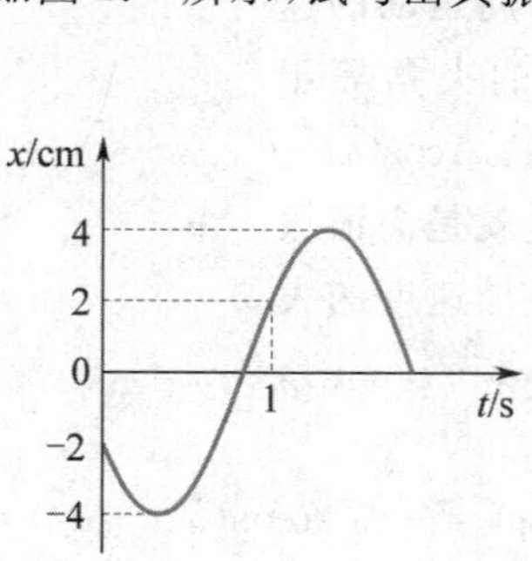

图 1.7 例 1.3 图

解 设简谐振动的振动方程为

$$x = A\cos(\omega t + \varphi_0)$$

由图 1.7 可知,$A = 4$ cm,下面只需求出 φ_0 和 ω 即可. 从图 1.7 中分析可知,$t = 0$ 时,$x_0 = -2$ cm,且 $v_0 = \frac{dx}{dt} < 0$(由曲线的斜率决定),代入振动方程,有

$$-2 = 4\cos\varphi_0$$

故 $\varphi_0 = \pm\frac{2}{3}\pi$. 又由 $v_0 = -\omega A\sin\varphi_0 < 0$,得 $\sin\varphi_0 > 0$,因此只能取 $\varphi_0 = \frac{2}{3}\pi$.

再从图 1.7 中分析可知,$t = 1$ s 时,$x = 2$ cm,$v > 0$,代入振动方程,有

$$2 = 4\cos(\omega + \varphi_0) = 4\cos\left(\omega + \frac{2}{3}\pi\right)$$

即

$$\cos\left(\omega + \frac{2}{3}\pi\right) = \frac{1}{2}$$

所以 $\omega + \frac{2}{3}\pi = \frac{5}{3}\pi$ 或 $\frac{7}{3}\pi$$\left(\text{应注意这里不能取} \pm\frac{\pi}{3}\right)$. 因同时要满足 $v = -\omega A\sin\left(\omega + \frac{2}{3}\pi\right) > 0$,即 $\sin\left(\omega + \frac{2}{3}\pi\right) < 0$,故应取 $\omega + \frac{2}{3}\pi = \frac{5}{3}\pi$,即 $\omega = \pi$ rad/s,所以振动方程为

$$x = 4\cos\left(\pi t + \frac{2}{3}\pi\right) \text{ cm}$$

用旋转矢量法也可以简单地求出简谐振动的 φ_0 和 ω. 如图 1.8 所示,在 x-t 曲线的左侧作 Ox 轴与位移坐标轴平行,由振动曲线可知,a、b 两点对应 $t = 0$、$t = 1$ s时刻的振动状态,可确定这两个时刻旋转矢量的位置分别为 $\overrightarrow{Oa}$ 和 $\overrightarrow{Ob}$. 下面进行详细说明:由 a 点向 Ox 轴作垂线,其交点就是 $t = 0$ 时刻旋转矢量端点的投影点. 已知该处 $x_0 = -2$ cm,且此时刻 $v_0 < 0$,故旋转矢量应在 Ox 轴左侧,它与 Ox 轴正方向的夹角 $\varphi_0 = \frac{2}{3}\pi$ 就是 $t = 0$ 时刻的振动相位,即初相位. 又由 b 点向 Ox 轴作垂线,其交点就是 $t = 1$ s 时刻旋转矢量端点的投影点,该处 $x = 2$ cm,且此时刻 $v > 0$,故旋转矢量应在 Ox 轴右侧,它与 Ox 轴的夹角 $\varphi = \frac{5}{3}\pi$ 就是 $t = 1$ s 时刻的振动相位,即 $\omega + \frac{2}{3}\pi = \frac{5}{3}\pi$,解得 $\omega = \pi$ rad/s.

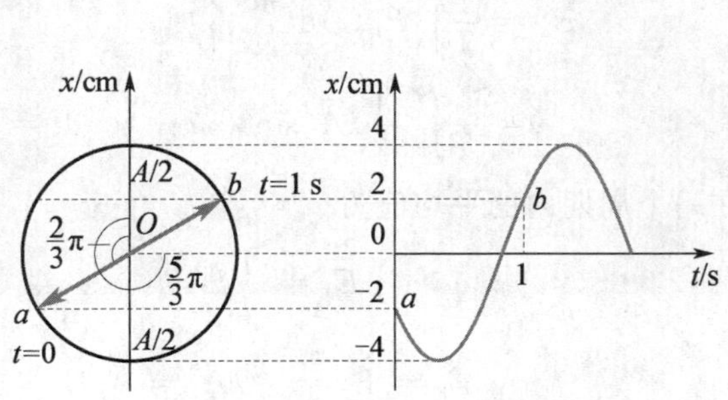

图 1.8 用旋转矢量法求解

1.3 简谐振动的能量

下面以弹簧振子为例来说明简谐振动的能量.

设弹簧振子的质量为m,弹簧的刚度系数为k,在某一时刻的位移为x,速率为v,即

$$x = A\cos(\omega t + \varphi_0)$$
$$v = -\omega A\sin(\omega t + \varphi_0)$$

于是弹簧振子所具有的振动动能和振动势能分别为

$$E_k = \frac{1}{2}mv^2 = \frac{1}{2}m\omega^2A^2\sin^2(\omega t + \varphi_0) = \frac{1}{2}kA^2\sin^2(\omega t + \varphi_0) \quad (1.23)$$

$$E_p = \frac{1}{2}kx^2 = \frac{1}{2}kA^2\cos^2(\omega t + \varphi_0) \quad (1.24)$$

这说明弹簧振子的动能和势能是按余弦或正弦函数的平方随时间变化的. 图1.9展示了初相位$\varphi_0 = 0$时,弹簧振子的动能、势能和总能量随时间变化的曲线. 显然,动能最大时,势能最小,而动能最小时,势能最大. 简谐振动的过程正是动能和势能相互转化的过程.

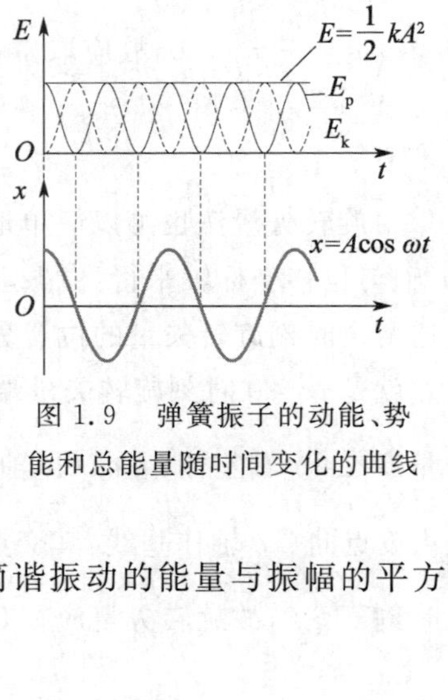

图1.9 弹簧振子的动能、势能和总能量随时间变化的曲线

将式(1.23)和式(1.24)相加,即得**简谐振动的总能量**为

$$E = \frac{1}{2}kA^2 = \frac{1}{2}m\omega^2A^2 \quad (1.25)$$

即简谐振动系统在振动过程中机械能守恒. 从力学观点来看,这是因为做简谐振动的系统都是孤立的保守系统. 此外,式(1.25)还说明简谐振动的能量与振幅的平方和系统固有角频率的平方成正比.

动能在一个周期内的平均值为

$$\overline{E_k} = \frac{1}{T}\int_0^T E_k(t)\,dt$$
$$= \frac{1}{T}\int_0^T \frac{1}{2}kA^2\sin^2(\omega t + \varphi_0)\,dt = \frac{1}{4}kA^2$$

同理,势能在一个周期内的平均值为

$$\overline{E_p} = \frac{1}{4}kA^2$$

即

$$\overline{E_k} = \overline{E_p} = \frac{1}{4}kA^2 = \frac{1}{2}E \quad (1.26)$$

动能和势能在一个周期内的平均值相等,且均等于总能量的一半.

上述结论虽是从弹簧振子这一特例推导出的,但具有普遍意义,适用于任何一个谐振动系统.

对于实际的振动系统，可以通过讨论它的势能曲线来研究能否将其按简谐振动进行近似处理.

设系统沿 x 轴振动，其势能函数为 $E_p(x)$，如果势能曲线存在一个最小值，该位置就是系统的稳定平衡位置. 在该位置(取 $x=0$) 附近将势能函数用级数展开为

$$E_p(x)=E_p(0)+\left(\frac{dE_p}{dx}\right)_{x=0}x+\frac{1}{2}\left(\frac{d^2E_p}{dx^2}\right)_{x=0}x^2+\cdots$$

由于在 $x=0$ 的平衡位置处有 $\frac{dE_p}{dx}=0$，若系统做微振动，当 $\left(\frac{d^2E_p}{dx^2}\right)_{x=0}\neq 0$ 时，可略去高阶无穷小，得到

$$E_p(x)\approx E_p(0)+\frac{1}{2}\left(\frac{d^2E_p}{dx^2}\right)_{x=0}x^2$$

根据保守力与势能函数的关系 $F=-\frac{dE_p(x)}{dx}$，将上式两边对 x 求导，可得

$$F=-\left(\frac{d^2E_p}{dx^2}\right)_{x=0}x$$

这说明，微振动系统所受作用力与弹簧振子所受作用力($F=-kx$) 一般都可以当作简谐振动处理. 图1.10(a)、(b) 所示分别是双原子分子的势能曲线和晶体中晶格离子的势能曲线. 由上面的讨论可知，这些原子或离子在其平衡位置附近的振动在适当条件下可当作简谐振动.

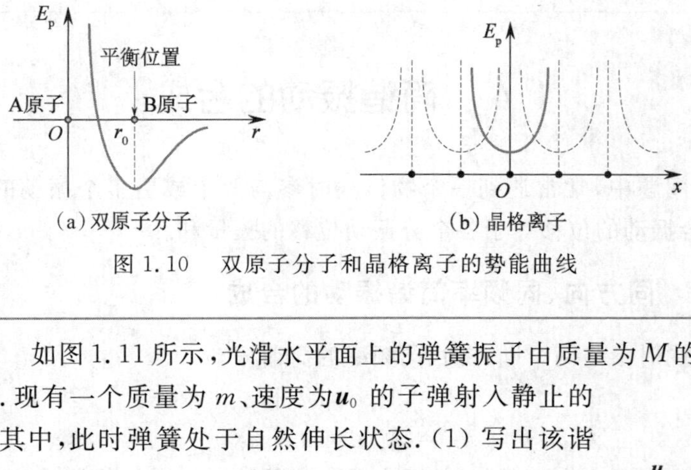

图 1.10 双原子分子和晶格离子的势能曲线

例 1.4 如图 1.11 所示，光滑水平面上的弹簧振子由质量为 M 的木块和刚度系数为 k 的轻弹簧构成. 现有一个质量为 m、速度为 $\boldsymbol{u}_0$ 的子弹射入静止的木块后陷入其中，此时弹簧处于自然伸长状态. (1) 写出该谐振子的振动方程；(2) 求在 $x=\frac{A}{2}$ 处系统的势能和动能.

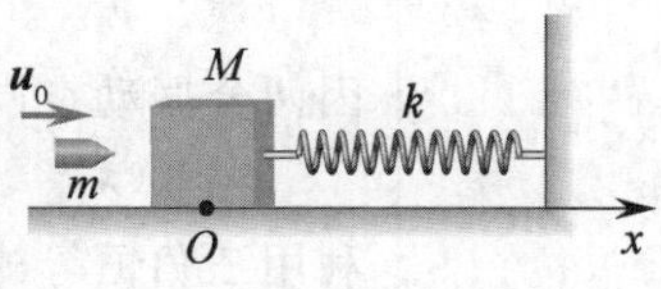

图 1.11 例 1.4 图

解 (1) 子弹射入木块的过程中，子弹与木块组成的系统在水平方向上动量守恒. 设子弹陷入木块后两者的共同速度为 $\boldsymbol{V}_0$，则有

$$mu_0=(m+M)V_0$$

$$V_0=\frac{m}{m+M}u_0$$

取弹簧处于自然伸长状态时木块的平衡位置为坐标原点，水平向右为 x 轴正方向，并取木块和

子弹一起开始向右运动的时刻为计时起点.因此初始条件为 $x_0=0, v_0=V_0>0$,而子弹射入木块后,简谐振动系统的角频率为

$$\omega=\sqrt{\frac{k}{m+M}}$$

设简谐振动系统的振动方程为 $x=A\cos(\omega t+\varphi_0)$,将初始条件代入,得

$$\begin{cases}0=A\cos\varphi_0\\ V_0=-\omega A\sin\varphi_0>0\end{cases}$$

联立解得

$$\varphi_0=\frac{3}{2}\pi$$

$$A=-\frac{V_0}{\omega\sin\varphi_0}=\frac{mu_0}{\sqrt{k(m+M)}}$$

所以谐振子的振动方程为

$$x=A\cos(\omega t+\varphi_0)$$
$$=\frac{mu_0}{\sqrt{k(m+M)}}\cos\left(\sqrt{\frac{k}{m+M}}t+\frac{3}{2}\pi\right)$$

(2) 在 $x=\frac{A}{2}$ 处系统的势能和动能分别为

$$E_p=\frac{1}{2}kx^2=\frac{1}{2}k\left(\frac{A}{2}\right)^2=\frac{m^2u_0^2}{8(m+M)}$$

$$E_k=E-E_p=\frac{1}{2}kA^2-\frac{1}{8}kA^2=\frac{3}{8}kA^2=\frac{3m^2u_0^2}{8(m+M)}$$

1.4 简谐振动的合成①

在实际问题中,常常遇到一个物体同时参与两个或更多个振动的情况.在一定条件下,合振动的位移等于各个分振动位移的矢量和.

1.4.1 同方向、同频率简谐振动的合成

设质点同时参与两个同方向、同频率的简谐振动:

$$x_1=A_1\cos(\omega t+\varphi_{10})$$
$$x_2=A_2\cos(\omega t+\varphi_{20})$$

因两分振动在同一方向上进行,故质点的合位移等于两个位移的代数和,即

$$x=x_1+x_2=A_1\cos(\omega t+\varphi_{10})+A_2\cos(\omega t+\varphi_{20})$$

利用三角恒等式,上式可化为

$$x=A\cos(\omega t+\varphi_0)$$

式中,合振幅 A 和初相位 φ_0 的值分别为

$$A=\sqrt{A_1^2+A_2^2+2A_1A_2\cos(\varphi_{20}-\varphi_{10})} \tag{1.27}$$

① 简谐振动的合成又可称为振动的叠加,只有线性振动才能叠加.因此,本节的各种结论对非线性振动无效.

$$\varphi_0 = \arctan \frac{A_1 \sin \varphi_{10} + A_2 \sin \varphi_{20}}{A_1 \cos \varphi_{10} + A_2 \cos \varphi_{20}} \tag{1.28}$$

由此可见，**同方向、同频率的简谐振动合成后仍为一简谐振动**，其频率与分振动频率相同，合振动的振幅、相位由两分振动的振幅 A_1、A_2 及初相位 φ_{10}、φ_{20} 决定.

利用旋转矢量法讨论上述问题则更为简洁、直观. 如图 1.12 所示，取坐标轴 Ox，画出两分振动的旋转矢量$\boldsymbol{A}_1$ 和$\boldsymbol{A}_2$，它们与 x 轴的夹角分别为 φ_{10} 和 φ_{20}，并以相同的角速度 ω 沿逆时针方向旋转. 因两分矢量$\boldsymbol{A}_1$ 和$\boldsymbol{A}_2$ 的夹角恒定不变，所以合矢量$\boldsymbol{A}$ 的模保持不变，而且同样以角速度 ω 旋转. 图中矢量$\boldsymbol{A}$ 即 $t=0$ 时的合成旋转矢量. 任一时刻合振动的位移等于该时刻 $\boldsymbol{A}$ 在 x 轴上的投影，即

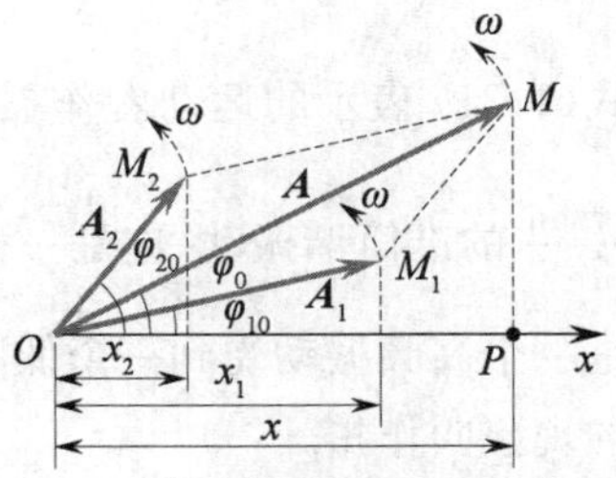

图 1.12 用旋转矢量法求同一直线上两简谐振动的合成

$$x = A\cos(\omega t + \varphi_0)$$

可见，合振动是振幅为 A、初相位为 φ_0 的简谐振动，其角频率与两分振动相同，和前文结论一致. 利用图 1.12 中的几何关系，可求得合振动的振幅 A、初相位 φ_0 分别为式(1.27) 和式(1.28).

现进一步讨论合振动的振幅与两分振动的相位差之间的关系. 由式(1.27)可知：

(1) 相位差 $\varphi_{20} - \varphi_{10} = \pm 2k\pi (k = 0, 1, 2, \cdots)$ 时，

$$A = \sqrt{A_1^2 + A_2^2 + 2A_1A_2} = A_1 + A_2 \tag{1.29}$$

即两分振动相位相同时，合振幅等于两分振动的振幅之和，合振幅最大.

(2) 相位差 $\varphi_{20} - \varphi_{10} = \pm (2k+1)\pi (k = 0, 1, 2, \cdots)$ 时，

$$A = \sqrt{A_1^2 + A_2^2 - 2A_1A_2} = | A_1 - A_2 | \tag{1.30}$$

即两分振动相位相反时，合振幅等于两分振动的振幅之差的绝对值，合振幅最小.

一般情况下，两分振动既不同相也非反相，合振幅在 $A_1 + A_2$ 与 $| A_1 - A_2 |$ 之间.

同方向、同频率简谐振动的合成原理，在讨论声波、光波及电磁辐射的干涉和衍射时经常用到.

1.4.2 同方向、不同频率简谐振动的合成

设质点同时参与两个同方向，但角频率分别为 ω_1 和 ω_2 的简谐振动. 为突出角频率不同引起的效果，设两分振动的振幅相同，且初相位均等于 φ，即

$$x_1 = A\cos(\omega_1 t + \varphi)$$

$$x_2 = A\cos(\omega_2 t + \varphi)$$

合振动的位移为

$$x = x_1 + x_2 = A\cos(\omega_1 t + \varphi) + A\cos(\omega_2 t + \varphi)$$

利用三角恒等式可求得

$$x = 2A\cos\left(\frac{\omega_2 - \omega_1}{2}t\right)\cos\left(\frac{\omega_2 + \omega_1}{2}t + \varphi\right) \tag{1.31}$$

由上式可知，合振动不是简谐振动. 但若两分振动的角频率满足 $\omega_2 + \omega_1 \gg |\omega_2 - \omega_1|$，则合振动表现出非常值得注意的特点. 这时式(1.31)中等号右边第一项因子 $2A\cos\left(\frac{\omega_2 - \omega_1}{2}t\right)$ 的周期要比另一因子 $\cos\left(\frac{\omega_2 + \omega_1}{2}t + \varphi\right)$ 的周期大得多. 于是可将式(1.31)表示的运动看作振幅按照 $\left|2A\cos\left(\frac{\omega_2 - \omega_1}{2}t\right)\right|$ 缓慢变化，而角频率等于 $\frac{\omega_2 + \omega_1}{2}$ 的准简谐振动，这是一种振幅有周期性变化的简谐振动. 或者说，合振动描述的是一个高频振动受到一个低频振动调制的运动，如图1.13所示. 这种振幅时大时小的现象叫作**拍**.

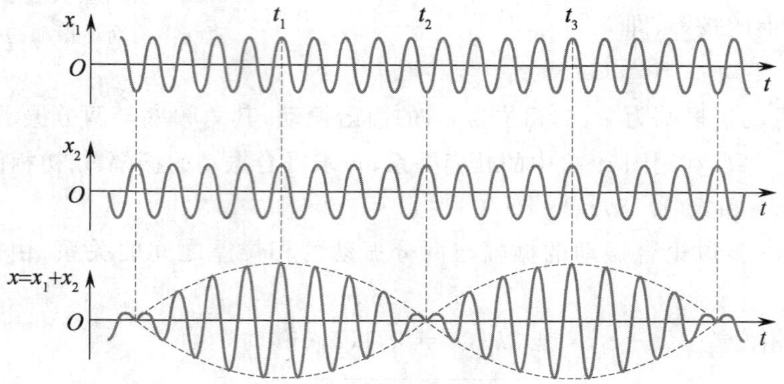

图1.13 拍的形成

合振幅每变化一个周期称为一拍，单位时间内拍出现的次数(合振幅变化的频率)叫作**拍频**. 由于振幅只能取正值，因此拍的角频率应为调制频率的2倍，即

$$\omega_{拍} = |\omega_2 - \omega_1|$$

于是拍频为

$$\nu_{拍} = \frac{\omega_{拍}}{2\pi} = \left|\frac{\omega_2}{2\pi} - \frac{\omega_1}{2\pi}\right| = |\nu_2 - \nu_1| \tag{1.32}$$

上式表明，拍频等于两个分振动的频率之差.

拍现象在声振动、电磁振荡和波动中经常遇到. 例如，当两个频率相近的音叉同时振动时，就可以听到时强时弱的"嗡、嗡……"的拍音. 人耳能区分的拍音的拍频低于每秒7次. 利用拍现象还可以测定振动频率、校正乐器和制造拍振荡器等.

上述关于拍现象的讨论只限于线性叠加. 当两个不同频率的分振动出现物理上的非线性耦合时，就可能出现"同步锁模"现象，即两个振动系统锁定在同一频率上. 历史上首先注意这种现象的是17世纪的惠更斯，偶然的因素使他发现了家中挂在同一木板墙壁上的两个挂钟因相互影响而同步的现象. 之后的观察表明，这种锁模现象也发生在生物钟内. 在电子示波器中，人们充分利用这一原理把波形锁定在屏幕上.

例 1.5　已知两个简谐振动的 x-t 曲线如图 1.14 所示，它们的频率相同，求它们的合振动方程.

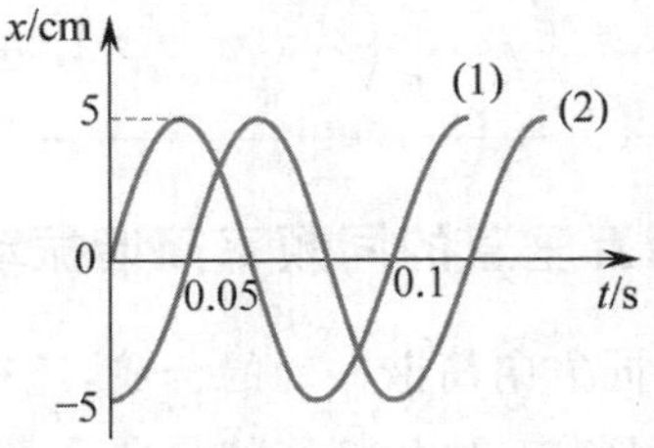

图 1.14　例 1.5 图

解　由图 1.14 中的曲线可以看出，两个简谐振动的振幅相同，即 $A_1 = A_2 = A = 5\ \text{cm}$，周期均为 $T = 0.1\ \text{s}$，因而角频率为

$$\omega = \frac{2\pi}{T} = 20\pi\ \text{rad/s}$$

由 x-t 曲线(1) 可知，简谐振动(1) 在 $t = 0$ 时，$x_{10} = 0$，$v_{10} > 0$，因此可求出简谐振动(1) 的初相位 $\varphi_{10} = -\dfrac{\pi}{2}$.

由 x-t 曲线(2) 可知，简谐振动(2) 在 $t = 0$ 时，$x_{20} = -5\ \text{cm} = -A$，因此可求出简谐振动(2) 的初相位 $\varphi_{20} = \pm\pi$.

由上面求得的 A、ω 和 φ_{10}、φ_{20}，可写出简谐振动(1) 和(2) 的振动方程分别为

$$x_1 = 5\cos\left(20\pi t - \frac{\pi}{2}\right)\ \text{cm}$$

$$x_2 = 5\cos(20\pi t \pm \pi)\ \text{cm}$$

因此合振动的振幅和初相位分别为

$$A' = \sqrt{A_1^2 + A_2^2 + 2A_1A_2\cos(\varphi_{20} - \varphi_{10})} = \sqrt{2A^2 + 2A^2 \times 0} = \sqrt{2}A = 5\sqrt{2}\ \text{cm}$$

$$\varphi_0 = \arctan\frac{A_1\sin\varphi_{10} + A_2\sin\varphi_{20}}{A_1\cos\varphi_{10} + A_2\cos\varphi_{20}} = \arctan 1 = \frac{\pi}{4}\ 或\ \frac{5}{4}\pi$$

由 x-t 曲线可知，$t = 0$ 时，$x = x_1 + x_2 = -5\ \text{cm}$，因此，$\varphi_0$ 应取 $\dfrac{5}{4}\pi$，故合振动方程为

$$x = 5\sqrt{2}\cos\left(20\pi t + \frac{5}{4}\pi\right)\ \text{cm}$$

事实上，从 x-t 曲线分析出两个分振动(1) 和(2) 的振动方程后，用旋转矢量法求合振动方程会更简单. 如图 1.15 所示，在取定了 Ox 轴的坐标原点后，分别画出两个旋转矢量 $\overrightarrow{OM_1}$ 和 $\overrightarrow{OM_2}$，代表两个简谐振动(1) 和(2)，其中 $\overline{OM_1} = \overline{OM_2} = 5\ \text{cm}$，由 $\overrightarrow{OM_1}$ 与 $\overrightarrow{OM_2}$ 两个矢量合成的矢量 $\overrightarrow{OM}$ 就是代表合振动的旋转矢量，由矢量合成的方法，从图中很容易求出合振动的振幅和初相位分别为

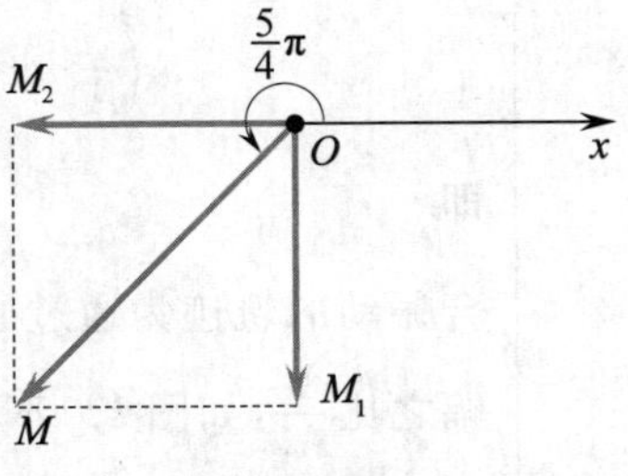

图 1.15　用旋转矢量法求解

$$A' = \sqrt{2}\ \overline{OM_1} = 5\sqrt{2}\ \text{cm}, \quad \varphi_0 = \frac{5}{4}\pi.$$

故合振动方程为

$$x = 5\sqrt{2}\cos\left(20\pi t + \frac{5}{4}\pi\right)\ \text{cm}$$

1.4.3 两个相互垂直的同频率简谐振动的合成

上面讨论了两个同方向简谐振动的合成,还存在方向不同的两个简谐振动的合成问题. 在后一类问题中,比较特殊的是两个简谐振动相互垂直的情况,其在电学、光学中有着广泛而重要的应用.

当一个质点同时参与两个不同方向的简谐振动时,质点的位移是这两个振动的位移的矢量和. 一般情况下,此时质点将在平面上做曲线运动. 质点轨迹的各种形状由两个振动的频率、振幅和相位差等决定. 下面先讨论两个相互垂直的同频率简谐振动的合成.

设质点同时参与两个相互垂直的简谐振动,如一个沿 x 轴方向,另一个沿 y 轴方向,并且振动频率相同,以质点的平衡位置为坐标原点,两个振动方程分别为

$$x = A_1\cos(\omega t + \varphi_{10})$$
$$y = A_2\cos(\omega t + \varphi_{20})$$

在任意时刻 t,质点的位置坐标是 (x, y);t 改变时,(x, y) 也改变. 所以这两个方程就是质点的含参变量 t 的**振动方程**,消去时间参数 t,便得到质点合振动的轨迹方程:

$$\frac{x^2}{A_1^2} + \frac{y^2}{A_2^2} - 2\frac{xy}{A_1A_2}\cos(\varphi_{20} - \varphi_{10}) = \sin^2(\varphi_{20} - \varphi_{10}) \tag{1.33}$$

由上式可知,**质点合振动的轨迹一般为椭圆**,如图 1.16 所示. 因为质点在两个垂直方向上的位移 x 和 y 只在一定范围内变化,所以椭圆轨道不会超出以 $2A_1$ 和 $2A_2$ 为边长的矩形范围. 当两个分振动的振幅 A_1、A_2 给定时,椭圆的其他性质(长、短轴及方位)由两个分振动的相位差 $\varphi_{20} - \varphi_{10}$ 决定. 下面讨论几种特殊情况.

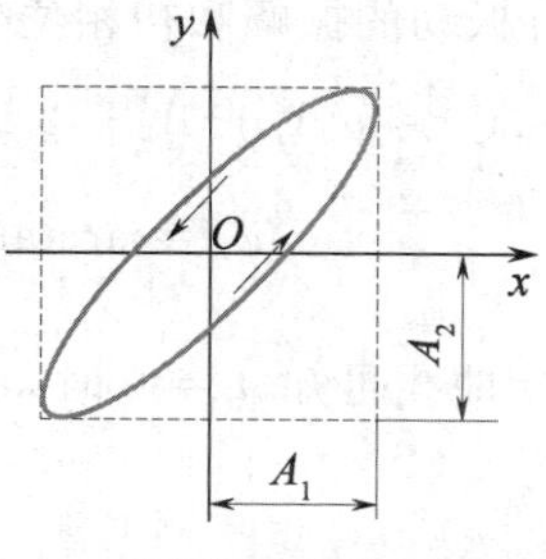

图 1.16 两个相互垂直的同频率简谐振动的合成

(1) $\varphi_{20} - \varphi_{10} = 0$,即两个分振动的相位相同,这时式(1.33) 变为

$$\left(\frac{x}{A_1} - \frac{y}{A_2}\right)^2 = 0 \tag{1.34}$$

即

$$\frac{x}{A_1} = \frac{y}{A_2} \quad 或 \quad y = \frac{A_2}{A_1}x$$

合振动的轨迹为通过原点且在第一、三象限内的直线,其斜率为两个分振动的振幅之比 $\frac{A_2}{A_1}$,如图 1.17(a) 所示. 在任意时刻 t,质点离开平衡位置的位移(合振动的位移) 为

$$S = \sqrt{x^2 + y^2} = \sqrt{A_1^2 + A_2^2}\cos(\omega t + \varphi)$$

上式表明，这种情况下合振动也是简谐振动，且与原来两个分振动的频率相同，但振幅为$\sqrt{A_1^2 + A_2^2}$.

(2)$\varphi_{20} - \varphi_{10} = \pi$，即两个分振动的相位相反，当其中一个分振动达到正最大时，另一个达到负最大，此时式(1.33)变为

$$\left(\frac{x}{A_1} + \frac{y}{A_2}\right)^2 = 0 \tag{1.35}$$

即

$$\frac{x}{A_1} = -\frac{y}{A_2} \quad \text{或} \quad y = -\frac{A_2}{A_1}x$$

其合振动的轨迹仍为一直线(在第二、四象限内)，但直线的斜率为$-\frac{A_2}{A_1}$. 质点将在此直线上做振幅为$\sqrt{A_1^2 + A_2^2}$、角频率为ω的简谐振动，如图 1.17(b) 所示.

(3)$\varphi_{20} - \varphi_{10} = \frac{\pi}{2}$，即$y$轴方向上的分振动比$x$轴方向上的分振动超前$\frac{\pi}{2}$，此时式(1.33)变为

$$\frac{x^2}{A_1^2} + \frac{y^2}{A_2^2} = 1 \tag{1.36}$$

即合振动的轨迹为以x轴和y轴为轴线的椭圆，两个半轴长分别为A_1和A_2，如图 1.17(c) 所示. 这时两个分振动方程分别为

$$x = A_1\cos(\omega t + \varphi_{10})$$

$$y = A_2\cos\left(\omega t + \varphi_{10} + \frac{\pi}{2}\right)$$

当$\omega t + \varphi_{10} = 0$时，$x = A_1$，$y = 0$，质点在图 1.17(c) 中的$P$点；下一瞬间，有$\omega t + \varphi_{10} > 0$，因而此时$x$略小于$A_1$，而由于此时$\left(\omega t + \varphi_{10} + \frac{\pi}{2}\right)$略大于$\frac{\pi}{2}$，故$y < 0$，质点处于第四象限，因此可判定质点沿椭圆轨迹的运动方向是顺时针方向.

(4)$\varphi_{20} - \varphi_{10} = -\frac{\pi}{2}$，即$x$轴方向上的分振动比$y$轴方向上的分振动超前$\frac{\pi}{2}$，由与情况(3)中类似的分析知，合振动的轨迹仍为以x轴和y轴为轴线的椭圆，如图 1.17(d) 所示，但质点的运动方向与(3)相反，为逆时针方向.

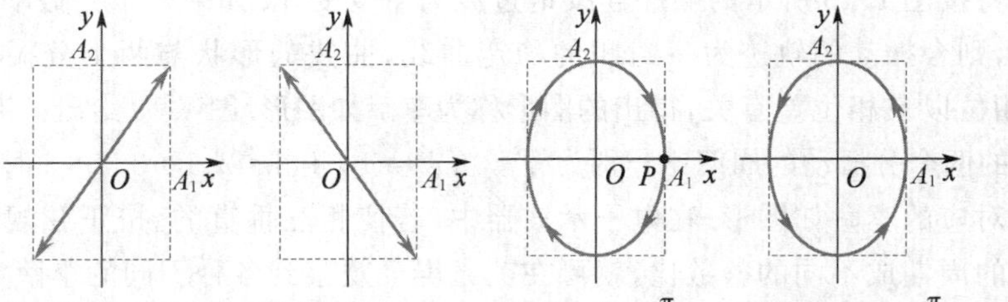

(a) $\varphi_{20}-\varphi_{10}=0$　(b) $\varphi_{20}-\varphi_{10}=\pi$　(c) $\varphi_{20}-\varphi_{10}=\frac{\pi}{2}$　(d) $\varphi_{20}-\varphi_{10}=-\frac{\pi}{2}$

图 1.17　几个不同相位差的两个垂直同频率简谐振动的合振动的轨迹

在情况(3)和(4)中，若两个分振动的振幅相同，即$A_1 = A_2$，则合振动的轨迹为一圆周.

上面是几种特殊情况,一般情况下,若两个分振动的相位差取其他数值,则合振动的轨迹将为形状与方位各不相同的椭圆,质点的运动方向则可能为顺时针方向或逆时针方向,如图1.18所示.

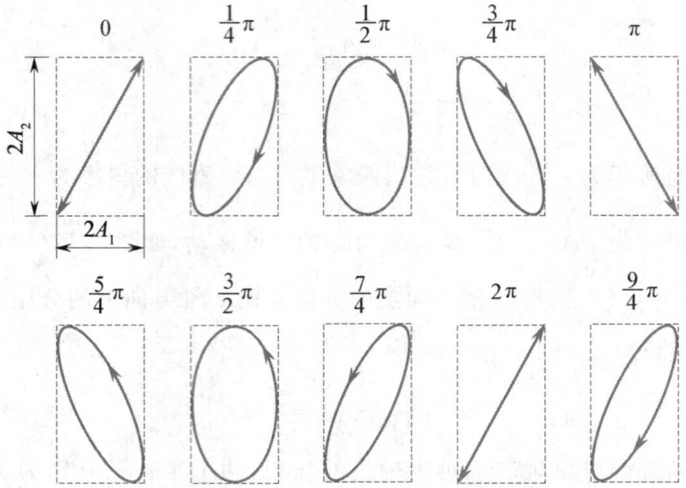

图1.18　两个相互垂直的振幅不同、频率相同的简谐振动的合振动的轨迹

一般来说,两个振动方向相互垂直的同频率的简谐振动的合振动轨迹为一直线、圆或椭圆. 轨迹的具体形状、方位由分振动的振幅和相位差决定. 在电子示波器中,若使相互垂直的、按正弦规律变化的电学量的频率相同,就可以在荧光屏上观察到合振动的轨迹.

以上讨论也说明:任何一个直线简谐振动、椭圆运动或匀速圆周运动都可以分解为两个相互垂直的同频率的简谐振动.

1.4.4　两个相互垂直的、不同频率简谐振动的合成

一般来说,由于两个相互垂直的、不同频率的简谐振动的相位差不是定值,其合振动的轨迹不能形成稳定的图案. 如果两个分振动的频率相差很小,则合振动的轨迹将按图1.19所示的顺序连续地过渡与重复变化. 如果两个分振动的频率成整数比,则合振动的轨迹为一封闭的稳定曲线,曲线的形状与两个分振动的周期比、初相位以及相位差有关,得出的图形称为**李萨如图形**. 图1.19给出了沿x轴和y轴方向的两个分振动的周期比分别为$T_1:T_2=1:1$、$1:2$、$1:3$、$2:3$时几种不同初相位对应的李萨如图形. 在电子示波器中,若使相互垂直的、按正弦规律变化的电学量的周期成不同的整数比,就可在荧光屏上观察到各种不同的李萨如图形.

由于图形花样与两个分振动的频率比有关,因此可以通过李萨如图形的花样来判断两个分振动的频率比,进而由一个振动的已知频率求得另一个振动的未知频率. 这是无线电技术中一种常用的测定未知频率的方法.

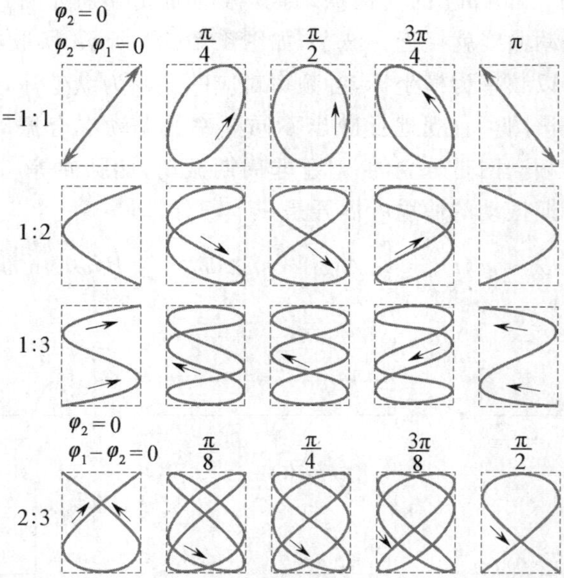

图 1.19 李萨如图形

1.5 振动的频谱分析

由上面的讨论可知，几个不同频率的简谐振动可以合成一个复杂的振动. 反之，一个复杂的振动也可以分解成若干个或无穷多个简单的简谐振动. 确定一个复杂振动能包含的各种简谐振动的频率及其对应的振幅的方法称为**频谱分析**.

在数学上，一个周期为 T 的周期函数可表示为

$$x(t+T)=x(t) \tag{1.37}$$

按傅里叶级数展开为

$$x(t)=\frac{a_0}{2}+\sum_{n=1}^{\infty}(a_n\cos n\omega t+b_n\sin n\omega t) \tag{1.38}$$

式中，$\omega=2\pi\nu=\frac{2\pi}{T}$. 这就是说，如果把周期振动 $x(t)$ 看成一个复杂的振动，则这一振动可以看成许多个简谐振动的叠加，或者说，可以分解成许多个简谐振动. 这些简谐振动中有一个最小的频率 ν_0，称为**基频**，其他频率都是基频的整数倍，为 $n\nu_0$，如 $2\nu_0$，$3\nu_0$，…，它们分别称为二次、三次 …… **谐频**. 不同的振动分解为简谐振动时，式(1.38) 中的系数 a_n、b_n 是不同的，a_n、b_n 表示 n 次谐频振动的振幅，它们可以反映各种频率的振动在合振动中所占的比例.

例如，对图 1.20(a) 所示的振动，根据数学计算，有

$$\begin{aligned}x&=\frac{A}{2}+\frac{2A}{\pi}\sin\omega t+\frac{2A}{3\pi}\sin 3\omega t+\frac{2A}{5\pi}\sin 5\omega t+\cdots\\&=x_0+x_1+x_2+x_3+\cdots\end{aligned}$$

式中，第一项可看成周期为无穷大的零频项，如图 1.20(b) 所示；第二、三、四项就

是频率分别为 ν_0、$3\nu_0$、$5\nu_0$ 的简谐振动，其振动曲线分别如图1.20(c)、(d)、(e) 所示，它们的合振动曲线就接近方波了，如图 1.20(f) 所示. 所取项数越多，合成波越接近方波. 如果以频率为横坐标，各频率对应的振幅为纵坐标，可作出如图 1.21 所示的频谱图. 频谱图可直观地反映出不同频率的振动在合振动中所占的比例. 对于周期振动，其频谱图是分立的；对于非周期振动，如脉冲等，其频谱图是连续的. 这是因为，非周期振动的傅里叶展开是一个积分，即

$$x = f(t) = \int_0^{\infty} A(\omega)\cos\omega t\,\mathrm{d}\omega + \int_0^{\infty} B(\omega)\sin\omega t\,\mathrm{d}\omega \tag{1.39}$$

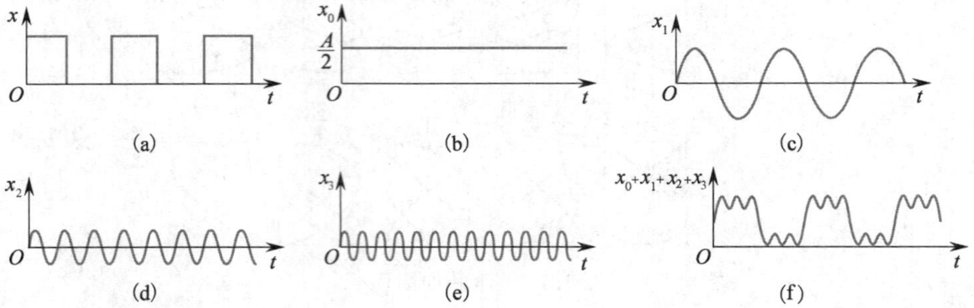

图 1.20　方波的分解

频谱分析是一种很有用的方法. 例如，用钢琴、提琴、手风琴等演奏同一音阶时，听众能分辨出是由哪几种乐器在演奏. 因为它们虽然基频相同，但谐频不同，或者说频谱不同. 只要作出各种乐器的频谱图，就可以用电子琴来模拟各种乐器进行演奏. 频谱分析还在机械制造、地震学、电子技术、光谱分析中有重要的应用.

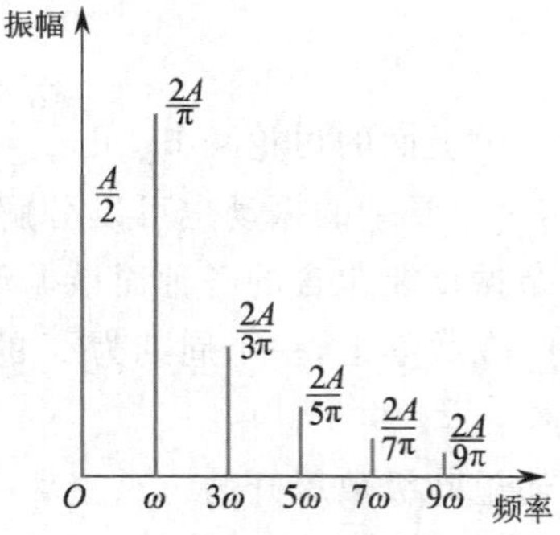

图 1.21　频谱图

1.6　阻尼振动

阻尼振动

前面所讨论的简谐振动是一种理想状况，即谐振子系统做无阻尼(无摩擦和辐射损失)的自由振动. 它是等幅振动. 而在实际中，阻尼是不可消除的，如没有能量补充，则由于机械能有损耗，其振幅将不断地衰减. 这种振幅随时间不断衰减的振动叫作**阻尼振动**.

下面讨论的是谐振子系统受到弱介质阻力而衰减的情况. 弱介质阻力是指当物体运动速度较小时，介质对物体的阻力仅与速度的一次方成正比，即这时阻力为

$$f_r = -\gamma v = -\gamma \frac{\mathrm{d}x}{\mathrm{d}t} \tag{1.40}$$

式中，γ 称为阻力系数，与物体的形状、大小、表面性质及介质性质有关.

仍以弹簧振子为例，这时振子的动力学方程为

$$m\frac{d^2x}{dt^2}=-kx-\gamma\frac{dx}{dt}$$

令 $\omega_0^2=\dfrac{k}{m}$，$2\beta=\dfrac{\gamma}{m}$，上式可化成

$$\frac{d^2x}{dt^2}+2\beta\frac{dx}{dt}+\omega_0^2x=0 \tag{1.41}$$

式中，ω_0 是系统的固有角频率，β 称为阻尼系数.

式(1.41) 的解与阻尼的大小有关. 当 $\beta<\omega_0$ 时，此时的阻尼称为**弱阻尼**[见图 1.23(a)]，方程(1.41) 的解为

$$x=A_0e^{-\beta t}\cos(\omega t+\varphi_0) \tag{1.42}$$

式中，$\omega=\sqrt{\omega_0^2-\beta^2}$，$A_0$ 和 φ_0 依然是由初始条件确定的两个积分常数. 阻尼振动的位移随时间变化的曲线如图 1.22 所示，图中虚线表示阻尼振动的振幅 $A_0e^{-\beta t}$ 随时间 t 按指数衰减，阻尼越大(仍满足$\beta<\omega_0$)，振幅衰减越快. 阻尼振动的准周期为

$$T=\frac{2\pi}{\omega}=\frac{2\pi}{\sqrt{\omega_0^2-\beta^2}}>\frac{2\pi}{\omega_0} \tag{1.43}$$

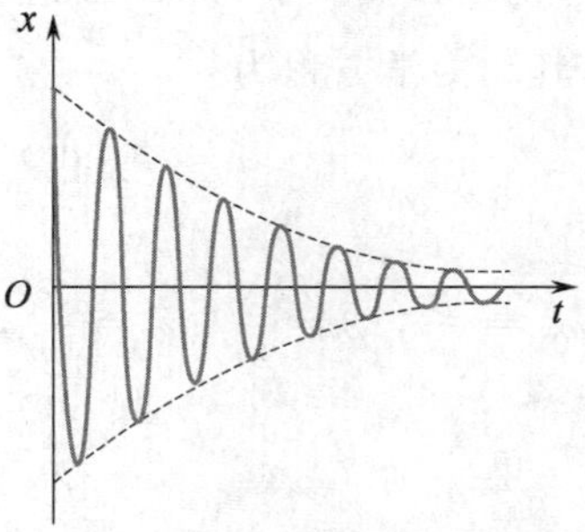

图 1.22 阻尼振动的位移随时间变化的曲线

可见，阻尼振动的周期比系统的固有周期大.

当 $\beta>\omega_0$ 时，此时的阻尼称为**过阻尼**，方程(1.41) 的解为

$$x=C_1e^{-\left(\beta-\sqrt{\beta^2-\omega_0^2}\right)t}+C_2e^{-\left(\beta+\sqrt{\beta^2-\omega_0^2}\right)t} \tag{1.44}$$

这时系统不做往复运动，而是非常缓慢地回到平衡位置，如图 1.23(b) 所示.

当 $\beta=\omega_0$ 时，此时的阻尼称为**临界阻尼**，方程(1.41) 的解为

$$x=(C_1+C_2t)e^{-\beta t} \tag{1.45}$$

这时系统不做往复运动，而是较快地回到平衡位置并停下来，如图 1.23(c) 所示.

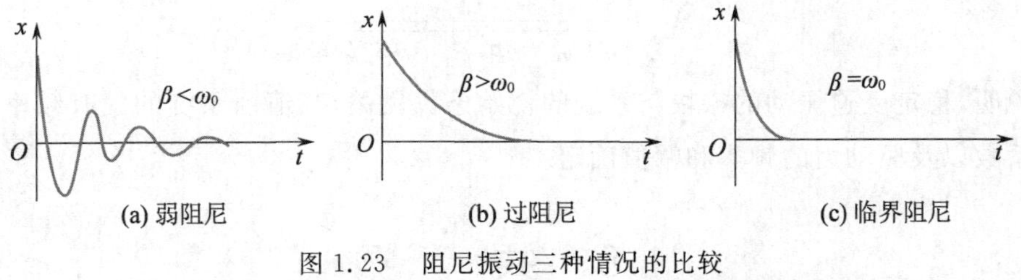

图 1.23 阻尼振动三种情况的比较

在实际应用中，常利用改变阻尼的方法来控制系统的振动情况. 例如，上海中心大厦就装备了世界最重、技术最先进的电涡流摆式调谐质量阻尼器 ——“上海慧眼”，重达 1000 t，能有效减小强风和地震对大厦的影响，提升大厦的安全性和舒适度；有些精密仪器，如物理天平、灵敏电流计中装有阻尼装置并调至临界阻尼状态，可使测量快捷、准确.

1.7 受迫振动

受迫振动

阻尼振动又称为减幅振动.要使有阻尼的振动系统维持等幅振动,必须不断地给振动系统补充能量,即施加持续的周期性外力.振动系统在周期性外力的作用下发生的振动叫作**受迫振动**.这个周期性外力叫作**驱动力**.

为简单起见,假设驱动力取如下形式:

$$F = F_0 \cos pt \tag{1.46}$$

式中,F_0 为驱动力的幅值,p 为驱动力的频率.这种驱动力又称为谐和驱动力.

仍以弹簧振子为例,讨论弱阻尼谐振子系统在谐和驱动力作用下的受迫振动,其动力学方程为

$$m\frac{\mathrm{d}^2 x}{\mathrm{d}t^2} = -kx - \gamma\frac{\mathrm{d}x}{\mathrm{d}t} + F_0 \cos pt \tag{1.47}$$

令 $\omega_0^2 = \dfrac{k}{m}, 2\beta = \dfrac{\gamma}{m}, f_0 = \dfrac{F_0}{m}$,可得

$$\frac{\mathrm{d}^2 x}{\mathrm{d}t^2} + 2\beta\frac{\mathrm{d}x}{\mathrm{d}t} + \omega_0^2 x = f_0 \cos pt \tag{1.48}$$

该方程的解为

$$x = A_0 \mathrm{e}^{-\beta t}\cos(\omega t + \varphi_0) + A\cos(pt + \varphi) \tag{1.49}$$

由微分方程理论可知,解的第一项实际上是式(1.41)在弱阻尼下的通解,随着时间的推移,很快就会衰减为零,故第一项称为衰减项.第二项才是稳定项,即式(1.48)的稳定解为

$$x = A\cos(pt + \varphi) \tag{1.50}$$

可见,**稳定受迫振动的频率等于驱动力的频率**.

将式(1.50)代入式(1.48),并采用待定系数法可确定稳定受迫振动的振幅为

$$A = \frac{f_0}{\sqrt{(\omega_0^2 - p^2)^2 + 4\beta^2 p^2}} \tag{1.51}$$

这说明,稳定受迫振动的振幅与系统的初始条件无关,其值由系统的固有频率、阻尼系数以及驱动力的频率和幅值确定.

1.8 共　振

共振的应用与危害

共振是受迫振动中一个重要而具有实际意义的现象,下面分别从位移共振和速度共振两方面加以讨论.

1. 位移共振

由式(1.51)可知,对于一个给定的振动系统,当阻尼和驱动力幅值不变时,受

迫振动的位移振幅是驱动力角频率 p 的函数,它存在一个极值.受迫振动的位移达到极大值的现象称为**位移共振**.将式(1.51)对 p 求导并令 $\frac{dA}{dp}=0$,可求出位移共振的角频率满足

$$p_r=\sqrt{\omega_0^2-2\beta^2} \tag{1.52}$$

显然,位移共振的振幅与阻尼有关,其关系如图1.24所示.

2. 速度共振

系统做受迫振动时,其速度也是与驱动力角频率相关的函数,即

$$v=-pA\sin(pt+\varphi)=-v_m\sin(pt+\varphi)$$

式中

$$v_m=pA=\frac{pf_0}{\sqrt{(\omega_0^2-p^2)^2+4\beta^2p^2}} \tag{1.53}$$

称为速度振幅.同样可求出当

$$p=\omega_0 \tag{1.54}$$

时,速度振幅有极大值,这种现象称为**速度共振**,如图1.25所示.进一步的研究表明,当系统发生速度共振时,外界能量的输入处于最佳状态,即驱动力在整个周期内对系统做正功,用以补偿阻尼引起的能耗.因此,速度共振又称为**能量共振**.在弱阻尼情况下,位移共振与速度共振的条件趋于一致,所以一般可以不必区分这两种共振.

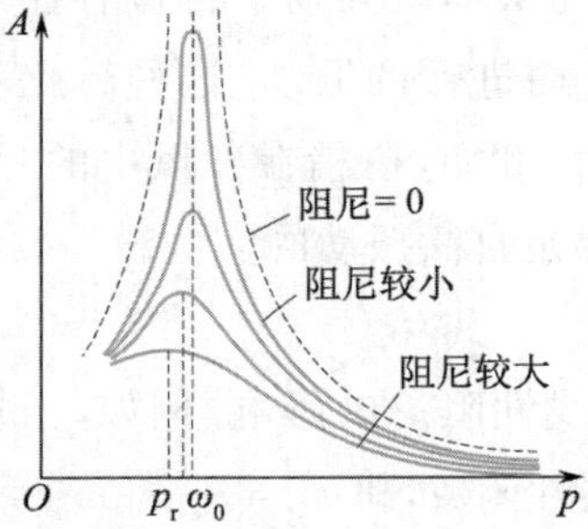

图1.24　位移共振曲线

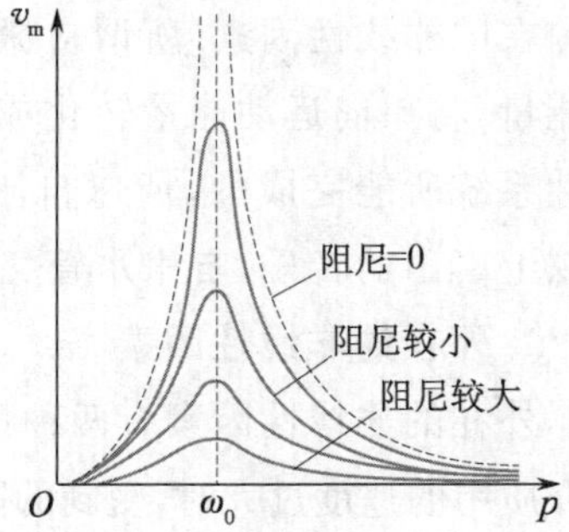

图1.25　速度共振曲线

共振现象在光学、电学、无线电技术中应用极广.如收音机的调谐就是利用了电共振.此外,如何避免共振对桥梁、烟囱、水坝、高楼等建筑物的破坏,也是设计制造者必须考虑的问题.我国在修建世界最长的跨海大桥——港珠澳大桥时,就使用了调谐质量减振器来减振.港珠澳大桥可抵抗烈度为Ⅷ度的地震以及16级台风.

1.9　非线性振动简介

能用线性微分方程描述的振动称为线性振动,如简谐振动、弱阻尼的简谐受迫振动等.不能用线性微分方程描述的振动称为**非线性振动**.

1.9.1 非线性振动概述

从动力学角度分析,导致非线性振动的因素有两个方面,即振动系统内在的非线性因素和外在的非线性因素.

1. 内在的非线性因素

振动系统内部出现非线性回复力,这是发生非线性振动最直接的原因.

如对于单摆(或复摆),当摆角 $\theta > 5°$ 时,非线性函数 $\sin\theta = \theta - \frac{\theta^3}{3!} + \frac{\theta^5}{5!} - \cdots$ 就不能近似简化成θ的线性函数,这时系统的回复力矩 $M = -mgl\left(\theta - \frac{\theta^3}{3!} + \frac{\theta^5}{5!} - \cdots\right)$,即为非线性的. 又如对于弹簧振子,只有当振子的位移较小时,回复力才与位移成正比. 当位移较大时,即使仍在弹性形变的范围内,其回复力与位移之间也将呈现出非线性关系,即 $F = -k_1x - k_2x^2 - k_3x^3 - \cdots$.

振动系统在非线性回复力的作用下,即使是做无阻尼的自由振动,也不是简谐振动,而是一种非线性振动.

如果振动系统的参量不能保持为常数,例如,描述系统惯性的物理量或摆长的参量不能保持为常数,则形成参量振动一类的非线性振动. 如漏摆摆动时其质量 m 和摆长 l 均在变化;而荡秋千则是转动惯量和摆长均在变化的复摆.

自激振动也是一种非线性振动,产生这种非线性振动的根本原因仍是系统本身内在的非线性因素. 所谓自激振动,就是振动系统从单向激励中自行有控地吸收能量,将单向运动能量转化成周期性振荡的能量而进行的振动. 这种转化不是线性系统所能完成的,所以自激振动是非线性振动. 例如,树梢在狂风中的呼啸,琴弦上奏出的音乐,自来水管突如其来的喘振等,都是自激振动的实例.

2. 外在的非线性因素

外在的非线性因素有两种情况. 一种情况是非线性阻尼的影响. 例如,当振子在介质中的速度过大时,受到的阻力将是速度的非线性函数,即 $f_r = -k_1v - k_2v^2 - k_3v^3 - \cdots$. 另一种情况是驱动力是位移或速度的非线性函数,即 $F = F(x, x^2, x^3, \cdots, v, v^2, v^3, \cdots)$.

只要存在以上所说的一种非线性因素,系统的振动就是非线性的. 因此,非线性振动是一种统称,针对不同的非线性因素,系统的振动形式是完全不同的.

此外,线性振动与非线性振动的最大区别在于:线性振动满足叠加原理,而非线性振动不满足叠加原理.

1.9.2 非线性振动研究的方法及意义

非线性微分方程是个性极强的数学方程,有解析解的极少. 因此,研究非线性振动的方法有近似简化、图解及计算机处理.

当非线性振动的运动微分方程中非线性项与线性项相比很小时,可采用近似简化的方法求解微分方程.尽管所得解不甚精确,但已能反映非线性振动的主要特征.近似简化方法有很多种,例如,对回复力为非线性的振动,常采用微扰法,也称为逐次近似法.这种方法是将回复力中的非线性成分看作附加在线性成分上的一个微量(微扰),振子在这种力作用下的运动也是对仅在线性力作用下的简谐振动有微小偏离的运动.这种偏离既有对频率的偏离,也有对简谐振动的偏离.将这种偏离运动用逐项减小的幂级数描述,将这个幂级数作为试解代入非线性振动的运动微分方程,按所需精度略去高阶无穷小,从而求得非线性振动的运动微分方程的解.

用图解的方法处理非线性问题适用性较广.在振动理论、统计物理及混沌现象中应用较多的图解法是相平面方法.

在相平面方法中,我们把速度当作一个变量.例如,在讨论质点的一维运动时,若作用于质点的力是位置和速度的函数,即 $F=F\left(x,\frac{\mathrm{d}x}{\mathrm{d}t}\right)$,则其运动微分方程是

$$m\frac{\mathrm{d}^2x}{\mathrm{d}t^2}=F\left(x,\frac{\mathrm{d}x}{\mathrm{d}t}\right)$$

把 $\frac{\mathrm{d}x}{\mathrm{d}t}$ 当作一个新的变量,并记为 v,则 $\frac{\mathrm{d}^2x}{\mathrm{d}t^2}$ 可写成

$$\frac{\mathrm{d}^2x}{\mathrm{d}t^2}=\frac{\mathrm{d}v}{\mathrm{d}x}\frac{\mathrm{d}x}{\mathrm{d}t}=v\frac{\mathrm{d}v}{\mathrm{d}x}$$

于是原方程可改写为

$$mv\frac{\mathrm{d}v}{\mathrm{d}x}=F(x,v) \tag{1.55}$$

式(1.55)是关于 v 和 x 的一阶微分方程.它是二阶微分方程 $m\frac{\mathrm{d}^2x}{\mathrm{d}t^2}=F\left(x,\frac{\mathrm{d}x}{\mathrm{d}t}\right)$ 经过降阶处理得到的.如果把 x 当作横坐标,v 当作纵坐标,则 x-v 坐标平面就叫作**相平面**.这时,质点在某一时刻的运动状态(一定的位置和速度)就对应相平面上的一个点,这个点叫作**相点**.在给定一组初始条件 x_0 和 v_0(对应相平面上的一个初相点)后,可求出一阶微分方程(1.55)的一个解,它对应这个相平面上过初相点的一条曲线,这条曲线叫作**相轨迹**(或**相曲线**).一般来说,经过某相点只有一条相轨迹,有多条相轨迹经过的点是**奇点**.系统所有可能的相轨迹的集合叫作**相流**.通过对相平面上相轨迹的分析,可以了解质点的某些运动特征.相平面方法的优点是几何直观性强.相平面中的相轨迹失去了 $x(t)$ 和 $\frac{\mathrm{d}x}{\mathrm{d}t}(t)$ 随时间变化的信息,得到了有关动力学系统运动的全局概念,给出的是其轨迹的类型与其拓扑结构的稳定性.

例如,弹簧振子的无阻尼自由振动和弱阻尼自由振动的相图分别如图 1.26 和图 1.27 所示.

人们对非线性振动并不陌生,有些非线性振动课题早已开始研究并日趋成熟.例如,自激振动理论早已应用于钟表、电铃、内燃机的调速器及电子振荡电路中.随着高速运动理论的发展,自激振动理论又应用于防止汽车车轮的跳动、飞机

机翼的颤振、机床的自激振动等方面. 又如,参数振动的研究既是古老的课题也是当代科学的前沿问题. 在航天器中,液体燃料自由面的振荡就是一种参数振动,而这种振动对飞行的影响是前沿课题. 其实对于圆柱形容器中的液面,在上下铅直振动时发生的参数振动,早在1831年法拉第就研究过,现在其作为混沌现象的例子又热极一时.

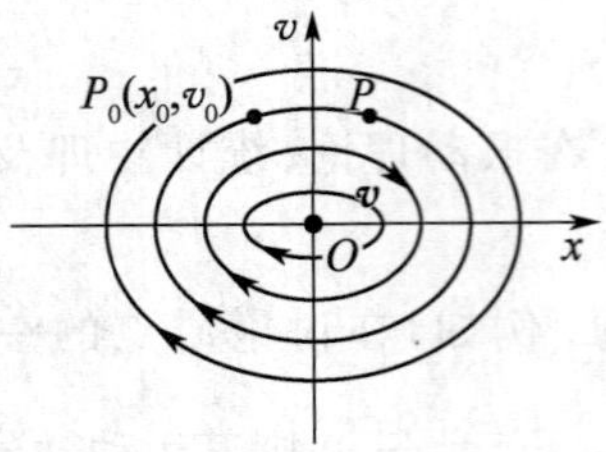

图1.26 无阻尼自由振动的相图

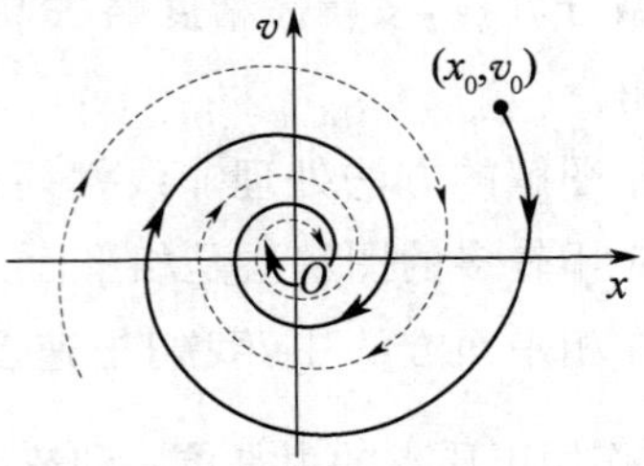

图1.27 弱阻尼自由振动的相图

必须说明的是,一个线性系统受到一个不是位移或速度的非线性函数的随机驱动力作用时所做的振动,不属于非线性振动. 研究线性系统受到这种随机外力作用下的振动响应是自动控制的基础.

另外,一个线性系统受到非线性驱动力作用所做的运动,虽然极其复杂,但却不可能导致混沌的发生,因为混沌现象的根源在于系统本身的非线性特征. 而一个非线性系统,即使受到谐和驱动力的作用,在一定条件下也有可能出现混沌现象.

阅读材料　超声波的生物效应

我们知道,当物体振动时会发出声音. 科学家将每秒振动的次数称为声音的频率,它的单位是赫兹(Hz). 人耳能听到的声波频率为20～20 000 Hz. 当声波的振动频率大于20 000 Hz或小于20 Hz时,人便听不见了. 因此,把频率高于20 000 Hz的声波称为超声波. 超声波具有方向性好、穿透能力强、易于获得较集中的声能、在水中传播距离远等特点,可用于测距、测速、清洗、焊接、碎石等,在医学、军事、工业、农业上有很多的应用.

一、医用超声发展的历史

19世纪末,科学家逐渐知道了超声波的某些基本性质. 自19世纪末到20世纪初,在物理学上发现了压电效应(正压电效应与逆压电效应)之后,人们发明了利用电子技术产生超声波的办法,从此迅速揭开了发展与推广超声技术的历史篇章. 20世纪初,法国物理学家朗之万(P. Langevin)开始将超声波应用于实际. 他于1917—1918年用超声技术探测德国潜水艇,获得成功. 1927年,德国的一些科学家开始致力于超声波的生物学作用研究,其后一年,即尝试用超声波治疗慢性耳聋;1938年起,德国医生逐渐用超声波治疗坐骨神经痛、神经丛炎、肌肉痛等疾病,效果显著;1942年,还尝试用超声波进行脑部探查. 1965年召开了首届国际诊断超声会议，超声诊断技术在全球范围内得到发展和应用．此后几十年间，超声技术不断创新和完善，成为现代医学不可或缺的一部分．

我国在超声治疗领域起步稍晚．20世纪50年代初只有少数医院开展了超声治疗工作．1950年，首先在北京开始用800 kHz频率的超声治疗机治疗多种疾病，之后开始逐步推广，并有了国产超声治疗仪．公开的文献报道始见于1957年．20世纪70年代有了各种类型的国产超声治疗仪，超声疗法普及全国各大医院．

多年来，全国各大医院已积累了相当数量的资料和比较丰富的临床经验．特别是20世纪80年代初出现的超声体外机械波碎石术和超声外科，是结石症治疗史上的重大突破，如今已在国际范围内推广应用．高强度聚焦超声(HIFU)治疗技术被誉为21世纪治疗肿瘤的最新技术，这使得超声治疗在当代医疗技术中占据重要位置．

二、超声的生物效应

1. 机械作用

超声波在介质中传播时，介质质点振动的振幅虽小，但其频率很高，加速度可达重力加速度的几十万倍甚至百万倍，每平方厘米声强可达几瓦，在介质中可造成巨大的压强变化，超声波的这种力学效应叫作机械作用．超声波在介质中传播时，介质质点交替压缩与伸张形成交变声压，从而获得巨大的加速度(如在频率为800～1 000 kHz、声强为0.5～2 W/cm^{2}的超声波作用下，水分子获得的加速度可以超过重力加速度的5万～10万倍)，介质中的分子因此产生剧烈运动，相互摩擦，引起组织细胞容积变化、内容物移动及细胞原浆环流，从而对组织内物质和微小细胞结构产生一种微细按摩作用，这种作用可引起细胞功能的改变，引起生物体的许多反应．

机械作用是超声波的一种基本的、原发的作用，人们利用超声波对人体所产生的生物学效应来达到治疗的目的．超声波的机械作用可以改善血液和淋巴循环，增强细胞膜的扩散能力，从而改善新陈代谢，提高组织再生能力，所以可以利用超声波治疗某些局部血液循环障碍性疾病，例如，用超声波治疗营养不良性溃疡的效果良好．小剂量的超声波(能量密度低于3 W/cm^2)能使神经兴奋性降低、神经传导速度减慢，因而对周围神经疾病，如神经炎、神经痛等，具有明显的镇痛作用．而大剂量的超声波(能量密度超过3 W/cm^2)作用于末梢神经会引起血管麻痹、组织细胞缺氧，继而坏死．超声波的机械作用能使坚硬的结缔组织延长、变软，还可击碎人体内各种结石．

2. 热作用

超声波作用于介质，可使介质中的分子产生剧烈运动，通过分子间的相互作用，引起介质温度升高．当超声波在机体组织内传播时，超声能量在机体或其他介质中产生热作用主要是组织吸收声能的结果．人体各组织吸收声能的功能不同，产生的热量也不等．在整个组织中，超声波产生的热量是不均匀的，骨组织和结缔组织升温显著，脂肪和血液升温最少，例如，在声强为5 W/cm^{2}的超声波作用1.5 min后，肌肉温度上升1.1 ℃，骨质温度上升5.9 ℃．超声波在两种不同组织的交界面产热较多，特别是在骨膜上可产生局部高热，这对关节、韧带等处运动创伤的治疗有很大意义．超声波的热效应(不均匀加热)与高频电磁场及其他物理因子所具有的弥漫性热作用(均匀加热)是不同的．

超声波的热作用可使组织温度升高、血液循环加快、代谢旺盛，增强细胞吞噬作用，提高机体防御能力和促进炎症吸收，还能降低肌肉和结缔组织张力，有效地缓解肌肉痉挛，使肌肉放松，达到减轻肌肉及软组织疼痛的目的. 常用的对疾病(如关节炎、关节扭伤、腰肌痛等) 消炎镇痛、疗效较好的透热疗法主要是利用超声波的热作用使人体局部温度升高，引起血管扩张、血流加速和组织的新陈代谢加强，以达到治疗的目的. 超声波产生的热有 79% ~ 82% 由血液循环带走，18% ~ 21% 通过邻近组织的热传导散布，因此当超声波作用于缺少血液循环的组织时，应十分注意避免过热，以免发生损伤. 例如，眼的解剖结构特点 —— 球体形态、层次多、液体为主要成分和血液循环慢等，使其容易因热积聚导致损伤；生殖器官对超声波较敏感，故超声波的热作用会引起生殖腺组织损伤. 治疗剂量的超声波虽不足以引起生殖器官形态发生改变，但通过动物实验发现，治疗剂量的超声波可能会导致流产，故对孕妇下腹部禁用超声波. 睾丸组织对超声波很敏感，声强过大可致实质性损害和不育.

3. 理化作用

超声波的理化作用是机械作用和热作用继发的若干物理化学变化，又称为继发效应. 理化作用比较复杂，其作用是多方面的，如引起氢离子浓度的改变(如炎症组织中伴有酸中毒现象时，利用超声波可使 pH 值向碱性方向变化，从而使症状减轻，有利于炎症的修复)、对酶活性产生影响(如超声波作用能使关节内还原酶和水解酶活性增强，目前认为在超声治疗作用中水解酶活性的变化是起重要作用的). 治疗剂量的超声波可增强生物膜扩散能力，促进物质交换，继而加快代谢、改善组织营养，对病变组织有促进恢复的作用. 超声波可提高半透膜的渗透作用，有利于营养物质进入细胞内，同样可使药物更易进入病菌体内，增强药物的杀菌效能.

总之，超声波的机械作用、热作用和理化作用，可使局部组织细胞受到微细按摩、局部组织分层处温度升高、细胞功能受到刺激、血液循环增进、组织软化、化学反应加速、新陈代谢加快. 超声波还能使复杂的蛋白质解聚为普通的有机分子，能影响许多酶的活性，使蛋白质分子和各种酶的功能受到影响，pH 值发生变化，生物活性物质含量发生改变等. 三种作用有机结合，并通过复杂的神经 — 体液途径产生治疗作用，其中，神经系统的反应和调节在超声波的治疗机理中起主导作用，而超声作用过程中发生的体液方面的改变，又是作用的物质基础，两者有机结合，构成统一的反应过程.

习题

1.1　选择题.

(1) 一物体做简谐振动，振动方程为 $x = A\cos\left(\omega t + \frac{\pi}{2}\right)$，则该物体在 $t = 0$ 时刻的动能与 $t = T/8$(T 为振动周期) 时刻的动能之比为(　　).

A. 1 : 4　　B. 1 : 2　　C. 1 : 1　　D. 2 : 1

(2) 弹簧振子在光滑水平面上做简谐振动时，弹性力在半个周期内所做的功为(　　).

A. kA^2　　B. $kA^2/2$　　C. $kA^2/4$　　D. 0

(3) 简谐振动过程中，动能和势能相等的位置的位移等于(　　).

A. $\pm\frac{A}{4}$　　B. $\pm\frac{A}{2}$

C. $\pm\frac{\sqrt{3}A}{2}$　　D. $\pm\frac{\sqrt{2}A}{2}$

(4) 一质点沿 x 轴做简谐振动，其振动方程用余弦函数表示，振幅为 A. 当 $t = 0$ 时，质点过 $x_0 = -\frac{A}{\sqrt{2}}$ 处且向 x 轴正方向运动，则其初相位为(　　).

A. $\frac{\pi}{4}$　　B. $\frac{5\pi}{4}$

C. $-\frac{5\pi}{4}$　　D. $-\frac{\pi}{3}$

(5) 一弹簧振子做简谐振动，总能量为 E_1，如果简谐振动的振幅增大为原来的 2 倍，物体的质量增大为原来的 4 倍，则它的总能量变为(　　).

A. $\frac{E_1}{4}$ B. $\frac{E_1}{2}$

C. $2E_1$ D. $4E_1$

(6) 一质点做简谐振动，周期为 T，当它由平衡位置向 x 轴正方向运动时，从二分之一最大位移处到最大位移处这段路程所需要的时间为(　　).

A. $\frac{T}{4}$ B. $\frac{T}{12}$

C. $\frac{T}{6}$ D. $\frac{T}{8}$

1.2 填空题.

(1) 一质点在 x 轴上做简谐振动，振幅 $A = 4$ cm，周期 $T = 2$ s，将其平衡位置取作坐标原点. 若 $t = 0$ 时质点第一次通过 $x = -2$ cm 处且向 x 轴负方向运动，则质点第二次通过 $x = -2$ cm 处的时刻为________ s.

(2) 一水平弹簧简谐振子的振动曲线如题 1.2(2) 图所示. 振子处在位移为零、速度为 $-\omega A$、加速度为零和弹性力为零的状态时，对应曲线上的________点. 振子处在位移的绝对值为 A、速率为零、加速度为 $-\omega^2 A$ 和弹性力为 $-kA$ 的状态时，对应曲线上的________点.

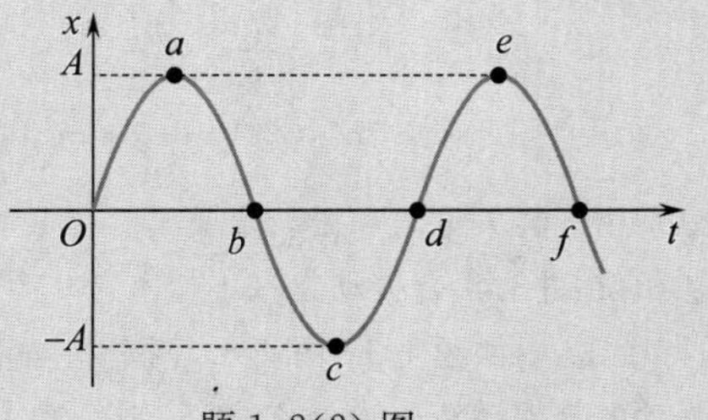

题 1.2(2) 图

(3) 一质点沿 x 轴做简谐振动，振动范围的中心点为 x 轴的坐标原点，已知周期为 T，振幅为 A.

(a) 若 $t = 0$ 时质点过 $x = 0$ 处且向 x 轴正方向运动，则振动方程为 $x =$ ________.

(b) 若 $t = 0$ 时质点过 $x = A/2$ 处且向 x 轴负方向运动，则振动方程为 $x =$ ________.

(4) 一弹簧下面悬挂质量为 50 g 的物体，物体沿竖直方向的振动方程为 $x = 0.02\sin 10t$，平衡位置为势能零点，则弹簧的刚度系数为________，最大动能为________，总能量为________.

(5) 两个同方向、同频率的简谐振动，其合振动的振幅为 20 cm，与第一个简谐振动的相位差为 $\varphi - \varphi_1 = \frac{\pi}{6}$. 若第一个简谐振动的振幅为 $10\sqrt{3}$ cm，则第二个简谐振动的振幅为________；两个简谐振动的相位差 $\varphi_2 - \varphi_1 =$ ________.

1.3 符合什么规律的运动才是简谐振动？分别分析下列运动是不是简谐振动：

(1) 拍皮球时球的运动；

(2) 如题 1.3(2) 图所示，一小球在一个半径很大的光滑凹球面上滚动(设小球所经过的弧线很短).

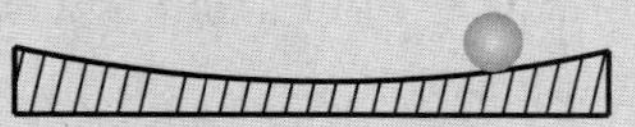

题 1.3(2) 图

1.4 弹簧振子振动的振幅增大到原振幅的 2 倍时，其振动周期、振动能量、最大速度和最大加速度等物理量将如何变化？

1.5 单摆的周期受哪些因素影响？把某一单摆由赤道拿到北极去，它的周期是否变化？

1.6 简谐振动的速度和加速度在什么情况下是同号的？在什么情况下是异号的？加速度为正值时，振动质点的速率是否一定增大？

1.7 质量为 10×10^{-3} kg 的小球与轻弹簧组成的系统，按 $x = 0.1\cos\left(8\pi t + \frac{2\pi}{3}\right)$(SI) 的规律做简谐振动.

(1) 求振动的周期、振幅、初相位及速度与加速度的最大值；

(2) 求最大的回复力、振动能量、平均动能和平均势能，在哪些位置上动能与势能相等？

(3) 求 $t_2 = 5$ s 与 $t_1 = 1$ s 两个时刻的相位差.

1.8 一个沿 x 轴做简谐振动的弹簧振子，振幅为 A，周期为 T，其振动方程用余弦函数表示. 如果 $t = 0$ 时质点的状态分别是：

(1) $x_0 = -A$；

(2) 过平衡位置且向 x 轴正方向运动；

(3) 过 $x = \frac{A}{2}$ 处且向 x 轴负方向运动；

(4) 过 $x = -\frac{A}{\sqrt{2}}$ 处且向 x 轴正方向运动，

试求出相应的初相位，并写出振动方程.

1.9　一质量为 0.01 kg 的物体做简谐振动，振幅为 24 cm，周期为 4.0 s，当 $t=0$ 时位移为 $+24$ cm. 求：

(1) $t=0.5$ s时，物体所在的位置及此时所受力的大小和方向；

(2) 由起始位置运动到 $x=12$ cm 处所需的最短时间；

(3) 在 $x=12$ cm 处物体的总能量.

1.10　有一轻弹簧，下面悬挂质量为 1.0 g 的物体时，伸长量为 4.9 cm. 用这个弹簧和一个质量为 8.0 g 的小球构成弹簧振子，将小球由平衡位置向下拉开 1.0 cm后，给予向上的初速率 $v_0=5.0$ cm/s，求振动周期和振动方程.

1.11　题 1.11 图所示为两个简谐振动的 x - t 曲线，试分别写出其振动方程.

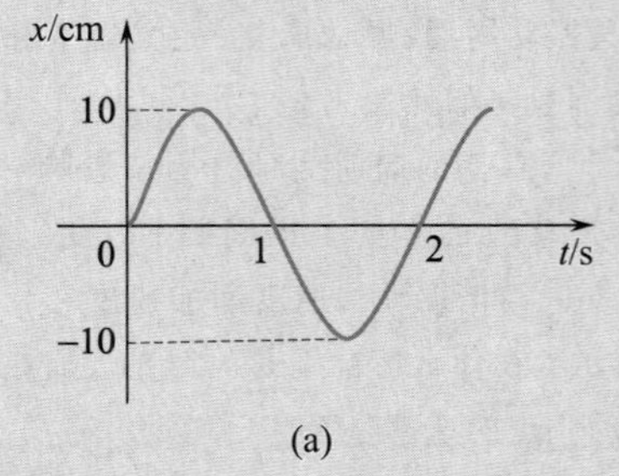

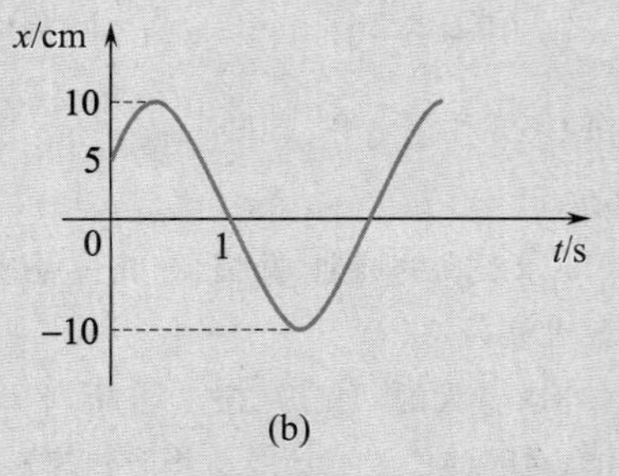

题 1.11 图

1.12　一轻弹簧的刚度系数为 k，其下端悬有一质量为 M 的盘子. 现有一质量为 m 的物体从离盘底 h 高处自由下落到盘上并和盘子粘在一起，于是盘子开始振动.

(1) 此时的振动周期与空盘子做振动时的周期有何不同？

(2) 此时的振动振幅多大？

(3) 取物体和盘子受力为零的位置为坐标原点，位移以向下为正，并以弹簧开始振动时作为计时起点，求初相位，并写出物体与盘子振动的振动方程.

1.13　有一单摆，摆长 $l=1.0$ m，摆球质量 $m=0.01$ kg，当摆球处在平衡位置时，若给小球一水平向右的冲量 $F\Delta t=1.0\times10^{-4}$ kg · m/s，取打击时刻为计时起点($t=0$)，求振动的初相位和角振幅，并写出小球振动的振动方程.

1.14　有两个同方向、同频率的简谐振动，其合振动的振幅为 0.20 m，与振动(1) 的相位差为 $\frac{\pi}{6}$，已知振动(1) 的振幅为 0.173 m，求振动(2) 的振幅以及振动(1) 和振动(2) 的相位差.

1.15　试用最简单的方法求出下列两组简谐振动合成后所得合振动的振幅：

$$(1)\begin{cases} x_1 = 5\cos\left(3t+\frac{\pi}{3}\right)\ \text{cm} \\ x_2 = 5\cos\left(3t+\frac{7\pi}{3}\right)\ \text{cm} \end{cases}$$

$$(2)\begin{cases} x_1 = 5\cos\left(3t+\frac{\pi}{3}\right)\ \text{cm} \\ x_2 = 5\cos\left(3t+\frac{4\pi}{3}\right)\ \text{cm} \end{cases}$$

1.16　一质点同时参与两个在同一直线上的简谐振动，振动方程为

$$\begin{cases} x_1 = 0.4\cos\left(2t+\frac{\pi}{6}\right)\ \text{m} \\ x_2 = 0.3\cos\left(2t-\frac{5}{6}\pi\right)\ \text{m} \end{cases}$$

试分别用旋转矢量法和振动合成法求合振动的振幅和初相位，并写出合振动方程.

*1.17　如题 1.17 图所示，两个相互垂直的简谐振动的合振动轨迹为一椭圆，已知 x 轴方向的振动方程为 $x=6\cos 2\pi t$ cm，求 y 轴方向的振动方程.

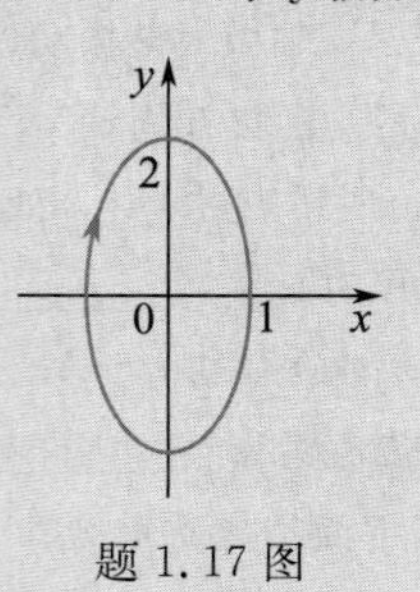

题 1.17 图

第 2 章
波　　动

如果在空间某处发生的振动，以有限的速度向四周传播，则这种传播着的振动称为**波**. 机械振动在连续介质内的传播称为**机械波**；电磁振荡在真空或介质中的传播称为**电磁波**；近代物理学指出，微观粒子以至任何物体都具有波动性，这种波称为**物质波**. 不同性质的波动虽然机制各不相同，但它们在空间的传播规律却具有共性.

本章提要

2.1 机械波的形成和传播

2.1.1 机械波产生的条件

机械波的形成和传播

将石子投入平静的水池中,投石处的水质元会发生振动,振动向四周水面传播而泛起的涟漪即为水面波.音叉在振动时,会引起周围空气的振动,此振动在空气中传播形成声波.可见,**机械波的产生必须具备两个条件:① 有做机械振动的物体,谓之波源;② 有连续的介质**(从宏观来看,气体、液体、固体均可视作连续体).

如果波动中使介质各部分振动的回复力是弹性力,则这种波称为弹性波.例如,声波即为弹性波.机械波不一定都是弹性波,如水面波就不是弹性波.水面波中的回复力是水质元所受的重力和表面张力,它们都不是弹性力.下面只讨论弹性波.

2.1.2 横波和纵波

按振动方向与波传播方向之间的关系可将波分为横波与纵波.振动方向与传播方向垂直的波叫作**横波**,振动方向与传播方向平行的波叫作**纵波**.

图 2.1 是横波在一根弦线上传播的示意图.将弦线分成许许多多可视为质点的小段,质点之间以弹性力相联系.设 $t=0$ 时,质点都在各自的平衡位置,此时质点 1 在外界作用下由平衡位置向上运动.由于弹性力的作用,质点 1 带动质点 2 向上运动,继而质点 2 又带动质点 3…… 于是各质点就先后上下振动起来.图 2.1 中画出了不同时刻各质点的振动状态.设波源的振动周期为 T.由图可知,$t=T/4$ 时,质点 1 的初始振动状态传到了质点 4;$t=T/2$ 时,质点 1 的初始振动状态传到了质点 7……$t=T$ 时,质点 1 完成了自己的一次全振动,其初始振动状态传到了质点 13.此时,质点 1 与质点 13 之间各点偏离各自平衡位置的矢端曲线就构成了一个完整的波形.在以后的过程中,每经过一个周期,就向右传出一个完整波形.可见,沿着波的传播方向向前看去,前面各质点的振动相位都依次落后于波源的振动相位.

横波的振动方向与传播方向垂直.这说明当横波在介质中传播时,介质中层与层之间将发生相对位移,即产生切变.只有固体能承受切变,因此横波只能在固体中传播.

图 2.2 是纵波在一根弹簧中传播的示意图.在纵波中,质点的振动方向与波的传播方向平行,因此在介质中就形成稠密和稀疏的区域,故纵波又称为疏密波.纵波可引起介质产生容变.固体、液体、气体都能承受容变,因此纵波能在所有物质中传播.纵波传播的其他规律与横波相同.

液面上因有表面张力,故能承受切变.所以液面波是纵波与横波的合成波.此时,组成液体的微元在自己的平衡位置附近做椭圆运动.

综上所述,**机械波向外传播的是波源(及各质点)的振动状态和能量**.

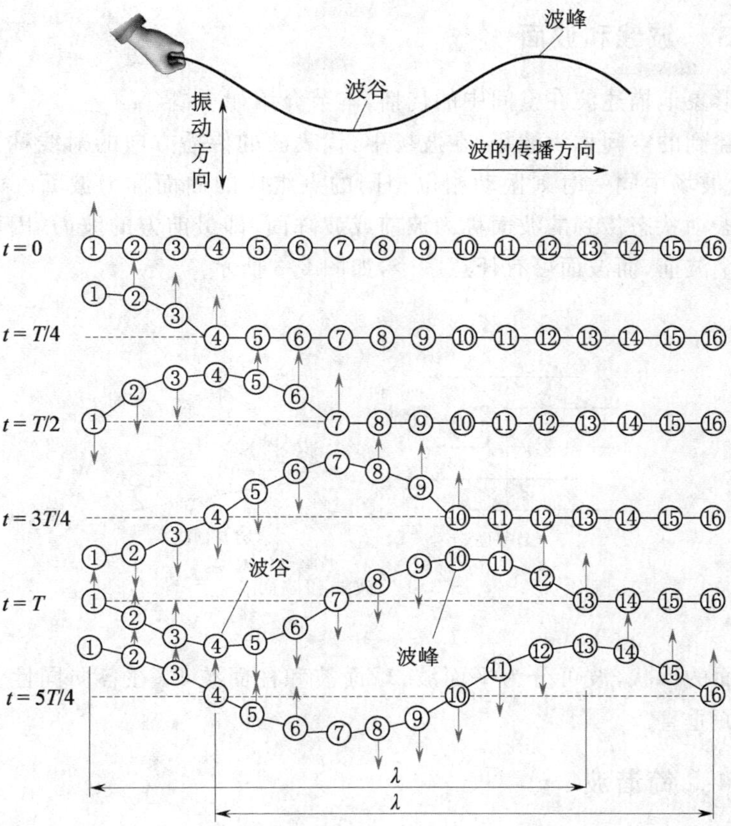

图 2.1　横波传播示意图

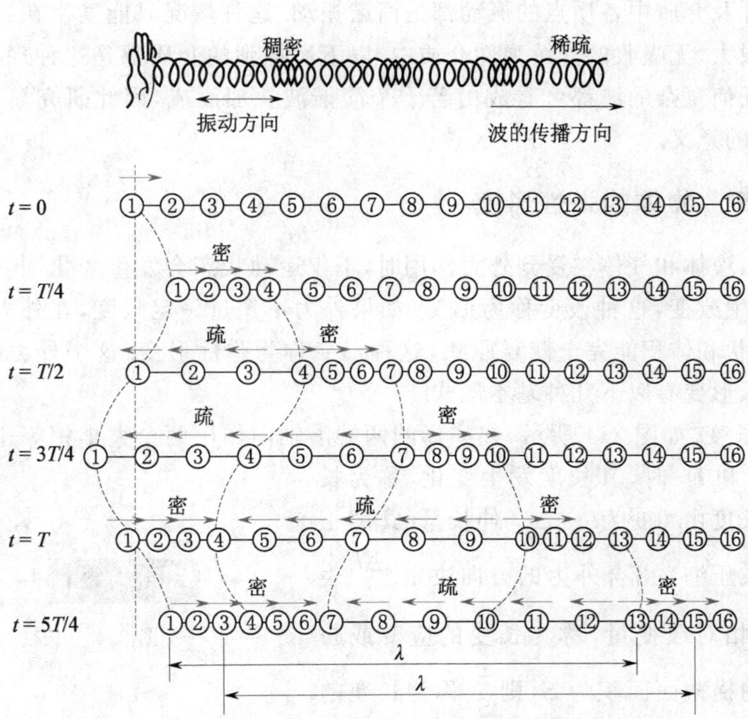

图 2.2　纵波传播示意图

2.1.3 波线和波面

为了形象地描述波在空间中的传播,本节介绍如下概念.

波传播到的空间称为**波场**.在波场中,代表波的传播方向的射线称为**波射线**,简称**波线**.波场中同一时刻振动相位相同的点组成的曲面称为**波面**.某一时刻波源最初的振动状态传到的波面称为**波前**或**波阵面**,即最前方的波面.因此,任意时刻只有一个波前,而波面可有任意多个,如图 2.3 所示.

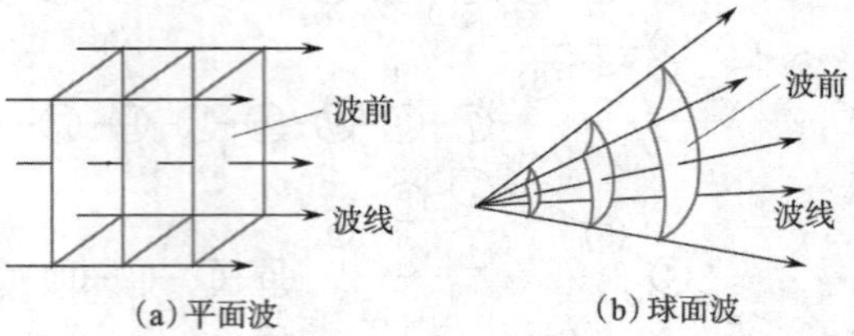

图 2.3　波线和波面

按波面的形状,波可分为平面波、球面波和柱面波等.在各向同性介质中,波线恒与波面垂直.

2.1.4 简谐波

一般来说,波动中各质点的振动是复杂的.最简单而又最基本的波动是**简谐波**,即波源及介质中各质点的振动都是简谐振动.这种情况只能发生在各向同性、均匀、无限大、无吸收的连续弹性介质中.以下所提到的介质都是这种理想化的介质.由于任何复杂的波都可看成由若干个简谐波叠加而成,因此研究简谐波具有特别重要的意义.

2.1.5 物体的弹性形变

固体、液体和气体在受到外力作用时,不仅运动状态会发生变化,其形状和体积也会发生改变,这种改变称为形变.如果外力不超过一定限度,在外力撤去后,物体的形状和体积能完全恢复原状,这种形变称为弹性形变.这个外力限度称为弹性限度.形变有以下几种基本形式.

(1) 长变.如图 2.4 所示,在一棒的两端沿轴向作用两个大小相等、方向相反的外力 $\boldsymbol{F}$ 和 $\boldsymbol{F}'$ 时,其长度发生变化,称为长变,棒的长度由 l 变为 $l+\Delta l$,伸长量 Δl 的正负(伸长或压缩)由合外力的方向决定.$\frac{\Delta l}{l}$ 表示棒长的相对改变量,称为长变的应变或胁变.设棒的横截面面积为 S,则 $\frac{F}{S}$ 称为长变的

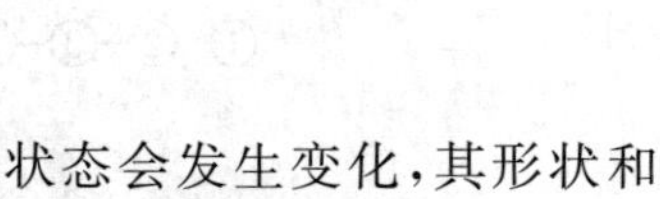

图 2.4　长变

应力或胁强.胡克定律指出,在弹性限度内,应力与应变成正比,即

$$\frac{F}{S}=E\frac{\Delta l}{l} \tag{2.1}$$

式中,比例系数 E 只与材料的性质有关,称为杨氏模量(或弹性模量),其定义式为

$$E=\frac{F/S}{\Delta l/l} \tag{2.2}$$

(2) 切变.如图 2.5 所示,在一块材料的两个相对面上各施加一个与平面平行、大小相等而方向相反的外力 $\boldsymbol{F}$ 和 $\boldsymbol{F}'$ 时,块状材料将发生图中所示的形变,即相对面发生相对滑移,这种形变称为切变.设被施力的平面的面积为 S,则 $\frac{F}{S}$ 称为切变的应力或胁强.两个被施力的相对面相互错开的角度 $\varphi=\arctan\frac{\Delta d}{b}$,称为切变的应变或胁变.根据胡克定律,在弹性限度内,切变的应力与切变的应变成正比,即

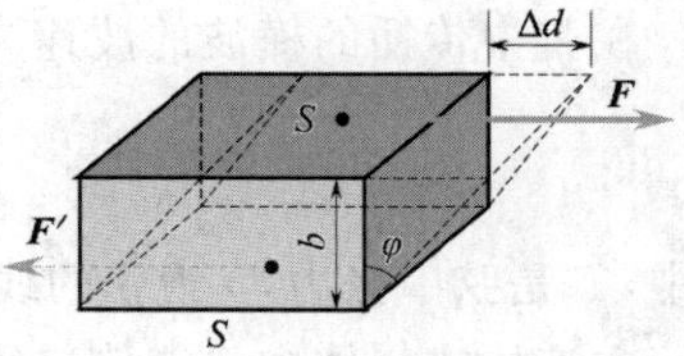

图 2.5　切变

$$\frac{F}{S}=G\varphi \tag{2.3}$$

式中,G 是比例系数,只与材料的性质有关,称为剪切模量,其定义式为

$$G=\frac{F/S}{\varphi} \tag{2.4}$$

(3) 容变.当物体(固体、液体或气体)周围受到的压力改变时,其体积也会发生改变,这种形变称为容变.如图 2.6 所示,物体受到的压强由 p 变为 $p+\Delta p$,相应地,物体的体积由 V 变为 $V+\Delta V$,显然,ΔV 与 Δp 的符号恒相反.$\frac{\Delta V}{V}$ 表示体积的相对变化量,称为容变的应变.实验表明,在弹性限度内,压强的改变量与容变的应变的大小成正比,即

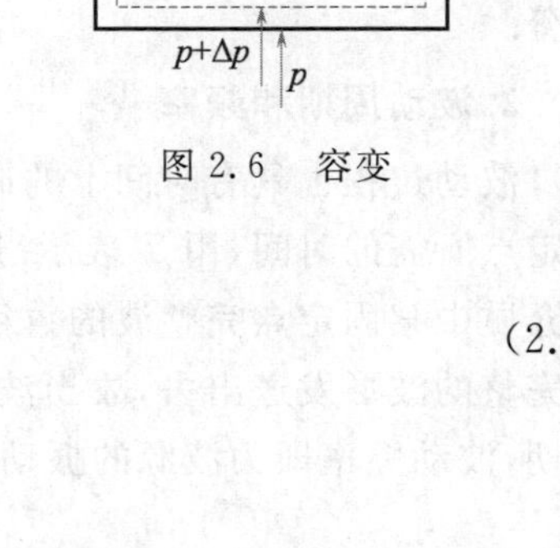

图 2.6　容变

$$\Delta p=-B\frac{\Delta V}{V} \tag{2.5}$$

式中,比例系数 B 只与材料的性质有关,称为体积模量,其定义式为

$$B=-\frac{\Delta p}{\Delta V/V} \tag{2.6}$$

2.1.6　描述波动的几个物理量

1. 波速

波动是振动状态(相位)的传播,振动状态在单位时间内传播的距离称为**波速**,波速又称为**相速度**,用 u 表示.对于机械波,波速通常由介质的性质决定.可以

证明,对于简谐波,在固体中传播的横波和纵波的波速分别为

$$u_{\perp} = \sqrt{\frac{G}{\rho}} \tag{2.7}$$

$$u_{/\!/} = \sqrt{\frac{E}{\rho}} \tag{2.8}$$

式中,G和E分别是介质的剪切模量和杨氏模量,ρ为介质的密度. 对于同一固体介质,一般有 $E > G$,所以 $u_{/\!/} > u_{\perp}$. 顺便指出,只有纵波在均匀细长棒中传播时,式(2.8)才准确成立;在非细长棒中,在纵向长变过程中引起的横向形变不能忽略,因此,容变不能简化成长变,式(2.8)只能近似成立.

在弦中传播的横波的波速为

$$u_{\perp} = \sqrt{\frac{T}{\mu}} \tag{2.9}$$

式中,T 是弦中张力,μ 为弦的线密度.

在液体或气体中只能传递纵波,其波速为

$$u_{/\!/} = \sqrt{\frac{B}{\rho}} \tag{2.10}$$

式中,B 为介质的体积模量. 对于理想气体,若把波的传播过程视为绝热过程,则由分子运动理论及热力学的相关知识可导出理想气体中的声速公式,即

$$u = \sqrt{\frac{\gamma p}{\rho}} = \sqrt{\frac{\gamma RT}{M_{\mathrm{mol}}}} \tag{2.11}$$

式中,γ为气体的摩尔热容比,p为气体的压强,ρ为气体的密度,T是气体的热力学温度,R 是普适气体常量,M_{mol} 是气体的摩尔质量.

需要注意的是,机械波的波速是相对于介质的传播速度. 若观察者相对于介质静止,则测出的波速就是波在介质中的传播速度;若观察者相对于介质有运动,则应根据速度合成的法则计算出机械波相对于观察者的传播速度. 也就是说,当观察者相对于介质有不同的运动时,可观测到不同的波速. 此结论不适用于电磁波.

顺便指出,波速与介质中质点的振动速度是两个不同的概念,请读者加以区分.

2. 波动周期和频率

波动过程也具有时间上的周期性. **波动周期**是指一个完整波形通过介质中某固定点所需的时间,用 T 表示. 周期的倒数叫作**频率**,波动频率即为单位时间内通过介质中某固定点完整波的数目,用 ν 表示. 由于波源每完成一次全振动,就有一个完整的波形发送出去,故当波源相对于介质静止时,波动周期即为波源的振动周期,波动频率即为波源的振动频率. 波动周期 T 与波动频率 ν 之间有

$$T = \frac{2\pi}{\omega} = \frac{1}{\nu} \tag{2.12}$$

3. 波长

如前所述,同一时刻波线上各质点的振动相位沿传播方向是依次落后的,则

同一波线上相邻的相位差为 2π 的两质点之间的距离称为**波长**，用 λ 表示. 波源做一次全振动的时间内，波传播的距离就等于一个波长，如图 2.1 所示，因此波长反映了波的空间周期性. 显然，波长与波速、周期和频率的关系为

$$\lambda = uT = \frac{u}{\nu} \tag{2.13}$$

此式不仅适用于机械波，也适用于电磁波.

由于机械波的波速仅由介质的力学性质决定，因此不同频率的波在同一介质中传播时具有相同的波速，而同一频率的波在不同介质中传播时具有不同波长.

2.2 平面简谐波

平面简谐波在介质中传播时，虽然各质点都在各自的平衡位置附近按余弦（或正弦）规律运动，但同一时刻各质点的振动状态却不尽相同. 只有定量地描述每个质点的振动状态，才算解决了平面简谐波的运动学问题.

在平面简谐波中，波线是一组垂直于波面的平行射线，因此可选用其中一条波线为代表来研究平面波的传播规律. 也就是说，平面简谐波的**波函数**，就是任一波线上任一点的振动方程的通式.

2.2.1 平面简谐波的波函数

平面简谐波的波函数

设有一平面简谐波，在理想介质中沿 x 轴正方向传播，x 轴即为某一波线，在此波线上任取一点为坐标原点，并在坐标原点振动相位为零时开始计时，则坐标原点的振动方程为

$$y_0 = A\cos\omega t \tag{2.14}$$

设 P 为 x 轴上任意一点，其坐标为 x，而用 y 表示该处质点偏离平衡位置的位移，如图 2.7 所示，下面求 P 点的振动方程.

设波在介质中的传播速度为 u，则坐标原点的振动状态传到 P 点所需要的时间为 $\Delta t = \frac{x}{u}$，因此，P 点在 t 时刻将重复坐标原点在 $t-\frac{x}{u}$ 时刻的振动状态，即 P 点在 t 时刻的振动方程为

$$y = A\cos\omega\left(t-\frac{x}{u}\right) \tag{2.15}$$

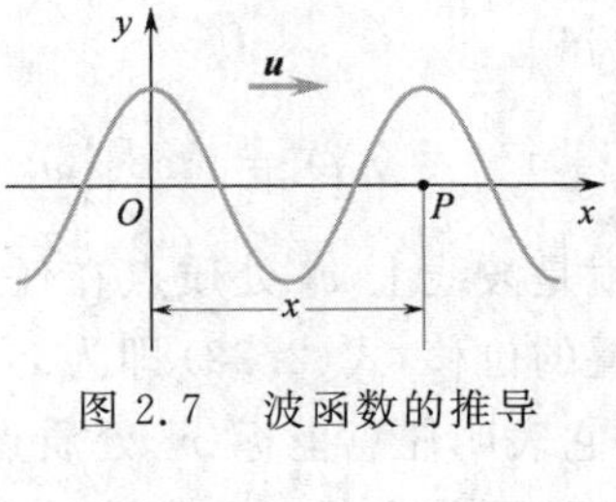

图 2.7 波函数的推导

式(2.15) 就是沿 x 轴正方向传播的平面简谐波的表达式，或称为**波函数**，有时也称为波动方程①.

如 2.1 节所述，当一列波在介质中传播时，沿着波的传播方向向前看去，前方

① 平面简谐波也可用复数表示为 $y(x,t) = Ae^{i\omega\left(t-\frac{x}{u}\right)}$，和简谐振动一样，在经典物理学中只取其实部.

各质点的振动要依次落后于波源的振动.因此,式(2.15)中的$\frac{x}{u}$也可理解为P点的振动落后于坐标原点的振动的时间.显然,若这列波沿x轴负方向传播,则P点的振动超前于坐标原点的振动,超前的时间为$\frac{x}{u}$,此时P点的振动方程为

$$y = A\cos\omega\left(t + \frac{x}{u}\right) \tag{2.16}$$

这就是沿x轴负方向传播的平面简谐波的表达式.

若波源(坐标原点)的振动初相位在开始计时时不为零,即

$$y_0 = A\cos(\omega t + \varphi_0) \tag{2.17}$$

由于波源的初相位对波传播过程的贡献是固定的,与波的传播方向、时间、距离无关,因此波函数为

$$y = A\cos\left[\omega\left(t \mp \frac{x}{u}\right) + \varphi_0\right] \tag{2.18}$$

将$\omega = 2\pi\nu = \frac{2\pi}{T}$,$u = \frac{\lambda}{T} = \frac{\omega}{2\pi}\lambda$代入式(2.18),经整理,可得到如下几种常用的波函数:

$$y = A\cos\left[2\pi\left(\frac{t}{T} \mp \frac{x}{\lambda}\right) + \varphi_0\right] \tag{2.19}$$

$$y = A\cos\left(2\pi\nu t \mp \frac{2\pi x}{\lambda} + \varphi_0\right) \tag{2.20}$$

$$y = A\cos\left[\frac{2\pi}{\lambda}(ut \mp x) + \varphi_0\right] = A\cos[k(ut \mp x) + \varphi_0] \tag{2.21}$$

式中,$k = \frac{2\pi}{\lambda}$,称为**角波数**,它表示在2π m 长度内所具有的完整波的数目.

2.2.2 波函数的物理意义

为了深刻理解平面简谐波的波函数的物理意义,下面分几种情况进行讨论.

(1) 如果$x = x_0$为给定值,则位移y仅是时间t的函数,即$y = y(t)$,波函数改写为

$$y(t) = A\cos\left(\omega t - \frac{\omega x_0}{u} + \varphi_0\right) = A\cos\left(\omega t - 2\pi\frac{x_0}{\lambda} + \varphi_0\right) \tag{2.22}$$

这就是波线上x_0处质点在任意时刻离开平衡位置的位移.式(2.22)即为x_0处质点的振动方程,它表明任意坐标x_0处质点均做简谐振动,相应地可作出其振动曲线,如图 2.8 所示.

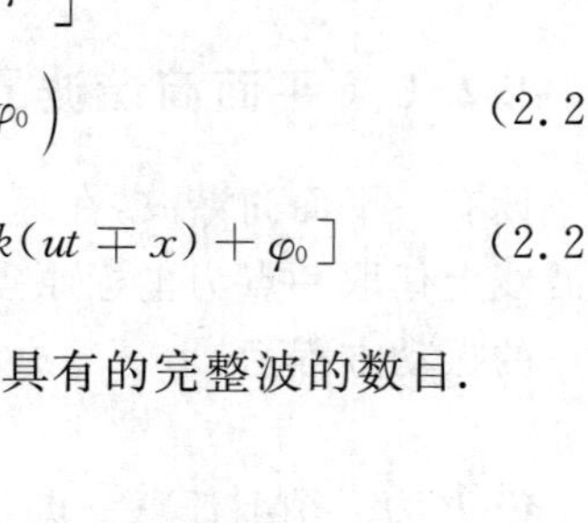

图 2.8 波线上给定点的振动曲线

由式(2.22)可知,x_0处质点在$t = 0$时刻的位移为

$$\begin{aligned} y(0, x_0) &= A\cos\left(-\frac{\omega x_0}{u} + \varphi_0\right) \\ &= A\cos\left(-2\pi\frac{x_0}{\lambda} + \varphi_0\right) \end{aligned}$$

该处质点的振动初相位为 $\varphi' = -\frac{\omega x_0}{u} + \varphi_0 = -2\pi\frac{x_0}{\lambda} + \varphi_0$. 显然 x_0 处质点的振动相位比坐标原点 O 处质点的振动相位始终落后 $\frac{\omega x_0}{u}$ 或 $2\pi\frac{x_0}{\lambda}$，x_0 越大，相位落后越多. 因此，沿着波的传播方向，各质点的振动相位依次落后. $x_0 = \lambda, 2\lambda, 3\lambda, \cdots$ 处质点的振动相位依次为 $\varphi' = -2\pi + \varphi_0, -4\pi + \varphi_0, -6\pi + \varphi_0, \cdots$，这正好表明，波线上每隔一个波长的距离，质点的振动状态相同. 波长的确代表了波的空间周期性.

同理可以导出，同一质点在两个时刻的相位差为

$$\Delta\varphi = \omega(t_2 - t_1) = \frac{t_2 - t_1}{T}2\pi \tag{2.23}$$

(2) 若 $t = t_0$ 为给定值，则位移 y 只是坐标 x 的函数，即 $y = y(x)$，波函数变为

$$y = A\cos\left[\omega\left(t_0 - \frac{x}{u}\right) + \varphi_0\right] \tag{2.24}$$

此方程给出了在 t_0 时刻波线上各质点离开各自平衡位置的位移分布情况，称为 t_0 时刻的**波形方程**. t_0 时刻的波形曲线如图 2.9 所示，它是一条简谐函数曲线，这说明波是一列简谐波. 应该注意的是，对于横波，t_0 时刻的 y - x 曲线实际上就是该时刻波线上所有质点的分布图形；对于纵波，波形曲线并不反映真实的质点分布情况，而只是该时刻所有质点的位移分布(相对于它们各自的平衡位置).

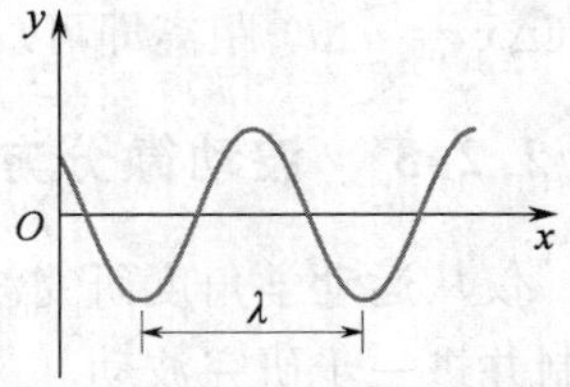

图 2.9　给定时刻($t = t_0$)的波形曲线

同理可以导出，同一波线上两质点之间的相位差为

$$\Delta\varphi = -\frac{2\pi}{\lambda}(x_2 - x_1) \tag{2.25}$$

(3) 如果 t、x 都在变化，则波函数

$$y(t,x) = A\cos\left[\omega\left(t - \frac{x}{u}\right) + \varphi_0\right]$$

给出了波线上各个不同质点在不同时刻的位移，或者说它包括了各个不同时刻的波形，也就是反映了波形不断向前推进的波动传播的全过程.

进一步分析波函数便可深入了解波动的本质.

根据波函数可知，t 时刻的波形方程为

$$y(x) = A\cos\left[\omega\left(t - \frac{x}{u}\right) + \varphi_0\right]$$

而 $t + \Delta t$ 时刻的波形方程为

$$y(x) = A\cos\left[\omega\left(t + \Delta t - \frac{x}{u}\right) + \varphi_0\right]$$

分别用实线和虚线表示 t 时刻和稍后的 $t + \Delta t$ 时刻的波形曲线，如图2.10 所示，便可形象地看出波形向前传播的图像，传播的速度就等于波速 $\boldsymbol{u}$.

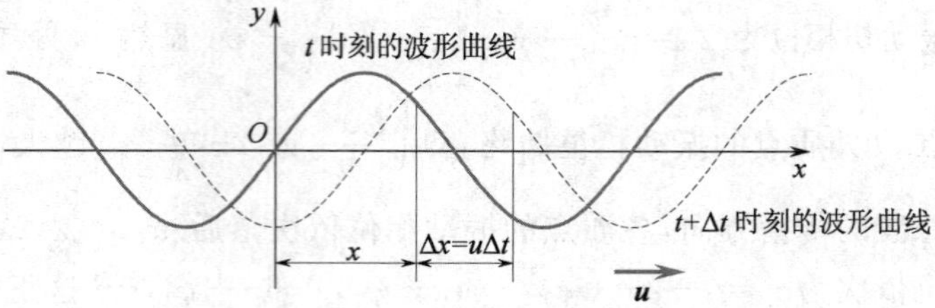

图 2.10　波形的传播

设 t 时刻、x 处的某个振动状态经过 Δt 时间，传播了 $\Delta x = u\Delta t$ 的距离，用波函数表示为

$$A\cos\left[\omega\left(t+\Delta t-\frac{x+u\Delta t}{u}\right)+\varphi_0\right]=A\cos\left[\omega\left(t-\frac{x}{u}\right)+\varphi_0\right]$$

即

$$y(t+\Delta t, x+\Delta x) = y(t, x) \tag{2.26}$$

上式表明，想获取 $t+\Delta t$ 时刻的波形，只要将 t 时刻的波形沿波的前进方向移动 $\Delta x(\Delta x = u\Delta t)$ 距离即可. 故式(2.26) 描述的波称为**行波**.

2.2.3　波动微分方程与波速

仅从运动学角度研究波还不够，只有对波进行动力学分析才能看到波传播的机制并进一步研究波动.

1. 波动微分方程

在介质中取一体积元，分析受力情况和动力学规律. 以下仅以平面横波为例讨论.

图 2.11 表示横波在某瞬时的波形图，取 x 和 $x+\Delta x$ 处两波面所围体积元为隔离体. 体积元两侧受剪切力 $\boldsymbol{f}_x$ 和 $\boldsymbol{f}_{x+\Delta x}$ 作用. 相比之下重力可忽略不计. 体积元发生剪切形变，剪切应变为 $\lim\limits_{\Delta x\to 0}\dfrac{\Delta y}{\Delta x}=\dfrac{\mathrm{d}y}{\mathrm{d}x}$. 用 S 表示体积元的横截面面积，根据胡克定律有

$$\frac{f_x}{S}=\left.\frac{\mathrm{d}y}{\mathrm{d}x}\right|_x G$$

其中 G 为剪切模量.

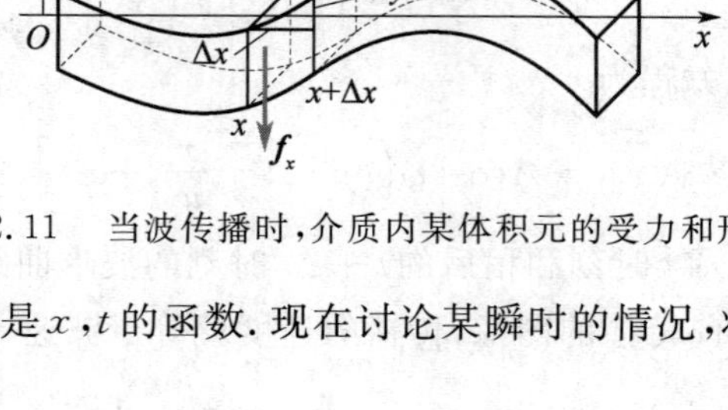

图 2.11　当波传播时，介质内某体积元的受力和形变

体积元的 y 坐标是 x, t 的函数. 现在讨论某瞬时的情况，将 t 视为定值. 上式可写成偏导数形式：

$$\frac{f_x}{S} = \frac{\partial y(x,t)}{\partial x}\bigg|_x G$$

同理也可自 $x + \Delta x$ 处得

$$\frac{f_{x+\Delta x}}{S} = \frac{\partial y(x,t)}{\partial x}\bigg|_{x+\Delta x} G$$

体积元所受合外力为

$$f_{x+\Delta x} - f_x = \left[\frac{\partial y(x,t)}{\partial x}\bigg|_{x+\Delta x} - \frac{\partial y(x,t)}{\partial x}\bigg|_x\right] GS$$

方括号内为函数$\frac{\partial y(x,t)}{\partial x}$在 Δx 上的增量. 若不计高阶无穷小，则有

$$\frac{\partial y(x,t)}{\partial x}\bigg|_{x+\Delta x} - \frac{\partial y(x,t)}{\partial x}\bigg|_x = \frac{\partial^2 y(x,t)}{\partial x^2}\bigg|_x \Delta x$$

代入上式，得

$$f_{x+\Delta x} - f_x = \frac{\partial^2 y(x,t)}{\partial x^2}\bigg|_x \Delta x GS$$

体积元在上述合外力作用下的加速度为$\frac{\partial^2 y(x,t)}{\partial t^2}$，故有

$$f_{x+\Delta x} - f_x = \Delta m \cdot \frac{\partial^2 y(x,t)}{\partial t^2}$$

式中，Δm 为体积元的质量. 用 ρ 表示介质的密度，因 $\Delta m = \rho S \Delta x$，由上两式得

$$\frac{\partial^2 y}{\partial t^2} = \frac{G}{\rho}\frac{\partial^2 y}{\partial x^2} \tag{2.27}$$

此即弹性介质中**横波的波动微分方程**.

依照类似的方法，可得固体内弹性平面纵波的波动微分方程为

$$\frac{\partial^2 y}{\partial t^2} = \frac{E}{\rho}\frac{\partial^2 y}{\partial x^2} \tag{2.28}$$

式中，ρ 表示介质的密度，E 为杨氏模量.

在张紧的柔软线绳上传播的横波的波动微分方程为

$$\frac{\partial^2 y}{\partial t^2} = \frac{T}{\mu}\frac{\partial^2 y}{\partial x^2} \tag{2.29}$$

式中，T 为线绳所受张力；μ 为单位长度线绳的质量，称为线密度.

以上波动微分方程均根据质点动力学方程得出，故波动微分方程就是关于波的动力学方程. 该方程的未知函数为 $y(x,t)$，方程中 y 的两个偏导数都是以线性方式出现的，故本节讨论的波动微分方程是线性的.

2. 波速

波动微分方程给出了介质内体积元的运动和受力的关系，反映了波动传播的机制，对应经典力学中的动力学方程. 波函数对应经典力学中的运动学方程，故波函数是波动微分方程的解. 平面简谐波为平面波的特例，故平面简谐波的波函数应为波动微分方程的一特殊解.

将平面简谐波的波函数(2.18) 分别对 t 和 x 求二阶偏导数(设波沿 x 轴正方向传播)，有

$$\frac{\partial^2 y}{\partial t^2} = -A\omega^2 \cos\left[\omega\left(t - \frac{x}{u}\right) + \varphi_0\right]$$

$$\frac{\partial^2 y}{\partial x^2}=-A\frac{\omega^2}{u^2}\cos\left[\omega\left(t-\frac{x}{u}\right)+\varphi_0\right]$$

比较上面两式可得

$$\frac{\partial^2 y}{\partial x^2}=\frac{1}{u^2}\frac{\partial^2 y}{\partial t^2} \tag{2.30}$$

将其与式(2.27)相比,即可得固体中弹性横波的波速为

$$u_{\perp}=\sqrt{\frac{G}{\rho}}$$

同理,可得固体中弹性纵波的波速为

$$u_{/\!/}=\sqrt{\frac{E}{\rho}}$$

由此可知,固体中波速和介质弹性密切相关.现在有各种精确测量声速或测量固体的杨氏模量和剪切模量的方法.应用这些方法得到的测量数据证明了波速与介质弹性属性之间的关系.依照上述方法也可得张紧的软绳中横波的波速为

$$u_{\perp}=\sqrt{\frac{T}{\mu}}$$

流体中纵波的波速为

$$u_{/\!/}=\sqrt{\frac{B}{\rho}}$$

式中,B 为流体的体积模量.

以上即为式(2.7)~式(2.10)的根由.

表 2.1 给出了某些波速实验值,L 和 T 分别表示纵波和横波.表中列出的波阻(或声阻),将在 2.7 节中讲解.

表 2.1　波速和波阻

介质	温度 /℃	波速 /(m/s)	波阻 /(N·s/m³)
空气	0	331.45	429
氧气	0	316	452
氢气	0	1 284	116
水	20	1 483	1.48×10^6
水银	20	1 451	1.96×10^7
液氦	−272.15	239	3.5×10^4
液氧	−183	909	1.04×10^6
血液		1 530	1.62×10^6
肌肉		1 545 ~ 1 630	$1.65\times10^6\sim1.74\times10^6$
骨骼		2 700 ~ 4 100	$3.2\times10^6\sim7.4\times10^6$
铁		L:5 950 T:3 240	4.7×10^7
铝		L:6 420 T:3 040	1.73×10^7
火石玻璃		L:3 980 T:2 380	1.54×10^7

解题攻略

波动方程的求解

例 2.1　已知波函数为 $y=0.1\cos\frac{\pi}{10}(25t-x)$，其中 x、y 的单位为 m，t 的单位为 s，求：(1) 振幅、波长、周期、波速；(2) 距坐标原点 8 m 和 10 m 两点处质点振动的相位差；(3) 波线上某质点在时间间隔 0.2 s 内的相位差.

解　(1) 用比较法将题干中的波函数改写成如下形式：

$$y=0.1\cos\frac{25}{10}\pi\left(t-\frac{x}{25}\right)$$

并与波函数的标准形式 $y=A\cos\left[\omega\left(t-\frac{x}{u}\right)+\varphi_0\right]$ 比较，即可得

$$A=0.1\ \text{m},\quad \omega=\frac{25}{10}\pi\ \text{rad/s},\quad u=25\ \text{m/s},\quad \varphi_0=0$$

所以
$$T=\frac{2\pi}{\omega}=0.8\ \text{s},\quad \lambda=uT=20\ \text{m}$$

(2) 同一时刻波线上坐标为 x_1 和 x_2 两点处质点振动的相位差

$$\Delta\varphi=-\frac{2\pi}{\lambda}(x_2-x_1)=-2\pi\frac{\delta}{\lambda}$$

$\delta=x_2-x_1$ 是波传播到 x_1 和 x_2 处的波程差，上式就是同一时刻波线上任意两点间的相位差与波程差的关系. 将 $\delta=x_2-x_1=2$ m 代入上式，得

$$\Delta\varphi=-\frac{\pi}{5}$$

式中，负号表示 x_2 处的振动相位落后于 x_1 处的振动相位.

(3) 对于波线上任意一个给定点（x 一定），在时间间隔 Δt 内的相位差

$$\Delta\varphi=\omega(t_2-t_1)=\omega\Delta t$$

已知 $\Delta t=0.2$ s，则

$$\Delta\varphi=\frac{\pi}{2}$$

例 2.2　一平面波在介质中以速度 $u=20$ m/s 沿直线传播，已知在传播路径上 A 点的振动方程为 $y_A=3\cos 4\pi t$，A、B、C、D 四点的位置关系如图 2.12 所示. (1) 若以 A 点为坐标原点，写出波函数，并求 C、D 两点的振动方程；(2) 若以 B 点为坐标原点，写出波函数，并求 C、D 两点的振动方程.

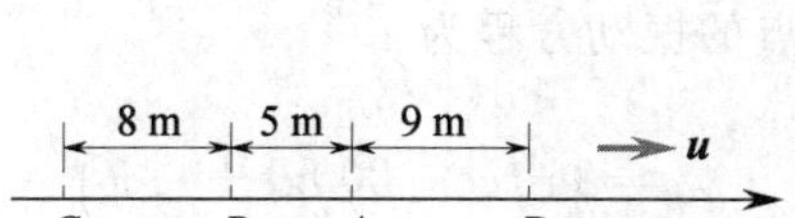

图 2.12　例 2.2 图

解　已知 $u=20$ m/s，$\omega=4\pi$ rad/s，则

$$T=\frac{2\pi}{\omega}=0.5\ \text{s},\quad \lambda=uT=10\ \text{m}$$

(1) 若以 A 点为坐标原点，则坐标原点的振动方程为 $y_O=y_A=3\cos 4\pi t$，所以波函数为

$$y=3\cos 4\pi\left(t-\frac{x}{20}\right)=3\cos\left(4\pi t-\frac{\pi}{5}x\right)$$

式中,x 是波线上任意一点的坐标(以 A 点为坐标原点). 对 C 点,$x_C = -13$ m;对 D 点,$x_D = 9$ m. 故可直接写出 C 点和 D 点的振动方程分别为

$$y_C = 3\cos\left(4\pi t - \frac{\pi}{5}x_C\right) = 3\cos\left(4\pi t + \frac{13}{5}\pi\right)$$

$$y_D = 3\cos\left(4\pi t - \frac{\pi}{5}x_D\right) = 3\cos\left(4\pi t - \frac{9}{5}\pi\right)$$

(2) 若以 B 点为坐标原点,则坐标原点的振动方程为 $y_O = y_B$. 由于波从左向右传播,因此 B 点的振动始终比 A 点超前一段时间,即 $\Delta t = \frac{5}{20}$ s $= \frac{1}{4}$ s,故 B 点在 t 时刻的振动状态与 A 点在 $t + \Delta t$ 时刻的振动状态相同,即

$$y_O = y_B(t) = y_A(t + \Delta t) = 3\cos 4\pi\left(t + \frac{1}{4}\right) = 3\cos(4\pi t + \pi)$$

此时波函数为

$$y = 3\cos\left[4\pi\left(t - \frac{x}{20}\right) + \pi\right] = 3\cos\left(4\pi t - \frac{\pi}{5}x + \pi\right)$$

式中,x 是波线上任意一点的坐标(以 B 点为坐标原点). 对 C 点,$x_C = -8$ m; 对 D 点,$x_D = 14$ m,代入波函数可得到 C 点和 D 点的振动方程分别为

$$y_C = 3\cos\left(4\pi t + \frac{8}{5}\pi + \pi\right) = 3\cos\left(4\pi t + \frac{13}{5}\pi\right)$$

$$y_D = 3\cos\left(4\pi t - \frac{\pi}{5} \times 14 + \pi\right) = 3\cos\left(4\pi t - \frac{9}{5}\pi\right)$$

从本例的讨论可以看出,对一列给定的平面波,坐标原点选取不同,波函数的形式就不同,但每个质点的振动方程却是相同的,即每个质点的振动规律是确定的,与坐标原点的选取无关.

例 2.3 一平面简谐横波以 $u = 400$ m/s 的波速在均匀介质中沿 x 轴正方向传播. 位于坐标原点的质点的振动周期为 0.01 s,振幅为 0.1 m,取坐标原点处质点经过平衡位置且向正方向运动时作为计时起点. (1) 写出波函数;(2) 写出距坐标原点 2 m 处的质点 P 的振动方程;(3) 画出 $t_1 = 0.005$ s 和 $t_2 = 0.007\,5$ s 时的波形图;(4) 若以距坐标原点 2 m 处的点为新的坐标原点,写出新坐标下的波函数.

解 (1) 由题意知,坐标原点 O 处质点的振动初始条件为:$t = 0$ 时,$y_0 = 0$,$v_0 > 0$. 设坐标原点 O 处质点的振动方程为 $y_O = A\cos(\omega t + \varphi_0)$,将初始条件代入,可求出坐标原点处质点的振动初相位 $\varphi_0 = \frac{3}{2}\pi$,坐标原点的振动方程为

$$y_O = 0.1\cos\left(200\pi t + \frac{3}{2}\pi\right)$$

故波函数为

$$y = 0.1\cos\left[200\pi\left(t - \frac{x}{400}\right) + \frac{3}{2}\pi\right]$$

(2) 将 $x_P = 2$ m 代入上面的波函数,则可写出质点 P 的振动方程为

$$y_P = 0.1\cos\left[200\pi\left(t - \frac{2}{400}\right) + \frac{3}{2}\pi\right] = 0.1\cos\left(200\pi t + \frac{\pi}{2}\right)$$

(3) 将 $t_1 = 0.005$ s 代入波函数,得此时刻的波形方程为

$$y = 0.1\cos\left[200\pi\left(0.005 - \frac{x}{400}\right) + \frac{3}{2}\pi\right] = 0.1\cos\left(\frac{\pi}{2} - \frac{\pi}{2}x\right)$$

画出对应的波形曲线，如图 2.13 中实线所示. 因为 $T = 0.01\ \mathrm{s}$，故从 $t_1 = 0.005\ \mathrm{s}$ 到 $t_2 = 0.007\,5\ \mathrm{s}$ 经历了 $\Delta t = t_2 - t_1 = 0.002\,5\ \mathrm{s} = \frac{1}{4}T$，所以只需将 $t_1 = 0.005\ \mathrm{s}$ 时刻的波形曲线沿着波的传播方向平移 $\frac{1}{4}\lambda = \frac{1}{4}uT = 1\ \mathrm{m}$，即可得到 $t_2 = 0.007\,5\ \mathrm{s}$ 时刻的波形曲线，如图 2.13 中虚线所示.

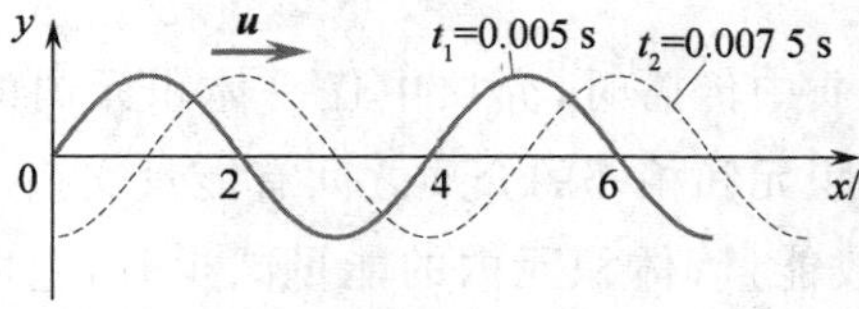

图 2.13　$t_1 = 0.005\ \mathrm{s}$ 和 $t_2 = 0.007\,5\ \mathrm{s}$ 时的波形曲线

(4) 由(2) 中结果可知，新坐标原点 O' 的振动方程为

$$y_{O'} = y_P = 0.1\cos\left(200\pi t + \frac{\pi}{2}\right)$$

所以新坐标下的波函数为

$$y' = 0.1\cos\left[200\pi\left(t - \frac{x'}{400}\right) + \frac{\pi}{2}\right]$$

式中，x' 是波线上各点在新坐标下的位置坐标.

2.3　波的能量

2.3.1　波的能量和能量密度

在波的传播中，介质并不随波向前移动，波源的振动能量通过介质间的相互作用传播出去. 介质中各质点都在各自的平衡位置附近振动，因而具有动能；同时，介质因形变而具有弹性势能. 下面以介质中任一体积元 $\mathrm{d}V$ 为例来讨论波的能量.

波的能量

有一平面简谐波在密度为 ρ 的弹性介质中沿 x 轴正方向传播，设其波函数为

$$y = A\cos\left[\omega\left(t - \frac{x}{u}\right) + \varphi_0\right]$$

在坐标为 x 处取一体积元 $\mathrm{d}V$，其质量为 $\mathrm{d}m = \rho\mathrm{d}V$，视该体积元为质点，当波传播到该体积元处时，其振动速度为

$$v = \frac{\partial y}{\partial t} = -A\omega\sin\left[\omega\left(t - \frac{x}{u}\right) + \varphi_0\right]$$

则该体积元的动能为

$$\mathrm{d}E_{\mathrm{k}} = \frac{1}{2}\mathrm{d}mv^2 = \frac{1}{2}\rho\mathrm{d}VA^2\omega^2\sin^2\left[\omega\left(t - \frac{x}{u}\right) + \varphi_0\right] \tag{2.31}$$

同时，该体积元因形变而具有弹性势能，可以证明(见本小节后文介绍)，该体积元的弹性势能为

$$dE_p = \frac{1}{2}\rho dVA^2\omega^2\sin^2\left[\omega\left(t-\frac{x}{u}\right)+\varphi_0\right] \tag{2.32}$$

于是该体积元内的总能量为

$$dE = dE_k + dE_p = \rho dVA^2\omega^2\sin^2\left[\omega\left(t-\frac{x}{u}\right)+\varphi_0\right] \tag{2.33}$$

上式表明，波在介质中传播时，介质中任一体积元内的总能量随时间发生周期性变化. 这说明该体积元和相邻的介质之间有能量交换. 体积元内的能量增加时，它从相邻介质中吸收能量；体积元内的能量减少时，它向相邻介质释放能量. 这样，能量不断地从介质中的一部分传递到另一部分. 所以，**波动过程也就是能量传播的过程**.

应当注意，波动的能量和谐振动的能量有着明显的区别. 在一个孤立的简谐振动系统中，它和外界没有能量交换，所以机械能守恒且动能和势能在不断地相互转化，当动能为极大值时势能为极小值，当动能为极小值时势能为极大值. 而在波动中，体积内的总能量不守恒，且同一体积元内的动能和势能是同步变化的，即动能为极大值时势能也为极大值，反之亦然. 如图 2.14 所示，横波在绳上传播时，在平衡位置 Q 处，体积元的速度最大，因而动能最大，此时体积元的相对形变也最大，因此弹性势能也最大；在振动位移最大的 P 处，体积元的振动速度为零，动能等于零，而此处体积元的相对形变为最小值零$\left(\left.\frac{\partial y}{\partial x}\right|_P=0\right)$，其弹性势能也为零.

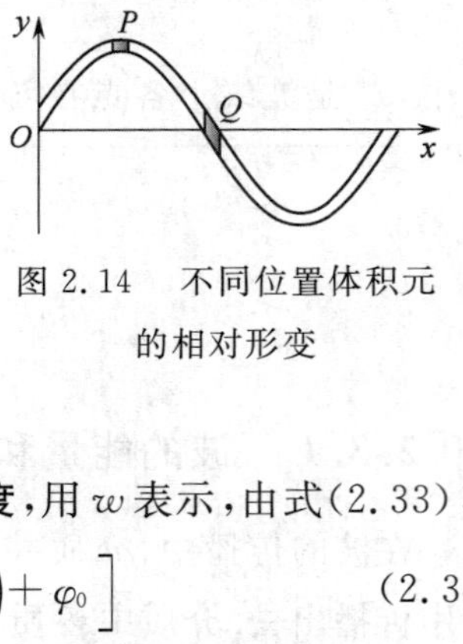

图 2.14　不同位置体积元的相对形变

单位体积介质中所具有的波的能量，称为**能量密度**，用 w 表示，由式(2.33)有

$$w = \frac{dE}{dV} = \rho A^2\omega^2\sin^2\left[\omega\left(t-\frac{x}{u}\right)+\varphi_0\right] \tag{2.34}$$

可见，能量密度 w 随时间发生周期性变化，实际应用中一般取其平均值. 能量密度在一个周期内的平均值称为**平均能量密度**，用 $\overline{w}$ 表示，则对平面简谐波有

$$\overline{w} = \frac{1}{T}\int_0^T w dt = \frac{1}{T}\int_0^T \rho A^2\omega^2\sin^2\left[\omega\left(t-\frac{x}{u}\right)+\varphi_0\right]dt = \frac{1}{2}\rho A^2\omega^2 \tag{2.35}$$

上式指出，平均能量密度与波振幅的平方、角频率的平方及介质密度成正比. 此公式适用于各种弹性波.

波动中介质体积元的弹性势能公式(2.32)的推导过程如下.

如图 2.15 所示，设在一细棒中传递着纵波，取体积元原长为 dx，绝对伸长量为 dy，所以体积元的相对伸长量(线应变或胁变)为 $\frac{dy}{dx}$，

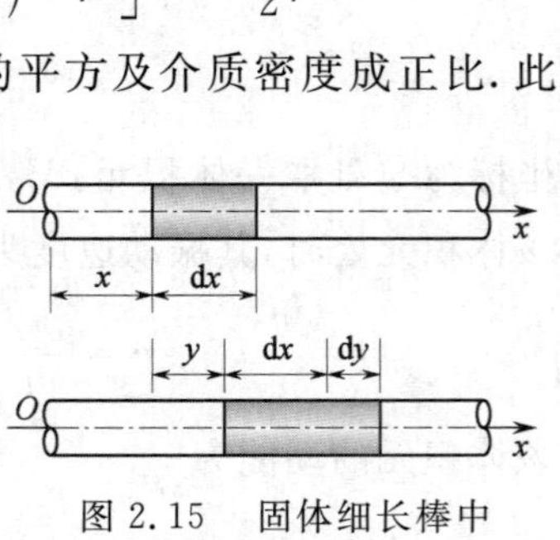

图 2.15　固体细长棒中纵波的传播

则由式(2.1)可知该体积元所受的弹性力为

$$F = ES\frac{\mathrm{d}y}{\mathrm{d}x} = k\mathrm{d}y$$

式中,E 是棒的杨氏模量,$k = \frac{ES}{\mathrm{d}x}$. 故体积元的弹性势能为

$$\mathrm{d}E_\mathrm{p} = \frac{1}{2}k(\mathrm{d}y)^2 = \frac{1}{2}\frac{ES}{\mathrm{d}x}(\mathrm{d}y)^2 = \frac{1}{2}ES\mathrm{d}x\left(\frac{\mathrm{d}y}{\mathrm{d}x}\right)^2$$

因为 $\mathrm{d}V = S\mathrm{d}x, u = \sqrt{\frac{E}{\rho}}$ 或 $E = \rho u^2$,且根据波函数(2.18)可得

$$\frac{\mathrm{d}y}{\mathrm{d}x} = A\frac{\omega}{u}\sin\left[\omega\left(t - \frac{x}{u}\right) + \varphi_0\right]$$

所以将它们代入得

$$\begin{aligned}\mathrm{d}E_\mathrm{p} &= \frac{1}{2}\rho u^2\mathrm{d}VA^2\frac{\omega^2}{u^2}\sin^2\left[\omega\left(t - \frac{x}{u}\right) + \varphi_0\right] \\ &= \frac{1}{2}\rho\mathrm{d}VA^2\omega^2\sin^2\left[\omega\left(t - \frac{x}{u}\right) + \varphi_0\right]\end{aligned}$$

这就是式(2.32). 如果所考虑的是平面余弦弹性横波,则只要把上面推导中的$\frac{\mathrm{d}y}{\mathrm{d}x}$和$F$分别理解为体积元的切变和剪切力,并用剪切模量$G$代替杨氏模量$E$,便可得到同样的结果.

2.3.2 波的能流和能流密度

为了描述波动过程中能量的传播,还需引入能流和能流密度的概念.

所谓**能流**,即单位时间内通过某一截面的能量. 如图 2.16 所示,设想在介质中作一个垂直于波速的横截面面积为 ΔS、长度为 u 的长方体,则在单位时间内,体积为 $u\Delta S$ 的长方体内的波动能量都要通过 ΔS 面,因此通过 ΔS 面的能流为 $p = wu\Delta S$,将能量密度 w 用平均能量密度 $\overline{w}$ 代替,可得

$$\overline{p} = \overline{w}u\Delta S \tag{2.36}$$

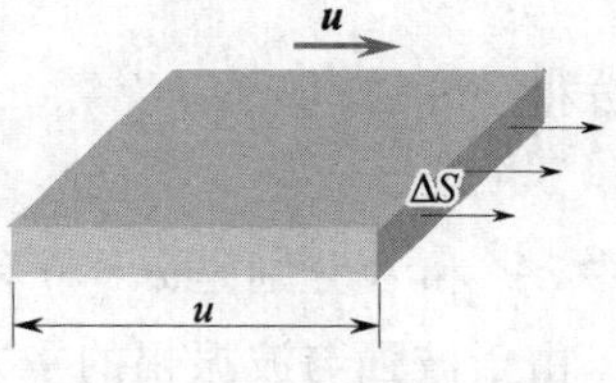

图 2.16 通过 ΔS 面的平均能流

式中,$\overline{p}$ 称为**平均能流**.

显然,平均能流$\overline{p}$ 与横截面面积 ΔS 有关. 通过与波的传播方向垂直的单位面积的平均能流称为**能流密度**或**波的强度**,简称**波强**,用 I 表示,则有

$$I = \frac{\overline{p}}{\Delta S} = \overline{w}u \tag{2.37}$$

能流密度是一个矢量,在各向同性介质中,其方向与波速方向相同,矢量式为

$$\boldsymbol{I} = \overline{w}\boldsymbol{u}$$

波强等于波的平均能量密度与波速的乘积.

简谐波的波强的大小为

$$I = \frac{1}{2}\rho A^2\omega^2 u \tag{2.38}$$

即波强与波振幅的平方、角频率的平方成正比. 式(2.38)只对弹性波成立.

波强的单位是瓦[特]每平方米(W/m^2).

若平面简谐波在各向同性、均匀、无吸收的理想介质中传播,可以证明其波振幅在传播过程中保持不变.

设一平面波的传播方向如图 2.17 所示,垂直于传播方向取两个面积分别为 S_1 和 S_2($S_1 = S_2$)的平行平面,通过这两个平面的平均能流分别为 $\overline{p}_1$ 和 $\overline{p}_2$,因能量无损失,应有

$$\overline{p}_1 = \overline{p}_2$$

即

$$I_1 S_1 = I_2 S_2$$

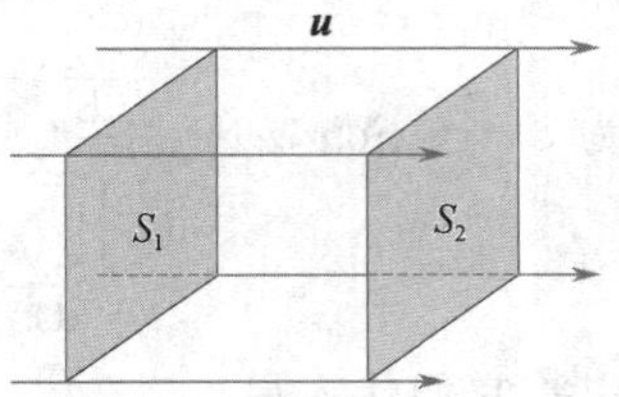

图 2.17 平面波的振幅不变

由式(2.38)有

$$\frac{1}{2}\rho\,\omega^2 A_1^2 u S_1 = \frac{1}{2}\rho\,\omega^2 A_2^2 u S_2$$

于是有

$$A_1 = A_2$$

用同样的方法可以证明,在理想介质中传播的球面波的振幅随着与波源的距离的增大成反比地减小.

2.3.3 波的吸收

波在实际介质中传播时,由于波动能量总有一部分会被介质吸收,所以波的机械能会不断地减少,波强也逐渐减弱,这种现象称为**波的吸收**.

设波通过厚度为 dx 的介质薄层后,其振幅衰减量为 $-dA$,实验指出

$$-dA = \alpha A\,dx$$

积分得

$$A = A_0 e^{-\alpha x} \tag{2.39}$$

式中,A_0 和 A 分别是 $x = 0$ 和 $x = x$ 处的波振幅;α 是常量,称为介质的吸收系数.

由于波强与波振幅的平方成正比,所以波强的衰减规律为

$$I = I_0 e^{-2\alpha x} \tag{2.40}$$

式中,I_0 和 I 分别是 $x = 0$ 和 $x = x$ 处的波强.

2.4 声压、声强和声强级

人为什么会晕车?

为了描述声波在介质中各点的强弱,常采用声压和声强两个物理量.

介质中有声波传播时的压力与无声波时的静压力之间的差称为**声压**. 由于声波是疏密波,在稀疏区域,实际压力小于静压力,在稠密区域,实际压力大于静压力,前者声压为负值,后者声压为正值. 因为介质中各点声振动是周期性变化的,所以声压也在做周期性变化. 对平面简谐波,可以证明声压振幅 p_m 为

$$p_m = \rho u A \omega \tag{2.41}$$

声强就是声波的能流密度，由式(2.38)和式(2.41)，有

$$I=\frac{1}{2}\frac{p_{\mathrm{m}}^{2}}{\rho u}=\frac{1}{2}\rho uA^{2}\omega^{2} \tag{2.42}$$

这说明频率越高越容易获得较大的声压和声强.

引起人的听觉的声波，不仅有频率范围(能引起人耳听觉的频率范围是 20 ~ 20 000 Hz)，而且有声强范围. 对于每个给定频率的可闻声波，声强都有上、下两个限值，低于下限的声强不能引起听觉，高于上限的声强也不能引起听觉，声强太大只能引起痛觉. 一般正常人听觉的最高声强为 10 $\mathrm{W/m^2}$，最低声强为 10^{-12} $\mathrm{W/m^2}$，通常把这一最低声强作为测定声强的标准，用 I_0 表示. 由于上、下声强限值的数量级相差悬殊(达 10^{13})，所以常用对数标度作为声强级的量度，以 L_I 表示，即

$$L_I=\lg\frac{I}{I_0} \tag{2.43}$$

其单位为贝尔(Bel)，这个单位太大，常采用贝尔的十分之一，即分贝(dB)为单位，此时声强级公式为

$$L_I=10\lg\frac{I}{I_0} \tag{2.44}$$

表 2.2 为声强和声强级举例.

表 2.2　声强和声强级举例

声源	声强 /($\mathrm{W/m^2}$)	声强级 /dB	响度
听觉阈	10^{-12}	0	
风吹树叶	10^{-10}	20	轻
通常谈话	10^{-6}	60	正常
闹市车声	10^{-5}	70	响
摇滚乐	1	120	震耳
喷气机起飞	10^{3}	150	
地震(里氏 7 级，距震中 5 km)	4×10^{4}	166	
聚焦超声波	10^{9}	210	

顺便指出，仅用声强级尚不能完全反映人耳对声音响度的感觉. 人耳对响度的主观感觉由声强级和频率共同决定. 例如，同为 50 dB 声强级的声音，当频率为 1 000 Hz 时，人耳听起来已相当响；而当频率为 50 Hz 时，人耳则听不见. 若需要考虑这种效应，可查阅有关手册中列出的等响度曲线.

例 2.4　空气对声波的吸收系数为 $\alpha_1=2\times10^{-11}\nu^2\ \mathrm{m^{-1}}$，钢对声波的吸收系数为 $\alpha_2=4\times10^{-7}\nu\ \mathrm{m^{-1}}$，式中 ν 表示声波的频率. 频率为 5 MHz 的超声波透过多厚的空气或钢后其声强减为原来的 1%？

解　$$\alpha_1=2\times10^{-11}\times(5\times10^{6})^{2}\ \mathrm{m^{-1}}=500\ \mathrm{m^{-1}}$$

$$\alpha_2 = 4\times10^{-7}\times5\times10^{6}\ \mathrm{m^{-1}} = 2\ \mathrm{m^{-1}}$$

由 $I = I_0 e^{-2\alpha x}$,得

$$x = \frac{1}{2\alpha}\ln\frac{I_0}{I}$$

把 α_1、α_2 的值分别代入上式,又依题 $I_0/I = 100$,得空气的厚度为

$$x_1 = \frac{1}{1\,000}\ln 100\ \mathrm{m} = 0.004\,6\ \mathrm{m}$$

钢的厚度为

$$x_2 = \frac{1}{4}\ln 100\ \mathrm{m} = 1.15\ \mathrm{m}$$

可见,高频超声波很难通过气体,但极易通过固体.

2.5 惠更斯原理及其应用

2.5.1 惠更斯原理

当波在弹性介质中传播时,由于介质质点间的弹性力作用,介质中任何一点的振动都会引起邻近各质点的振动,因此波动到达的任意一点都可看作新的波源.例如,水面波的传播,如图2.18所示,当一块开有小孔的隔板挡在波的前面时,不论原来的波面是什么形状,只要小孔的线度远小于波长,都可以看到穿过小孔的波是圆形波,就像是以小孔为点波源发出的一样,这说明小孔可以看作新的波源,其发出的波称为次波(子波).

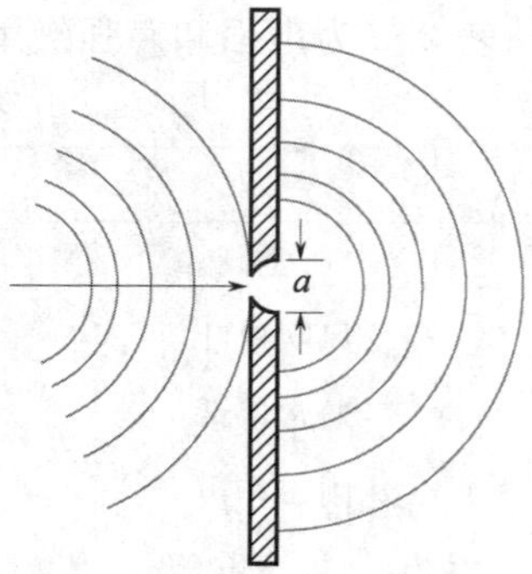

图2.18 障碍物上的小孔成为新波源

荷兰物理学家惠更斯观察和研究了大量类似现象,于1690年提出了一条描述波传播特性的重要原理:**介质中波阵面(波前)上的各点,都可以看作发射子波的波源,其后任一时刻这些子波的包迹就是新的波阵面**.这就是**惠更斯原理**.

惠更斯原理不仅适用于机械波,也适用于电磁波.而且不论波动经过的介质是均匀的还是非均匀的,是各向同性的还是各向异性的,只要知道了某一时刻的波阵面,就可以根据这一原理,利用几何作图法来确定此后任一时刻的波阵面,进而确定波的传播方向.此外,根据惠更斯原理,还可以很简单地说明波在传播中发生的反射和折射等现象.下面以平面波和球面波为例,说明惠更斯原理的应用.

如图2.19(a)所示,点波源 O 在各向同性的均匀介质中以波速 u 发出球面波,已知在 t 时刻的波阵面是半径为 R_1 的球面 S_1.根据惠更斯原理,S_1 上的各点都可以看作发射子波的新波源,经过 Δt 时间,各子波波阵面是以 S_1 上的各点为球心,以 $r = u\Delta t$ 为半径的许多球面,这些子波波阵面的包络面 S_2 就是球面波在 $t+\Delta t$

时刻的新的波阵面. 显然, S_2 是一个仍以点波源 O 为球心, 以 $R_2 = R_1 + u\Delta t$ 为半径的球面.

平面波可近似地看作半径很大的球形波阵面上的一小部分. 例如, 从太阳射出的球面光波, 到达地面上时, 就可看作平面波. 如图 2.19(b) 所示, 若已知在各向同性的均匀介质中传播的平面波在某时刻 t 的波阵面 S_1, 用惠更斯原理就可以求出此后任一时刻 $t+\Delta t$ 的新的波阵面 S_2, 它是一个与 S_1 相距 $u\Delta t$, 且与 S_1 平行的平面.

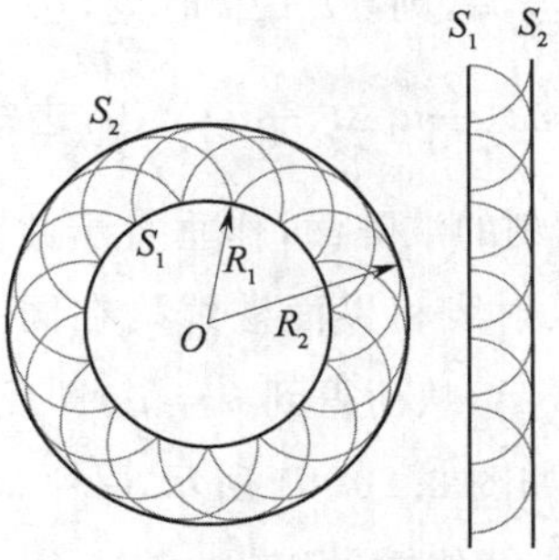

(a) 球面波 (b) 平面波

图 2.19 用惠更斯原理求新的波阵面

从以上讨论可以看出, 当波在各向同性的均匀介质中传播时, 波阵面的几何形状总是保持不变, 即波线方向或者波的传播方向是不变的. 当波在不均匀介质或各向异性介质中传播时, 同样可以根据惠更斯原理用作图法求出新的波阵面, 只是波阵面的形状和波的传播方向都可能发生变化.

2.5.2 应用惠更斯原理证明波的反射定律和折射定律

当波从一种介质传播到其与另一种介质的界面时, 传播方向会发生改变, 其中一部分反射回原介质, 称为反射波; 另一部分进入第二种介质, 称为折射波. 这种现象称为波的反射和折射现象. 通常把入射波、反射波和折射波的波线称为入射线、反射线和折射线. 相应地, 它们与界面法线之间的夹角分别称为入射角、反射角和折射角. 大量观察和实验表明, 波反射和折射时分别遵循如下反射定律和折射定律.

夜间声音为什么会比白天传得远?

(1) **反射定律. 反射线、入射线和界面法线在同一平面内, 且反射角 i' 恒等于入射角 i, 即 $i' = i$.**

(2) **折射定律. 折射线、入射线和界面法线在同一平面内, 且入射角 i 的正弦和折射角 γ 的正弦之比等于第一种介质中的波速 u_1 与第二种介质中的波速 u_2 之比, 即 $\dfrac{\sin i}{\sin \gamma} = \dfrac{u_1}{u_2}$.**

下面用惠更斯原理解释波的反射定律和折射定律.

如图 2.20(a) 所示, 设一平面波传播到两种介质的界面 MN 上, 它在介质 1 中的波速为 u_1. 在 t 时刻, 入射波的波阵面到达 $AA_1A_2A_3$ 位置(波阵面为过 AA_3 并与图面垂直的平面), 波在 A 点先和界面相遇, 此后波阵面上 A_1、A_2、A_3 各点处的波经过相等的时间间隔先后到达界面上的 B_1、B_2、B_3 各点. 设在 $t+\Delta t$ 时刻, 波从 A_3 点传播到界面上的 B_3 点, 则 A_1、A_2 点处的波依次在 $t+\dfrac{1}{3}\Delta t$、$t+\dfrac{2}{3}\Delta t$ 时刻传播到界面上的 B_1、B_2 点. 根据惠更斯原理, 入射波到达界面上的各点都可看作发射子波的波源，则在$t+\Delta t$时刻，从A、B_1、B_2、B_3各点向介质1中发出的子波半径分别为$u_1\Delta t$、$\frac{2}{3}u_1\Delta t$、$\frac{1}{3}u_1\Delta t$、0，这些子波的包络面即为图中的B_3B面，B_3B面就是$t+\Delta t$时刻的波阵面，作垂直于此波阵面的直线，即为反射线. 从图中可以看出，反射线、入射线和界面法线均在同一平面内，且$\triangle AA_3B_3 \cong \triangle B_3BA$，故$\angle A_3AB_3 = \angle BB_3A$，从而得到$i=i'$，即反射角等于入射角，这就是波的反射定律.

如图2.20(b)所示，一平面波从介质1传到两种介质的界面时，一部分进入介质2继续传播，相应地，波速由u_1变为u_2. 设在t时刻，入射波的波阵面是$AA_1A_2A_3$，此时A点在界面上，此后波阵面上A_1、A_2、A_3各点处的波经过相等的时间间隔依次到达界面上的B_1、B_2、B_3各点. 若假定$t+\Delta t$时刻A_3点处的波到达B_3点，则A_1、A_2处的波到达B_1、B_2点的时刻分别是$t+\frac{1}{3}\Delta t$、$t+\frac{2}{3}\Delta t$. A、B_1、B_2、B_3各点作为新的波源向介质2中发出子波，在$t+\Delta t$时刻，它们发出的子波半径分别为$u_2\Delta t$、$\frac{2}{3}u_2\Delta t$、$\frac{1}{3}u_2\Delta t$、0，这些子波的包络面B_3B就是此时波动在介质2中的波阵面，作垂直于此波阵面的直线，即为折射线. 从图中可以看出，折射线、入射线和界面法线均在同一平面内，且$A_3B_3=u_1\Delta t=AB_3\sin i$，$AB=u_2\Delta t=AB_3\sin\gamma$，由此可得$\frac{\sin i}{\sin\gamma}=\frac{u_1}{u_2}$. 对于光波，有$n_1=\frac{c}{u_1}$，$n_2=\frac{c}{u_2}$，所以有

$$\frac{\sin i}{\sin\gamma}=\frac{u_1}{u_2}=\frac{n_2}{n_1}=n_{21} \tag{2.45}$$

式中，n_1、n_2分别为介质1和介质2的折射率；$n_{21}=\frac{n_2}{n_1}$称为介质2对介质1的相对折射率. 这就是波的折射定律.

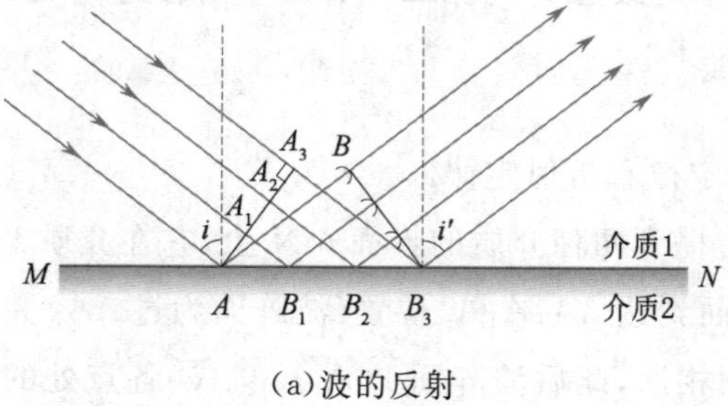

(a)波的反射

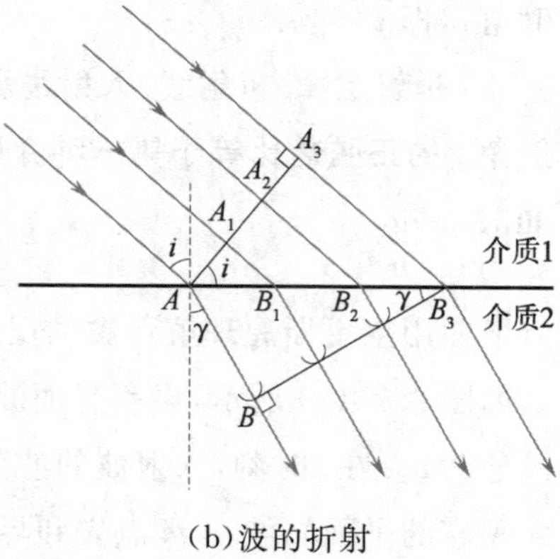

(b)波的折射

图2.20 波的反射和折射

2.6　波的叠加和干涉

2.6.1　波的叠加原理

当多个波源激发的波在同一介质中相遇时，观察和实验表明：各列波在相遇前和相遇后都保持原来的特性（频率、波长、振动方向、传播方向等）不变，与各波单独传播时一样；而在相遇处各质点的振动则是各列波在该处激起的振动的合成. 这就是**波传播的独立性原理**或**波的叠加原理**. 例如，把两个石块同时投入静止的水中，两个振源所激起的水波可以互相贯穿地传播. 又如，在嘈杂的公共场所，各种声音都传到人的耳朵中，但我们仍能将它们区分开来. 每天空中同时有许多无线电波在传播，我们却能随意地选取某一电台的广播收听. 这些实例都反映了波传播的独立性. 图 2.21 是波的叠加原理的示意图.

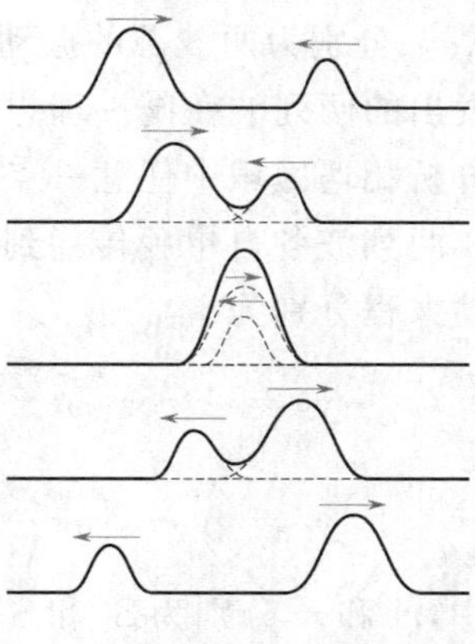

图 2.21　波的叠加原理的示意图

波的叠加与振动的叠加是不完全相同的. 振动的叠加仅发生在单一质点上，而波的叠加则发生在两波相遇范围内的许多质元上，这就构成了波的叠加所特有的现象，如下面将要介绍的波的干涉现象. 此外，正如任何复杂的振动都可以分解为许多不同频率的简谐振动一样，任何复杂的波也都可以分解为许多不同频率或波长的平面简谐波.

两个实物粒子在相遇时会发生碰撞，而两列波相遇则仅在重叠区域构成合成波，过了重叠区域又能按照原来的方向继续前进，这就是波不同于粒子的一个重要运动特征. 从理论上看，波的叠加原理与波动方程式(2.30)为线性微分方程是一致的. 在通常遇到的波动现象中，线性波动微分方程和波的叠加原理一般都是正确的. 但是当实验观察和理论研究扩大到强波范围时，介质就会表现出非线性特征，这时，波就不再遵循叠加原理，而线性波动微分方程也不再是正确的，研究这种情形的新理论称为**非线性波理论**. 本书只讨论叠加原理适用的线性波.

2.6.2　波的干涉

在一般情况下，n 列波的合成波既复杂又不稳定，没有实际意义. 但满足下述条件的两列波在介质中相遇，可形成一种稳定的叠加图样，即出现所谓的干涉现象.

波的干涉

两列波若频率相同、振动方向相同、在相遇点的相位相同或相位差恒定，则在合成波场中会出现某些点的振动始终加强，另一些点的振动始终减弱（或完全抵消）的现象，这种现象称为波的干涉. 满足上述条件的波源称为**相干波源**，相干波源发出的波称为**相干波**.

由以上讨论可知,定量分析波的干涉的出发点仍然是求相干区域内各质元的同频率、同方向简谐振动的合成振动.

如图 2.22 所示,设 S_1 和 S_2 为两相干波源,它们的振动方程分别为

$$y_1 = A_1\cos(\omega t + \varphi_{10}) \tag{2.46a}$$

$$y_2 = A_2\cos(\omega t + \varphi_{20}) \tag{2.46b}$$

式中,ω 为角频率,A_1、A_2 分别为两波源的振幅,φ_{10}、φ_{20} 分别为两波源的振动初相位. 设由这两个波源发出的两列波在同一理想介质中传播后相遇,现在分析相遇区域中任意一点 P 处的振动合成结果.

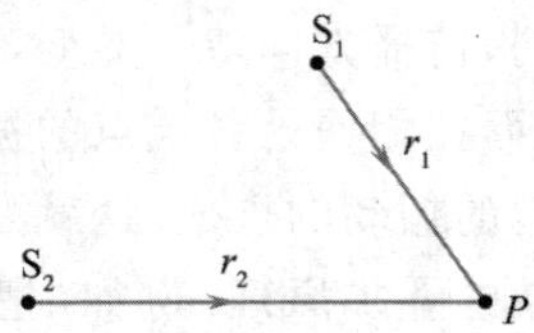

图 2.22 两列相干波的叠加

两列波各自单独传播到 P 点时,在 P 点引起的振动方程分别为

$$y_1 = A_1\cos\left(\omega t - \frac{2\pi r_1}{\lambda} + \varphi_{10}\right)$$

$$y_2 = A_2\cos\left(\omega t - \frac{2\pi r_2}{\lambda} + \varphi_{20}\right)$$

式中,r_1 和 r_2 分别为 S_1 和 S_2 到 P 点的距离,λ 是波长. P 点同时参与了这两个同频率、同方向的简谐振动. 从上式容易看出,这两个分振动的初相位分别为 $\left(-\frac{2\pi r_1}{\lambda} + \varphi_{10}\right)$ 和 $\left(-\frac{2\pi r_2}{\lambda} + \varphi_{20}\right)$. 根据第 1 章中两个同方向、同频率简谐振动的合成的结论,P 点的合振动也是简谐振动,合振动方程为

$$y = y_1 + y_2 = A\cos(\omega t + \varphi_0) \tag{2.47}$$

而 P 点处合振动的初相位 φ_0 和振幅 A 分别满足下面两式:

$$\tan\varphi_0 = \frac{A_1\sin\left(\varphi_{10} - \frac{2\pi r_1}{\lambda}\right) + A_2\sin\left(\varphi_{20} - \frac{2\pi r_2}{\lambda}\right)}{A_1\cos\left(\varphi_{10} - \frac{2\pi r_1}{\lambda}\right) + A_2\cos\left(\varphi_{20} - \frac{2\pi r_2}{\lambda}\right)} \tag{2.48}$$

$$A^2 = A_1^2 + A_2^2 + 2A_1A_2\cos\Delta\varphi \tag{2.49}$$

由于波的强度与振幅的平方成正比,若以 I_1、I_2 和 I 分别表示两个分振动和合振动的强度,则式(2.49)可写成

$$I = I_1 + I_2 + 2\sqrt{I_1I_2}\cos\Delta\varphi \tag{2.50}$$

式中,$\Delta\varphi$ 是 P 点处两个分振动的相位差,且

$$\Delta\varphi = (\varphi_{20} - \varphi_{10}) - 2\pi\frac{r_2 - r_1}{\lambda} \tag{2.51}$$

式中,$\varphi_{20} - \varphi_{10}$ 是两个相干波源的相位差,为一常量;$r_2 - r_1$ 是两个波源发出的波传到 P 点的几何路程之差,称为**波程差**,用 δ 表示;$2\pi\frac{r_2 - r_1}{\lambda}$ 是两列波之间因波程差而产生的相位差,对于空间任意给定的 P 点,它也是常量. 因此,两列相干波在空间任意给定点所引起的两个分振动的相位差 $\Delta\varphi$ 也是恒定的,因而合振幅 A 或强度 I 也是一定的. 但对于空间中不同点,波程差$(r_2 - r_1)$不同,故相位差不同,因

而不同点有不同的、恒定的合振幅或强度.所以,在两列相干波相遇的区域会呈现出振幅或强度分布不均匀而又相对稳定的干涉图样.具体讨论如下.

对于满足

$$\Delta\varphi = (\varphi_{20} - \varphi_{10}) - 2\pi \frac{r_2 - r_1}{\lambda} = \pm 2k\pi \quad (k = 0,1,2,\cdots) \tag{2.52}$$

的空间各点,$A = A_1 + A_2 = A_{\max}$,$I = I_1 + I_2 + 2\sqrt{I_1 I_2} = I_{\max}$,合振幅和强度最大,这些点处的振动始终加强,称为**干涉加强或干涉相长**.

对于满足

$$\Delta\varphi = (\varphi_{20} - \varphi_{10}) - 2\pi \frac{r_2 - r_1}{\lambda} = \pm (2k+1)\pi \quad (k = 0,1,2,\cdots) \tag{2.53}$$

的空间各点,$A = |A_1 - A_2| = A_{\min}$,$I = I_1 + I_2 - 2\sqrt{I_1 I_2} = I_{\min}$,合振幅和强度最小,这些点处的合振动始终减弱,称为**干涉减弱或干涉相消**.

进一步地,如果 $\varphi_{10} = \varphi_{20}$,即对于振动初相位相同的两个相干波源,上述干涉加强或减弱的条件可简化为

$$\delta = r_2 - r_1 = \begin{cases} \pm 2k \dfrac{\lambda}{2} & (k = 0,1,2,\cdots) \quad (\text{干涉加强}) \quad (2.54) \\ \pm (2k+1) \dfrac{\lambda}{2} & (k = 0,1,2,\cdots) \quad (\text{干涉减弱}) \quad (2.55) \end{cases}$$

以上两式表明,**当两个相干波源同相位时,在两列波的叠加区域内,波程差 δ 等于零或半波长偶数倍的各点,振幅和强度最大;波程差 δ 等于半波长奇数倍的各点,振幅和强度最小.**

从以上讨论可知,两列相干波叠加时,空间各处的强度并不简单地等于两列波强度之和,反映出能量在空间上的重新分布,但这种能量的重新分布在时间上是稳定的,在空间上又是强弱相间且具有周期性的.两列不满足相干条件的波相遇叠加称为**波的非相干叠加**,这时空间任意一点处合成波的强度就等于两列波强度的代数和,即

$$I = I_1 + I_2 \tag{2.56}$$

干涉现象是波动所独有的基本特征之一,只有波动的叠加,才可能产生干涉现象.干涉现象在光学、声学中都非常重要,对于近代物理学的发展也起着重要作用.

例 2.5　图2.23所示是声波干涉仪.声波从入口 E 处进入仪器,分别经 B、C 两管传播,在喇叭口 A 处会合后传出.C 管可以伸缩,当它渐渐伸长时,喇叭口 A 处发出的声音周期性增强或减弱.设 C 管每伸长 8 cm,由喇叭口 A 处发出的声音就减弱一次,求此声波的频率(空气中声速为 340 m/s).

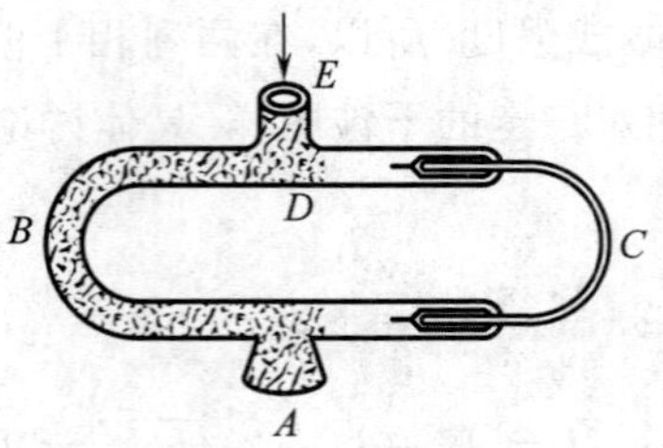

图 2.23 声波干涉仪

解 声波从入口 E 处进入仪器后经 B、C 两管传播,这两路声波满足相干条件,它们在喇叭口 A 处产生相干叠加,干涉减弱的条件是

$$\delta = \overset{\frown}{DCA} - \overset{\frown}{DBA} = (2k+1)\frac{\lambda}{2} \quad (k=0,1,2,\cdots)$$

当 C 管伸长 $x = 8$ cm 时,再一次出现干涉减弱,即此时两路声波的波程差应满足条件

$$\delta' = \delta + 2x = [2(k+1)+1]\frac{\lambda}{2}$$

以上两式相减得 $\delta' - \delta = 2x = \lambda$,于是可求出声波的频率为

$$\nu = \frac{u}{\lambda} = \frac{u}{2x} = \frac{340}{2\times 0.08}\ \text{Hz} = 2\ 125\ \text{Hz}$$

例 2.6 如图 2.24 所示,同一介质中有两个相干波源 S_1、S_2,振幅均为 $A = 33$ cm. 当 S_1 处于波峰时,S_2 正好处于波谷. 设介质中波速 $u = 100$ m/s,欲使两列波在 P 点干涉后得到加强,这两列波的最小频率为多大?

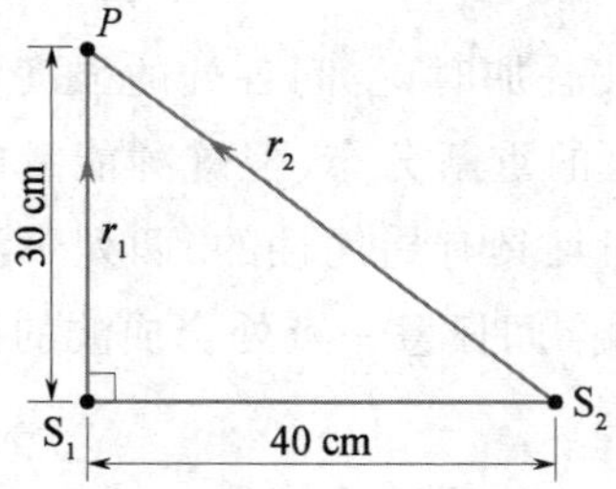

图 2.24 例 2.6 图

解 由图 2.24 知

$$r_1 = 30\ \text{cm}$$

$$r_2 = \sqrt{30^2 + 40^2}\ \text{cm} = 50\ \text{cm}$$

要使从 S_1、S_2 两个波源发出的波在 P 点干涉后得到加强,其波长必须满足

$$\Delta\varphi = (\varphi_2 - \varphi_1) - 2\pi\frac{r_2 - r_1}{\lambda} = \pm 2k\pi \quad (k=0,1,2,\cdots)$$

由题意知 $\varphi_2 - \varphi_1 = \pi$,而 $r_2 - r_1 = 20$ cm,代入上式得

$$\pi - \frac{40\pi}{\lambda} = \pm 2k\pi \qquad (k=0,1,2,\cdots)$$

即
$$\lambda = \frac{40}{1+2k} \quad (k = 0,1,2,\cdots)$$
当 $k = 0$ 时，λ 有最大值，即
$$\lambda_{\max} = \left.\frac{40}{1+2k}\right|_{k=0} = 40\ \text{cm} = 0.4\ \text{m}$$
故
$$\nu_{\min} = \frac{u}{\lambda_{\max}} = \frac{100}{0.4}\ \text{Hz} = 250\ \text{Hz}$$

例 2.7　如图 2.25 所示，B、C 为同一介质中的两个相干波源所在位置，相距 30 m，它们产生的相干波频率 $\nu = 100$ Hz，波速 $u = 400$ m/s，且振幅相同. 已知 B 点为波峰时，C 点恰为波谷. 求 B、C 两点连线上因干涉而静止的各点的位置.

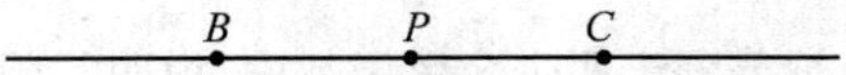

图 2.25　例 2.7 图

解　由题意知，B、C 两点的振动相位正好相反，即 $\varphi_{C0} - \varphi_{B0} = \pi$，而 $\lambda = \frac{u}{\nu} = \frac{400}{100}$ m $= 4$ m. 设 B、C 两点连线上的任意一点 P 与两个波源的距离分别为 $\overline{BP} = r_B$，$\overline{CP} = r_C$，要使两列波传到 P 点叠加干涉而使 P 点静止，则两列波传到 P 点的相位差必须满足
$$\Delta\varphi = \left(-\frac{2\pi r_C}{\lambda} + \varphi_{C0}\right) - \left(-\frac{2\pi r_B}{\lambda} + \varphi_{B0}\right) = \pm(2k+1)\pi \quad (k = 0,1,2,\cdots)$$
可得
$$r_B - r_C = \pm k\lambda \quad (k = 0,1,2,\cdots) \qquad ①$$

下面进行具体讨论.

(1) 若 P 点在 B 点左侧，则 $r_B - r_C = r_B - (r_B + \overline{BC}) = -30$ m，它不可能为 $\lambda = 4$ m 的整数倍，即不满足式 ① 的要求，故在 B 点左侧不存在因干涉而静止的点.

(2) 若 P 点在 C 点右侧，与上面的讨论类似，可知 C 点右侧也不存在因干涉而静止的点.

(3) 若 P 点在 B、C 两点之间，则 $r_B - r_C = 2r_B - (r_B + r_C) = 2r_B - \overline{BC}$，由式 ① 可得
$$2r_B - \overline{BC} = \pm k\lambda$$
即
$$2r_B - 30 = \pm k\lambda \quad (k = 0,1,2,\cdots)$$
所以在 B、C 两点之间且与 B 点相距 $r_B = 15 \pm 2k = 1$ m，3 m，5 m，…，29 m 的各点会因干涉而静止.

2.7　驻　　波

驻波是一种特殊的干涉现象. 两列振幅相同、相向传播的相干波的叠加称为**驻波**. 平面简谐波正入射到两种介质的界面上，入射波和反射波进行叠加即可形成驻波.

驻波

2.7.1　驻波方程

设在坐标原点，入射波和反射波的初相位相同且为零，用 A 表示它们的振幅，

ω 表示它们的角频率,则它们的波函数分别为

$$y_1 = A\cos\left(\omega t - \frac{2\pi}{\lambda}x\right)$$

$$y_2 = A\cos\left(\omega t + \frac{2\pi}{\lambda}x\right)$$

合成波的方程为

$$\begin{aligned} y &= y_1 + y_2 = A\cos\left(\omega t - \frac{2\pi}{\lambda}x\right) + A\cos\left(\omega t + \frac{2\pi}{\lambda}x\right) \\ &= 2A\cos\frac{2\pi}{\lambda}x\cos\omega t \end{aligned} \tag{2.57}$$

这就是**驻波方程**.式中,$\cos\omega t$ 表示简谐振动,而 $\left|2A\cos\frac{2\pi}{\lambda}x\right|$ 即为简谐振动的振幅.式(2.57)中 x 与 t 被分隔于两个余弦函数中,说明此函数不满足 $y(t+\Delta t, x+u\Delta t) = y(t,x)$,因此它不表示行波,只表示各质点都在做频率与原频率相同的简谐振动,但各点的振幅随位置的不同而不同.图 2.26 画出了不同时刻的入射波、反射波和合成波的波形图,图中实线表示合成波.

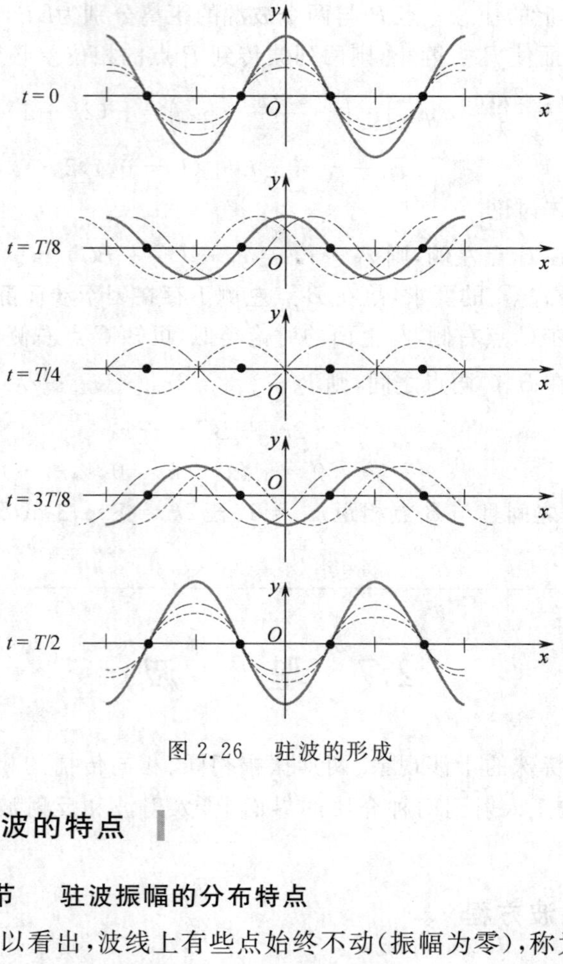

图 2.26 驻波的形成

2.7.2 驻波的特点

1. 波腹与波节 驻波振幅的分布特点

由图 2.26 可以看出,波线上有些点始终不动(振幅为零),称为**波节**;而有些点的振幅始终具有极大值,称为**波腹**.

由式(2.57)可知,使$\left|\cos\frac{2\pi}{\lambda}x\right|=0$,即$\frac{2\pi}{\lambda}x=(2k+1)\frac{\pi}{2}$的各点为波节的位置,因此波节的坐标为

$$x=(2k+1)\frac{\lambda}{4}\quad(k=0,\pm1,\pm2,\cdots)\tag{2.58}$$

同理,使$\left|\cos\frac{2\pi}{\lambda}x\right|=1$,即$\frac{2\pi}{\lambda}x=k\pi$的各点为波腹的位置,因此波腹的坐标为

$$x=k\frac{\lambda}{2}\quad(k=0,\pm1,\pm2,\cdots)\tag{2.59}$$

由式(2.58)、式(2.59)可知,相邻两个波节或相邻两个波腹之间的距离都是$\lambda/2$,而相邻的波节、波腹之间的距离为$\lambda/4$.这就提供了一种测定行波波长的方法,只要测出相邻两波节或相邻两波腹之间的距离就可以确定原来两列行波的波长λ.

需要说明的是,式(2.58)、式(2.59)给出的波节、波腹位置的结论不具有普遍性,因它们是从特例中导出的.

介于波腹、波节之间的各质点,它们的振幅随坐标位置按$\left|2A\cos\frac{2\pi}{\lambda}x\right|$的规律变化.

2. 驻波相位的分布特点

在驻波方程(2.57)中,振动因子为$\cos\omega t$,但不能认为驻波中各点的振动相位也相同或如行波中那样逐点不同.x处的振动位移由$2A\cos\frac{2\pi}{\lambda}x$确定,显然对应不同的$x$值,$2A\cos\frac{2\pi}{\lambda}x$可正可负.如果把相邻两波节之间的各点视为一段,则由余弦函数的取值规律可知,$\cos\frac{2\pi}{\lambda}x$的值对同一段内的各质点有相同的符号;对于分别在相邻两段内的两质点,则符号相反(见图2.26).这种符号的相同或相反表明,在驻波中,同一段内各质点振动的相位相同,相邻两段内各质点的振动相位相反.因此,实际上,这是介质的一种特殊的分段振动现象.同一段内各质点沿相同方向同时到达各自振动位移的最大值,又沿相同方向同时通过平衡位置;而波节两侧各质点同时沿相反方向到达振动位移的正、负最大值,又沿相反方向同时通过平衡位置.图2.27表示用电动音叉在弦上激起的驻波的简图.某时刻电动音叉在A点输出一个波列,传到B点被界面(支点)B反射回来,入射波与反射波叠加即在AB弦上形成驻波.

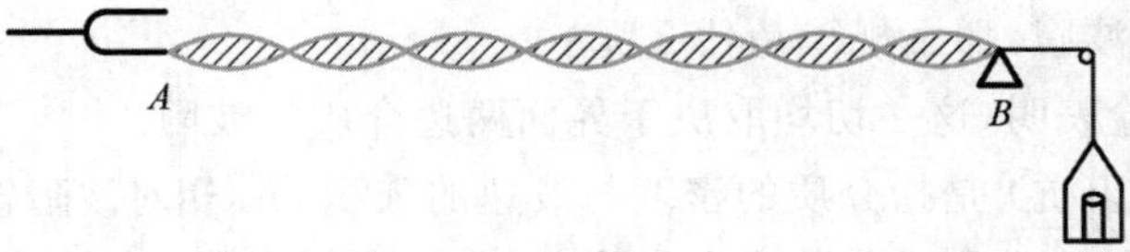

图2.27 弦上的驻波的简图

对于有限大小的二维介质面,同样可以激起驻波振动.图2.28表示一矩形膜上的二维驻波.其中阴影部分和明亮部分表示相邻部位振动反相,两者的交界线为波节.

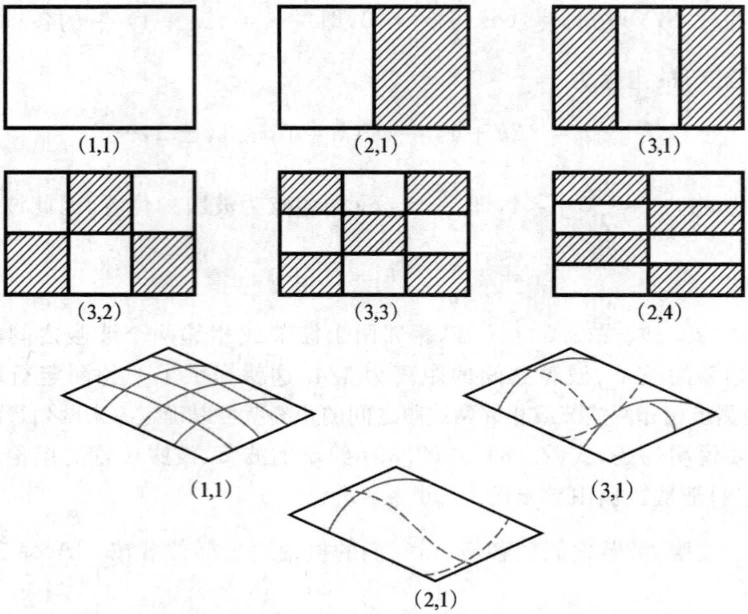

图 2.28 矩形膜上的二维驻波(第三行是第一行的立体图)

3. 驻波能量

驻波振动中既没有相位的传播,也没有能量的传播. 由式(2.38)可知,入射波的波强与反射波的波强大小相等、方向相反,即介质中波强的矢量和为零. 驻波波强为零并不表示各质点在振动中能量守恒. 例如,位于波节处的质点动能始终为零,势能则不断变化. 当两波节间各点的振动位移分别达到各自的正、负最大值时,各点处的动能均为零,两波节间总势能最大. 波节附近因相对形变最大,势能有极大值,而波腹附近因相对形变最小,势能有极小值. 当两波节间各点从同一方向通过平衡位置时,介质中各处的相对形变为零,势能均为零,总动能达到最大值. 波腹附近因振动速度最大而有最大动能,离波节越近,动能越小. 其他时刻则动能、势能并存. 也就是说,在驻波振动中,一个波段内不断地进行动能与势能的相互转化,并不断地分别集中在波腹和波节附近而不向外传播,故称为驻波.

2.7.3 半波损失

现在我们把注意力集中在两种介质的界面处. 实验发现,在界面处有时形成波节,有时形成波腹,那么规律是什么呢?

理论和实验表明,这一切均取决于界面两边介质的波阻.

波阻(波的阻抗)是指介质的密度与波速的乘积 ρu. 相对波阻较大的介质称为波密介质,波阻较小的介质称为波疏介质. 实验表明:**波从波疏介质入射而在波密介质表面反射时,界面处形成波节;波从波密介质入射而在波疏介质表面反射时,界面处形成波腹.**

如果在界面处形成波节,则表明在界面处入射波与反射波的相位始终相反,或者说在界面处入射波的相位与反射波的相位始终存在着 π 的相位差，这种现象叫作**半波损失**(或叫作半波突变). 由上面的讨论可知，使反射波产生半波损失的条件是：波从波疏介质入射并在波密介质表面反射；对于机械波，还必须是正入射.

如果在界面处形成波腹，则表明在界面处入射波与反射波的相位始终相同，这时反射波没有半波损失.

半波损失是一个很重要的概念，它在研究声波、光波的反射问题时会经常涉及.

反射波在界面处相位变化的讨论：

一般情况下，入射到界面处的波既有反射波又有透射波(见图 2.29). 由于弹性介质的连续性和不可入性，在界面处相邻质点的位移(或振动速度) 和能流(或应变) 必定是连续的. 正是这种连续性，使得反射波的相位仅由界面两边介质的相对波阻来决定.

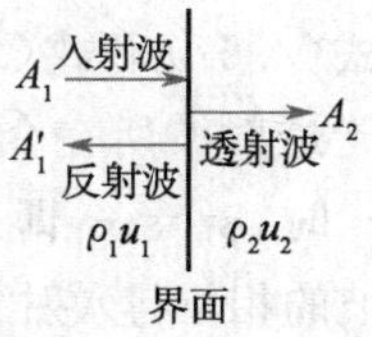

图 2.29 波阻对反射波相位的影响

设入射波、反射波、透射波的波函数分别为

$$y_1 = A_1 \cos \omega\left(t - \frac{x}{u_1}\right)$$

$$y'_1 = A'_1 \cos\left[\omega\left(t + \frac{x}{u_1}\right) + \varphi_1\right] \tag{2.60}$$

$$y_2 = A_2 \cos\left[\omega\left(t - \frac{x}{u_2}\right) + \varphi_2\right]$$

若以界面处为坐标原点，以界面处振动速度和能流连续性为出发点，则可得

$$\left(\frac{\partial y_1}{\partial t} + \frac{\partial y'_1}{\partial t}\right)_{x=0} = \left(\frac{\partial y_2}{\partial t}\right)_{x=0}$$

整理，得

$$A_1 \sin \omega t + A'_1 \sin(\omega t + \varphi_1) = A_2 \sin(\omega t + \varphi_2) \tag{2.61}$$

另根据能流公式(2.36)，并考虑到其在界面处的连续性，可得

$$\rho_1 u_1 [A_1^2 \sin^2 \omega t - A_1'^2 \sin^2(\omega t + \varphi_1)] = \rho_2 u_2 A_2^2 \sin^2(\omega t + \varphi_2) \tag{2.62}$$

将式(2.62) 与式(2.61) 相除，即得

$$\rho_1 u_1 [A_1 \sin \omega t - A'_1 \sin(\omega t + \varphi_1)] = \rho_2 u_2 A_2 \sin(\omega t + \varphi_2)$$

再将式(2.61) 代入上式，即得

$$\rho_1 u_1 [A_1 \sin \omega t - A'_1 \sin(\omega t + \varphi_1)] = \rho_2 u_2 [A_1 \sin \omega t + A'_1 \sin(\omega t + \varphi_1)]$$

整理，得

$$\frac{A'_1 \sin(\omega t + \varphi_1)}{A_1 \sin \omega t} = \frac{\rho_1 u_1 - \rho_2 u_2}{\rho_1 u_1 + \rho_2 u_2} \tag{2.63}$$

或

$$\frac{A'_1}{A_1} \cos \varphi_1 + \frac{A'_1}{A_1} \sin \varphi_1 \cot \omega t = \frac{\rho_1 u_1 - \rho_2 u_2}{\rho_1 u_1 + \rho_2 u_2} \tag{2.64}$$

式(2.64) 应对任一时刻 t 均成立，故有

$$\frac{A'_1}{A_1} \sin \varphi_1 = 0 \tag{2.65}$$

$$\frac{A'_1}{A_1} \cos \varphi_1 = \frac{\rho_1 u_1 - \rho_2 u_2}{\rho_1 u_1 + \rho_2 u_2} \tag{2.66}$$

由式(2.65)知 φ_1 只能取 0 或 π,代入式(2.66),有:

当 $\varphi_1=0$ 时,$\cos\varphi_1=1$,即

$$\frac{A_1'}{A_1}=\frac{\rho_1 u_1-\rho_2 u_2}{\rho_1 u_1+\rho_2 u_2}>0 \tag{2.67}$$

当 $\varphi_1=\pi$ 时,$\cos\varphi_1=-1$,即

$$-\frac{A_1'}{A_1}=\frac{\rho_1 u_1-\rho_2 u_2}{\rho_1 u_1+\rho_2 u_2}<0 \tag{2.68}$$

由式(2.67)和式(2.68)可知,当 $\rho_1 u_1>\rho_2 u_2$ 时,$\varphi_1=0$,即入射波所在介质的波阻大于透射波所在介质的波阻时,反射波的相位与入射波的相位相同;当 $\rho_1 u_1<\rho_2 u_2$ 时,$\varphi_1=\pi$,即入射波所在介质为波疏介质,而透射波所在介质为波密介质时,反射波的相位与入射波的相位相差 π,也即这时出现了相位突变(或说发生了半波损失).

2.7.4 振动的简正模式

如果将拉紧的弦两端固定,当轻击弦使之产生向右行进的波时,此波传到弦的右方固定端处被反射,当此左行反射波到达左方固定端时,又发生第二次反射,如此继续也能形成驻波.因弦的两端固定,必然形成波节,因而驻波的波长必然受到限制,驻波的波长 λ 与弦长 l 必须满足

$$l=n\frac{\lambda}{2},\quad 即\quad \lambda=\frac{2l}{n}\quad (n=1,2,3,\cdots)$$

而波速 $u=\lambda\nu$,从而对频率也有限制,允许存在的频率为

$$\nu=\frac{u}{\lambda}=\frac{n}{2l}u\quad (n=1,2,3,\cdots) \tag{2.69}$$

对于弦线,因为 $u=\sqrt{T/\mu}$,所以

$$\nu=\frac{n}{2l}\sqrt{\frac{T}{\mu}} \tag{2.70}$$

其中,与 $n=1$ 对应的频率称为**基频**,其后频率依次称为 2 次、3 次…… **谐频**(对于声驻波,则称为基音和泛音).各种允许频率所对应的驻波振动(简谐振动模式)称为**简正模式**(或称为**本征振动**).相应的频率称为简正频率(或称为本征频率).由此可见,对两端固定的弦,这一驻波振动系统有许多个简正模式和简正频率,即有许多个振动自由度.式(2.69)也适用于两端闭合或两端开放的管(其中为声驻波).若为闭合管,则两端为波节;若为开放管,则两端为波腹.图 2.30 所示为弦(或管)振动的几种简正模式.

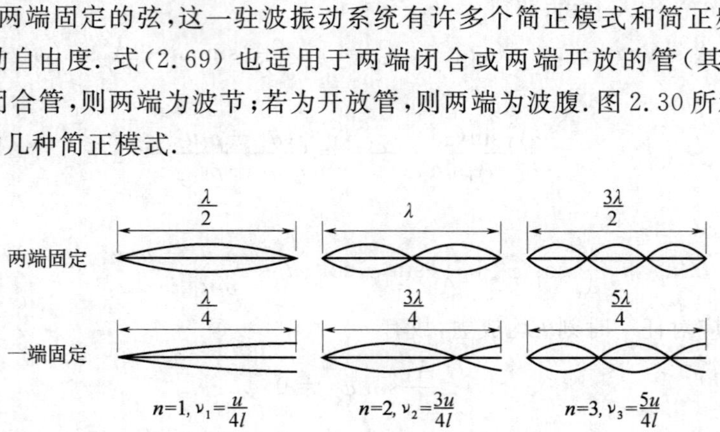

图 2.30 弦(或管)振动的几种简正模式

对一端固定、一端自由的弦(或一端封闭、一端开放的管)也可进行类似的讨论.对二维膜也可进行类似的讨论,但要更加复杂.实际上,各类乐器的发声无非是借助各种不同质地、形状、长度、大小的管、弦、膜的驻波振动.

上面的讨论表明,无论是管还是弦,只要其长度有限,其固有振动(本征振动)频率就只能取分立值而非连续值.这些结论在德布罗意提出物质波的设想时发挥了作用.德布罗意把电子在原子中能量取分立值叫作取整数,又将本征振动频率取分立值也叫作取整数.他指出,在光的问题上我们就被迫同时引入微粒思想和波动思想.另外,在描述电子在原子中的稳定运动时确实引入了整数.直到今天,物理学上仍包含整数的现象就是干涉和简谐振动模式.这个事实告诉我们,不能把电子看作单纯的微粒,必须承认它具有波动性的特征.

例 2.8 如图 2.31 所示,沿 x 轴正方向传播的平面简谐波的波函数为 $y=0.2\cos\left[200\pi\left(t-\dfrac{x}{200}\right)\right]$(SI),两种介质的界面上的 P 点与坐标原点 O 相距 $d=6.0$ m,入射波在界面上反射后振幅无变化,且反射处为固定端.求:(1) 反射波的波函数;(2) 驻波方程;(3) 在 O 点与 P 点间各个波节和波腹的坐标.

解 (1) 由波函数可知,入射波的振幅 $A=0.2$ m,角频率 $\omega=200\pi$ rad/s,波速 $u=200$ m/s,故波长 $\lambda=\dfrac{u}{\nu}=2$ m. 由题意知,反射波的振幅、频率和波速均与入射波相同.

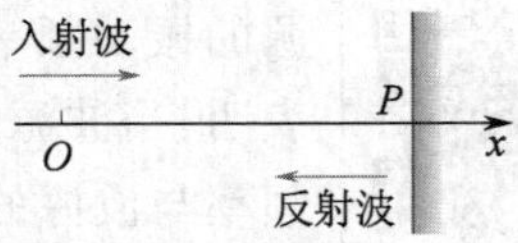

图 2.31 例 2.8 图

入射波在两种介质的界面上的 P 点处的振动方程为

$$y_{入}=y\Big|_{x=d}=0.2\cos\left[200\pi\left(t-\frac{6}{200}\right)\right]$$
$$=0.2\cos(200\pi t-6\pi)=0.2\cos 200\pi t$$

因为反射点是固定端,所以反射波在 P 点处的振动相位与入射波在该点处的振动相位相反,故有

$$y_{反}=0.2\cos(200\pi t+\pi)$$

反射波以速度 $u=200$ m/s 向 x 轴负方向传播,在 P 点处的振动方程已经由上式给出,所以反射波的波函数为

$$y=0.2\cos\left[200\pi\left(t-\frac{6-x}{200}\right)+\pi\right]=0.2\cos\left[200\pi\left(t+\frac{x}{200}\right)-5\pi\right]$$
$$=0.2\cos\left[200\pi\left(t+\frac{x}{200}\right)-\pi\right]$$

(2) 驻波方程为

$$y=0.2\cos\left[200\pi\left(t-\frac{x}{200}\right)\right]+0.2\cos\left[200\pi\left(t+\frac{x}{200}\right)-\pi\right]$$
$$=0.2\cos\left[200\pi\left(t-\frac{x}{200}\right)\right]-0.2\cos\left[200\pi\left(t+\frac{x}{200}\right)\right]$$
$$=0.4\sin\pi x\sin 200\pi t$$

(3) 由 $\pi x = 2k\dfrac{\pi}{2}$ $(k = 0,1,2,\cdots,6)$,得各波节的坐标为

$$x = 0,1,2,3,4,5,6$$

由 $\pi x = (2k+1)\dfrac{\pi}{2}$ $(k = 0,1,2,\cdots,5)$,得各波腹的坐标为

$$x = \frac{1}{2},\frac{3}{2},\frac{5}{2},\frac{7}{2},\frac{9}{2},\frac{11}{2}$$

2.8 多普勒效应　冲击波

多普勒效应

2.8.1 多普勒效应

在前面几节的讨论中,实际上假定了波源和观察者相对于介质都是静止的,这时观察者接收到的波的频率与波源的振动频率相等.但是,在日常生活和科学技术中,经常会遇到波源或观察者(或者两者同时)相对于介质运动的情况,那么,这时观察者接收到的波的频率与波源的振动频率是否依然相等呢?例如,人站在站台上,当一列火车迎面飞驰而来时,可以听到它的汽笛声高昂,而当火车从身边疾驰而去时,却听到它的汽笛声变得低沉.实际上,火车鸣笛的音调并未改变(波源的振动频率未变),但火车接近和驶离时,人耳接收到的频率却不同.这些现象表明:当波源或观察者(或者两者同时)相对于介质运动时,观察者接收到的波的频率与波源的振动频率不同,这类现象是由多普勒(J. C. Doppler)于1842年发现并提出的,故称为**多普勒效应**或**多普勒频移**.

多普勒

为简单起见,将介质选为参考系,并假定波源和观察者的运动发生在两者的连线上.用 v_S 表示波源相对于介质的运动速度,v_B 表示观察者相对于介质的运动速度,u 表示波在介质中的传播速度.并规定:波源和观察者相互接近时 v_S 和 v_B 取正值,相互远离时 v_S 和 v_B 取负值.值得注意的是,波速 u 是波相对于介质的速度,它只取决于介质的性质,而与波源或观察者的相对运动无关,恒为正值.在具体讨论之前,读者应将前面提到的三种频率(波源的振动频率 ν_S、介质的波动频率 ν、观察者的接收频率 ν_B')严格区分开来.实际上,ν_S、ν 的定义在前面章节已有说明,接收频率则是指接收器(观察者)在单位时间内接收到的完整波的数目.虽然对波动频率和接收频率均有 $\nu = \dfrac{u}{\lambda}$ 成立,但它们却是在不同的参考系中测得的.即波动频率以介质为参考系,接收频率以接收器(观察者)为参考系,在 $\nu_B' = \dfrac{u'}{\lambda'}$ 中,u'、λ' 分别是观察者测得的波速和波长.

显然,在波源和观察者均相对于介质静止时,没有多普勒效应,即 $\nu_B = \nu = \nu_S$.下面分三种情况介绍多普勒效应.

(1) 波源不动,观察者以 v_B 相对于介质运动($v_S = 0, v_B \neq 0$).

设观察者向着波源运动,即 $v_B > 0$,则波相对于观察者的速度 $u' = u + v_B$,波

长 $\lambda' = \lambda$，所以单位时间内观察者接收到的完整波的数目，即观察者实际接收到的波的频率为

$$\nu_B' = \frac{u'}{\lambda} = \frac{u + v_B}{uT} = \frac{u + v_B}{u}\nu_S = \left(1 + \frac{v_B}{u}\right)\nu_S > \nu_S \qquad (2.71)$$

上式表明，当观察者向着波源运动时，接收到的频率为波源振动频率的 $\left(1 + \frac{v_B}{u}\right)$ 倍. 当观察者远离波源运动时，式(2.71)仍可适用，只要将式中的 v_B 取为负值即可，显然，这时观察者所接收到的频率会小于波源的振动频率. 特别地，当 $v_B = -u$ 时，$\nu_B' = 0$. 此时观察者沿着波的传播方向以波速远离波源运动，当然就接收不到波了.

(2) 观察者不动，波源以速度 v_S 相对于介质运动($v_S \neq 0, v_B = 0$).

如图 2.32 所示，先假设波源由 S 点以 v_S 向着观察者运动. 因为波在介质中的传播速度 u 只取决于介质的性质，与波源的运动无关，所以这时波源的振动在一个周期内向前传播的距离就等于一个波长，即 $\lambda = uT$，但由于波源向着观察者运动，v_S 为正，所以在一个周期内波源也在波的传播方向上移动了 $v_S T$ 的距离而到达 S' 点，结果使一个完整的波被挤压在 $S'O$ 之间，这就相当于波长减小为 $\lambda' = \lambda - v_S T$. 因此，观察者在单位时间内接收到的完整波的数目，即观察者接收到的波的频率为

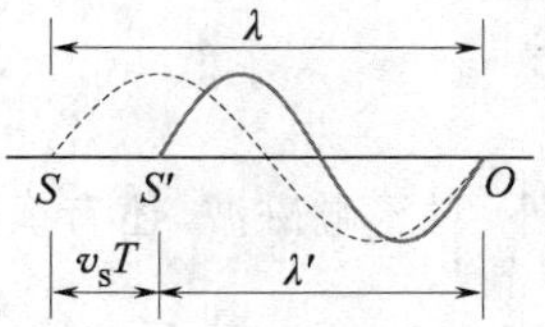

图 2.32　观察者不动，波源运动

$$\nu_B' = \frac{u}{\lambda'} = \frac{u}{\lambda - v_S T} = \frac{u}{uT - v_S T} = \frac{u}{u - v_S}\nu_S > \nu_S \qquad (2.72)$$

上式表明，当波源向着观察者运动时，观察者接收到的频率为波源振动频率的 $\frac{u}{u - v_S}$ 倍，比波源的振动频率要高；当波源远离观察者运动时，式(2.72)仍可适用，只要将式中的 v_S 取为负值即可，虽然，此时观察者接收到的频率 ν_B' 将小于波源的振动频率.

由式(2.72)，当 $v_S \to u$ 时，接收频率 ν_B' 应趋于无穷大，但这是不可能的. 当接收频率越来越高时，其波长 λ' 会越来越短，当 λ' 小于组成介质的分子间距时，介质对此波列不再是连续的了，波列也就不能传播了.

(3) 波源和观察者同时相对于介质运动($v_S \neq 0, v_B \neq 0$).

根据上面(1)和(2)的讨论知，观察者以 v_B 相对于介质运动时，相对于观察者来说，波的速率变为 $u' = u + v_B$；而波源以 v_S 相对于介质运动时，相当于使波长变为 $\lambda' = \lambda - v_S T$. 综合这两个结果，则波源和观察者同时运动时，观察者接收到的波的频率为

$$\nu_B' = \frac{u'}{\lambda'} = \frac{u + v_B}{uT - v_S T} = \frac{u + v_B}{u - v_S}\nu_S \qquad (2.73)$$

式中，当观察者与波源接近时 v_B、v_S 取正值，远离时 v_B、v_S 取负值.

由以上讨论可以得出结论：在多普勒效应中，不论是波源运动还是观察者运

动,或者两者都运动,当波源和观察者接近时,观察者接收到的频率 ν' 总是大于波源的振动频率 ν_S;当波源和观察者远离时,ν' 总是小于 ν_S.

2.8.2 光波多普勒效应

多普勒效应也是一切波动过程的共同特征,不仅机械波有多普勒效应,电磁波也有多普勒效应.与机械波不同的是,因为电磁波的传播不需要介质,所以在电磁波的多普勒效应中,是由光源和观察者的相对速度 v 来决定观察者的接收频率的.用相对论可以证明,当光源和观察者在同一直线上运动时,观察者接收到的频率为

$$\nu_{接近} = \sqrt{\frac{1+v/c}{1-v/c}}\,\nu \tag{2.74a}$$

和

$$\nu_{远离} = \sqrt{\frac{1-v/c}{1+v/c}}\,\nu \tag{2.74b}$$

此外,对于电磁波,还有横向多普勒效应,其横向多普勒频移为

$$\nu_{横} = \sqrt{1-\left(\frac{v}{c}\right)^2}\,\nu \tag{2.75}$$

式中,c 为真空中的光速,ν 为波源的频率.由式(2.74b)可知,当光源远离观察者运动时,接收到的波的频率变小、波长变长,这种现象称为红移,即移向光谱中的红色一侧.天文学家将来自星球的光谱与地球上相同元素的光谱进行比较,发现星球光谱几乎都发生了红移,这说明星球都在远离地球而运动,这一结果已成为所谓"大爆炸"的宇宙学理论的重要证据之一.

多普勒效应在科学技术中还有很多重要应用.例如,利用声波的多普勒效应可以测定声源的频率、波速等;利用超声波的多普勒效应可以诊断心脏的跳动情况;利用电磁波的多普勒效应可以测定运动物体的速度.此外,利用多普勒效应还可以报警、检查车速等.

2.8.3 冲击波

由式(2.72)可知,若波源的运动速度大于波在介质中的传播速度,这时接收频率为负值,仅就这一点而言,它在物理上是无意义的.但对波源的运动速度大于波在介质中的传播速度的问题的研究在现代科学技术中却越来越重要.

如图 2.33 所示,当位于 S_1 点的波源以超波速的速度 v_S 向前运动时,波源(物体)本身的运动会激起介质的扰动,从而激起另一种波.这时运动物体充当了另一种波的波源,这种波是以运动物体的运动轨迹为中心的一系列球面波.由于球面波的波速 u 比运动物体的速度 v_S 小,所以会形成以波源为顶点的 V 形波,这种波就叫作**冲击波**.冲击波的包络面

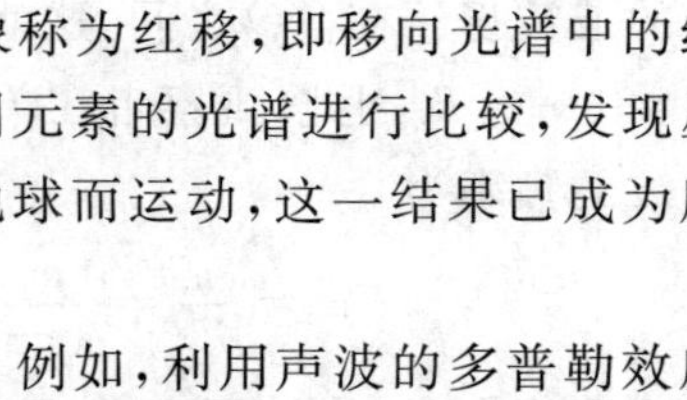

图 2.33 冲击波的产生

呈圆锥状,叫作**马赫锥**,其半顶角(**马赫角**)α 由下式决定:

$$\sin\alpha = \frac{u}{v_S} \tag{2.76}$$

$Ma = \frac{v_S}{u}$ 称为**马赫数**.由此可见,在 u 一定时,随着 v_S 的增大,V形波会变得更加尖锐.如果这个冲击波是声波,那么必然是在运动物体通过之后观察者才能听到其响声.这就是人们在超音速飞机飞过头顶之后才听到强烈响声的原因.

当冲击波产生时,除伴有尖锐的噪声外,还有剧烈的打击感.例如,原子弹爆炸时,产生的高温气体的速度高达 1 000 km/s,它比声速要大很多,其产生的冲击波就具有极大的破坏力.

超音速飞机在空中飞行时,在机头前方产生的冲击波会造成压强的突变,给飞机附加很大的阻力,消耗发动机的能量.因此如何减弱冲击波的强度是超音速飞机(包括导弹等)设计中的重大课题.而宇宙飞船重返大气层时会像流星一样带着熊熊烈火,形成热障.如何利用宇宙飞船船头形成的冲击波来化解热障,是另一个方向的重大课题.带电粒子若以比光在介质中的传播速度更大的速度通过介质,同样会产生冲击波并引发电磁辐射,这种辐射称为切伦科夫辐射.利用切伦科夫辐射原理制成的闪烁计数器已广泛应用于高能物理学、农学、医学及生物学中.

例 2.9 一固定的超声源发出频率为100 kHz的超声波.一汽车向超声源迎面驶来,在超声源外接收到从汽车反射回来的超声波,从测频装置中测出其频率为110 kHz,设空气中的声速为330 m/s,试计算汽车的行驶速度.

解 汽车相对于空气以速度 v_S 趋近于超声源.从超声源发出的超声波到达汽车时,汽车是运动的接收器.超声波从汽车上反射时,汽车又是以 v_S 运动的声源,因此由式(2.73)可知,在固定装置中接收到的反射波的频率为

$$\nu' = \frac{u+v_S}{u-v_S}\nu$$

解得

$$v_S = \frac{\nu'-\nu}{\nu'+\nu}u = \frac{110-100}{110+100}\times 330\ \text{m/s} = 15.7\ \text{m/s}$$

例 2.10 试根据相对论时空效应导出光波多普勒效应的频变公式.

解 (1) 纵向多普勒效应.如图2.34所示,设观察者位于 S 系的坐标原点 O 处,光源固定于 S' 系的坐标原点 O'(从 S 系中观测,t_1 时刻位于 x_1 处)处,S' 系以速度 v 沿 x 轴运动,即光源以 v 沿 x 轴远离观察者.又设光波的固有周期为 τ,光源在一个周期内由 x_1 运动到 x_2(从 S 系中测量,光源到达 x_2 的时刻为 t_2).观察者观测到 x_1 处传来的光信号的时间是 $t_1+\frac{x_1}{c}$,x_2 处传来的光信号的时间是 $t_2+\frac{x_2}{c}$,则观察者接收到的光波周期为

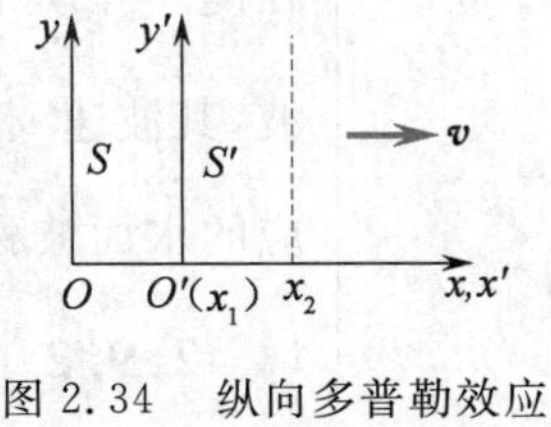

图2.34 纵向多普勒效应

$$T=\left(t_2+\frac{x_2}{c}\right)-\left(t_1+\frac{x_1}{c}\right)$$
$$=(t_2-t_1)+\frac{x_2-x_1}{c}=(t_2-t_1)+\frac{t_2-t_1}{c}v$$
$$=(t_2-t_1)\left(1+\frac{v}{c}\right)$$

t_2-t_1 为 S 系中光源到达 x_2 和 x_1 两处的时间差,根据相对论时间延缓效应 $t_2-t_1=\frac{\tau}{\sqrt{1-v^2/c^2}}$,代入上式得

$$T=\frac{\tau}{\sqrt{1-v^2/c^2}}\left(1+\frac{v}{c}\right)=\sqrt{\frac{c+v}{c-v}}\,\tau$$

由此可得观察者接收到的频率为

$$\nu=\frac{1}{T}=\frac{1}{\tau}\sqrt{\frac{c-v}{c+v}}=\nu_0\sqrt{\frac{c-v}{c+v}}$$

式中,ν_0 为光波的固有频率;光源离开观察者时 v 为正,趋近时 v 为负.如果光源不动,观察者以速度 v 运动,同样得到这一公式.所以,v 应理解为两者的相对速度.

(2) 横向多普勒效应.设光源垂直于 x 轴沿图 2.34 中 y' 轴方向运动,由于光源运动过程中在 S 系中 x 轴的位置不变,即 $\Delta x=0$,所以观察者接收到的周期和频率分别为

$$T=t_2-t_1=\frac{\tau}{\sqrt{1-v^2/c^2}}$$
$$\nu=\nu_0\sqrt{1-v^2/c^2}$$

按照纵向多普勒效应,当光源远离观察者运动($v>0$)时,$\nu<\nu_0$,称为光谱红移;当光源向着观察者运动($v<0$)时,$\nu>\nu_0$,称为光谱蓝移.

2.9 色散 波包 群速度

2.9.1 色散

前面的讨论指出,在一般情况下,简谐波在弹性介质中传播时,波速只由介质的力学性质决定.即不同频率的波在同一介质中传播时具有相同的速度.这种介质叫作无色散介质.但在有些介质中,波的传播速度与频率有关,即不同频率的波在同一介质中传播时速度不同,这种介质叫作**色散介质**.例如,深水区域里的水面波,其波速 $u=\sqrt{\frac{g\lambda}{2\pi}}$,即波速与波长或频率有关,这时的水介质即为色散介质,相应的水面波称为**色散波**.

2.9.2 波包

与振动的叠加类似,在无色散介质中,几个频率相同、振动方向相同的简谐波叠加后,合成波仍然是简谐波(注意与干涉相区别).但是,即使在无色散介质中,

不同频率的简谐波叠加，合成波也不再是简谐波，而是比较复杂的复合波. 在复合波中，波列的振幅随质元位置 x 时大时小地变化，显现为一团一团地振动，故称为**波群**或**波包**，如图 2.35 所示.

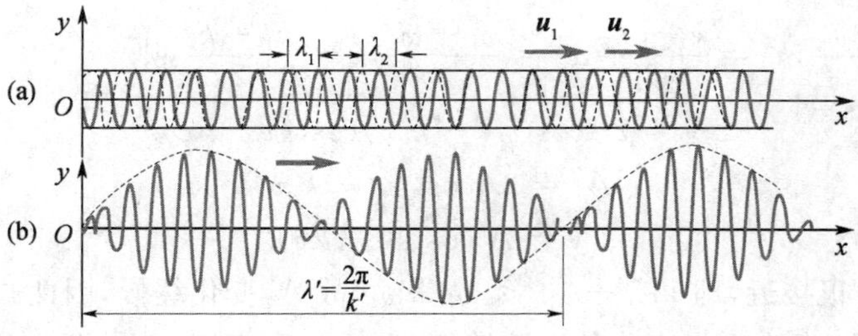

图 2.35 波包

与几列简谐波可以合成波包相反，一列任意的波(周期性的或非周期性的波)，如一个孤立的波包(脉冲波)，都可以分解为许多简谐波.

2.9.3 群速度

如果有两列频率相近的简谐波在介质中叠加，就会形成如图 2.36 所示的波包. 由图可以看出，合成波显现为一个波包一个波包地向前传播. 图 2.36 中的包络线(虚线)是波包的形状. 这时，在介质中有两种传播速度，一种是简谐波的传播速度，即相速度；一种是波包(包络线)的传播速度，称为**群速度**. 下面的讨论将表明：在无色散介质中，群速度与相速度相等；在色散介质中，这两种速度不相等.

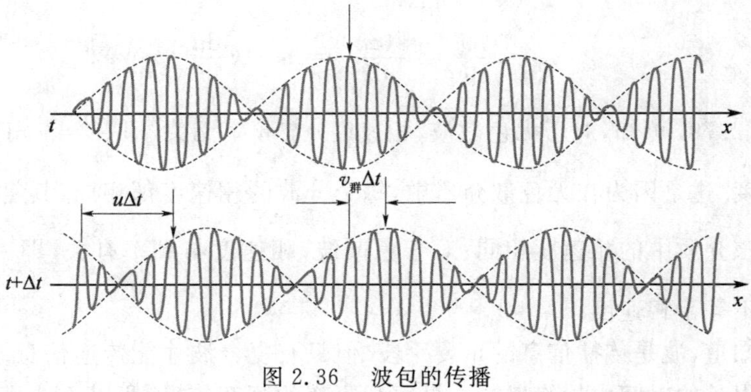

图 2.36 波包的传播

设有两列频率相近的简谐波均沿 x 轴正方向传播，它们的波函数分别为(为简单起见，设两波振幅相等)

$$y_1 = A\cos(\omega_1 t - k_1 x)$$
$$y_2 = A\cos(\omega_2 t - k_2 x)$$

式中，ω_1、ω_2 分别为两列波的角频率；k_1、k_2 分别为两列波的角波数，$k_1 = \frac{\omega_1}{u_1} = \frac{2\pi}{\lambda_1}$，$k_2 = \frac{\omega_2}{u_2} = \frac{2\pi}{\lambda_2}$，其中，$u_1$、$u_2$ 分别为两列波的相速度，λ_1、λ_2 分别为两列波的波长. 它

们的合成波的波函数为

$$
\begin{aligned}
y &= y_1 + y_2 \\
&= 2A\cos\left(\frac{\omega_1 - \omega_2}{2}t - \frac{k_1 - k_2}{2}x\right)\cos\left(\frac{\omega_1 + \omega_2}{2}t - \frac{k_1 + k_2}{2}x\right)
\end{aligned}
$$

令 $\omega' = \dfrac{\omega_1 - \omega_2}{2}, k' = \dfrac{k_1 - k_2}{2}, \bar{\omega} = \dfrac{\omega_1 + \omega_2}{2}, \bar{k} = \dfrac{k_1 + k_2}{2}$,则

$$y = 2A\cos(\omega' t - k' x)\cos(\bar{\omega} t - \bar{k} x)$$

再令

$$A' = 2A\cos(\omega' t - k' x) \tag{2.77}$$

则有

$$y = A'\cos(\bar{\omega} t - \bar{k} x) \tag{2.78}$$

由于 ω_1 和 ω_2 很接近,即 $|\omega_1 - \omega_2| \ll \omega_1 + \omega_2$,故 A' 变化缓慢,因此式(2.78)可看成一列振幅 A' 发生缓慢变化的余弦波.若坐标 x 取定值,就是第1章讨论的拍振动.若时间 t 取定值,就是图2.36所示的空间拍,而方程(2.77)就是波包的包络线方程,如图2.36中虚线所示.

如果追踪观察包络线上的某一确定值点,如最大值点,则由图2.36可以看出,它在沿 x 轴正方向传播,有

$$\omega' t - k' x = 常数$$

将上式微分,得

$$\omega' \mathrm{d}t - k' \mathrm{d}x = 0$$

于是得包络线移动的速度,即群速度为

$$v_{群} = \frac{\mathrm{d}x}{\mathrm{d}t} = \frac{\omega'}{k'} = \frac{\omega_1 - \omega_2}{k_1 - k_2} = \frac{\Delta\omega}{\Delta k}$$

因频差 $\omega_1 - \omega_2$ 很小,故可用 $\dfrac{\mathrm{d}\omega}{\mathrm{d}k}$ 代替 $\dfrac{\Delta\omega}{\Delta k}$,即

$$v_{群} = \frac{\mathrm{d}\omega}{\mathrm{d}k} = \frac{\mathrm{d}(uk)}{\mathrm{d}k} = u + k\frac{\mathrm{d}u}{\mathrm{d}k} \tag{2.79}$$

由式(2.79)可知,对于无色散波,相速度 u 与频率无关,即 $\dfrac{\mathrm{d}u}{\mathrm{d}k} = 0$,于是群速度等于相速度.这是因为在无色散介质中,每个分波的相速度都相同,其复合波速度当然也与该介质中的相速度相同;对于色散波,相速度与频率有关,即 $\dfrac{\mathrm{d}u}{\mathrm{d}k} \neq 0$,因而群速度不等于相速度.

我们知道,波是传播信息的重要手段.但只有复合波才能传递信息.理想的简谐波在无限长的时间内始终以同一振幅和不变的频率传播,所以不能携带任何信息.而在复合波中信息传递的速度就是波包移动的速度,即信息是以群速度传播的.

最后还应该指出,式(2.79)只在无色散或色散不大的介质中成立.在这种情况下,波包包络线的形状在较长距离中大体保持不变.如果介质色散较厉害($\mathrm{d}u/\mathrm{d}k$ 较大),则由于各列分波相速度差异显著,波包在传播过程中会逐渐摊平,终至弥散消失,在这种情况下再讨论群速度也就没有意义了.

阅读材料　非线性波　孤波

非线性波就是由非线性方程所描述的波.和所有非线性现象一样,非线性波也不遵循叠加原理.非线性波的传播速度不仅与介质的性质有关,还与质点的振动状态有关.

一、非线性效应对波动的影响

在前面的讨论中,我们认为介质是理想的弹性介质,即认为介质中的回复力始终是线性的,以此导出介质中波动的动力学方程是线性的.线性波动方程的解就是线性波,这种波在介质中的传播速度只与介质的性质有关,而与介质内各处质点振动的振幅、振动速度无关.

但是,实际的介质都具有非线性因素.不过在振幅较小时,非线性项很小,它的影响因没有显现出来而可以忽略,这时波动方程可用线性波动方程近似.但振幅较大时,介质中的非线性项就不能忽视了,这时的波动方程就是非线性的.如前所述,一般讨论非线性波动的解析解几乎是不可能的.因此,这里只能粗略地介绍一下非线性因素对波动的影响.

非线性效应最突出的影响就是导致波动叠加原理失效.例如,同时平行地向前传播的两个同频率的声波,因非线性效应会出现组合频率的声波.计入非线性效应的结果,使得介质中各点的波速不尽相同,这时波速不仅与介质有关,还与介质中各质点的位移有关,即位移大处的波速与位移小处的波速不同,位移为正处的波速与位移为负处的波速不同.介质中各点的波速不同又将导致波形在传播中发生畸变,如原来是正弦波,由于非线性因素所致,在传播一段距离后可能变成非正弦波.也就是说,由原来单一频率的波变成了含有各高次频率的复合波.

二、孤波

在2.9节中提到了色散介质,此处又提到非线性介质.请读者注意,这是两个不同的概念.色散是指波速与频率有关,非线性则是指波速与质点的振动状态有关.即色散介质可以是线性的,因此才有线性波的叠加而形成波包;非线性介质可以是无色散的,而且即使是无色散的,波的叠加原理也会失效.如果介质既是色散的又是非线性的,那么在色散效应和非线性效应的共同作用下可能出现一种特殊波——**孤波**.

孤波又称为孤立波.最早发现孤波的是英国造船工程师斯科特·罗素.1834年4月,罗素正骑着马沿着一条运河行走,发现河内一只船突然停止时,它前方的水面形成了一个沿河道向前推进的光滑而轮廓清晰的孤立波峰,孤波高度为一到一英尺半(ft,1 ft = 0.304 8 m),长约三十英尺,前进速度为每小时八至九英里(mile,1 mile = 1.61 km),在传播中孤波保持形状不变,速度不减,直到河道转弯后才逐渐消失.他后来在浅水槽中做了实验,也激起了这种孤波.

1895年,德国的两位科学家考特威格(D. Korteweg)和德伏瑞斯(G. de Vrise)根据流体力学的理论研究了浅水槽中水的运动过程,设计出一个数学模型,取浅水波的动力学方程为

$$\frac{\partial y}{\partial t}-6y\frac{\partial y}{\partial x}+\frac{\partial^3 y}{\partial x^3}=0 \quad ①$$

这一方程就是著名的KdV方程,它的一个特解是

$$y=-\frac{u}{2}\mathrm{sech}^2\left[\frac{\sqrt{u}}{2}(x-ut)\right] \quad ②$$

式中唯一的常数 u 由初始条件确定,此波的波形就是一个钟形单孤子孤波,它以恒定速度 u 向前传播,其振幅 $u/2$ 为定值.

从物理原因看,KdV 方程本身就包含了非线性和色散两个方面的因子.由式①可以看出,其第二项是非线性项,这种非线性作用使得波包的能量重新分配,从而使频率增大,坐标空间收缩,即挤压波包,使波包前沿不断变陡,达到某个临界点时开始破碎,这正是海滩上向海岸滚滚而来的水波最终会破碎的原因,如图 2.37 所示.而方程的第三项为色散项,它导致波包的群速度与波长有关,这种色散效应也使波包不断变形,逐渐展平展宽,能量逐渐弥散,最后导致波包消失,如图 2.38 所示.

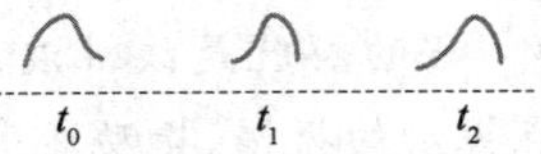

图 2.37 非线性效应

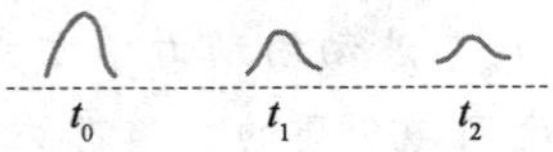

图 2.38 色散效应

由此可见,非线性效应和色散效应都是使波包变形的原因,但两者的作用正好相反,只有当波包具有稳定的形状和速度时,两种效应正好相互抵消,才能形成以恒定速度传播的稳定的波包,也就是孤波.所以,孤波是色散效应与非线性效应达到平衡时的产物.

式①还有双孤子解或 N 个孤立波的解,这里不再介绍.

孤波在传播过程中具有**定域性**、**稳定性**和**完整性**三大特性.定域性是指孤波的波形是定域在空间的有限范围内的,而不像一般波动那样弥散在整个空间;稳定性是指孤波传播过程中形状保持不变,而不像一般色散介质中的波包那样在传播一定距离之后就弥散开去;完整性是指,如有两个孤波在同一介质中相碰后又分开,每个孤波仍保持其原来的形状并按原来的速度继续各自传播.由于孤波所具有的这三大特性与粒子的性质十分相似,所以在许多文献中又把孤波称为孤立子或孤子.

在各种不同的学科领域中,都出现过类似孤子这种运动形态.大至宇宙中的涡旋星云,小到微观的基本粒子,在一定程度上都有孤子的性质.如激光在介质中的自聚焦和在光纤中的传播、等离子体中的声波和电磁波、流体中的涡旋、晶体中的位错、超导中的磁通量等.孤波在技术上也得到了应用,例如,光孤子通信已成为世界各国研究的热门课题,而在神经脉冲传播中引入孤子概念的前景十分诱人.

习题

2.1 选择题.

(1) 一平面简谐波在弹性介质中传播,在介质质元从平衡位置运动到最大位移处的过程中(　　).

A. 它的动能转化为势能

B. 它的势能转化为动能

C. 它从相邻的一段质元获得能量,其能量逐渐增大

D. 它把自己的能量传给相邻的一段质元,其能量逐渐减小

(2) 某时刻驻波波形曲线如题 2.1(2) 图所示,则 a、b 两点的相位差是(　　).

A. π

B. $\pi/2$

C. $5\pi/4$

D. 0

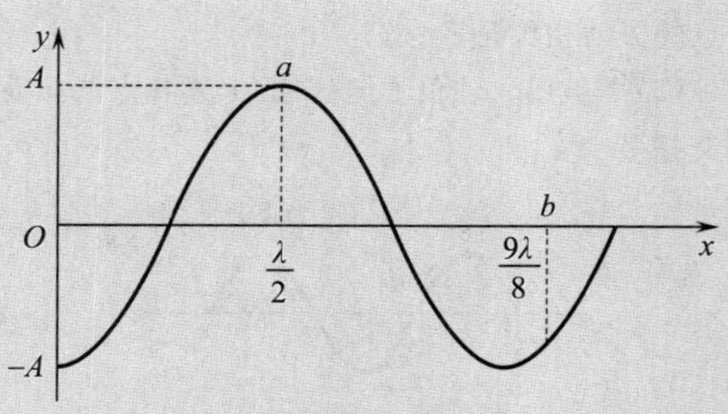

题 2.1(2) 图

(3) 设声波在介质中的传播速率为 u，声源的频率为 ν_S. 若声源 S 不动，而接收器 R 相对于介质以速率 v_B 沿着 S、R 的连线向着声源 S 运动，则位于 S、R 连线中点的质点 P 的振动频率为(　　).

A. ν_S　　　　B. $\dfrac{u+v_B}{u}\nu_S$

C. $\dfrac{u}{u+v_B}\nu_S$　　　　D. $\dfrac{u}{u-v_B}\nu_S$

(4) 一平面简谐机械波在弹性介质中传播，下述说法中正确的是(　　).

A. 介质质元的振动动能增大时，其弹性势能减小，总机械能守恒

B. 介质质元的振动动能和弹性势能都发生周期性变化，但两者的相位不同

C. 介质质元的振动动能和弹性势能的相位在任一时刻都相同，但两者数值不同

D. 介质质元在其平衡位置处弹性势能最大

(5) 一平面简谐波沿 x 轴负方向传播，角频率为 ω，波速为 u. 设 $t=\dfrac{T}{4}$ 时刻的波形如题 2.1(5) 图所示，则该波的波函数为(　　).

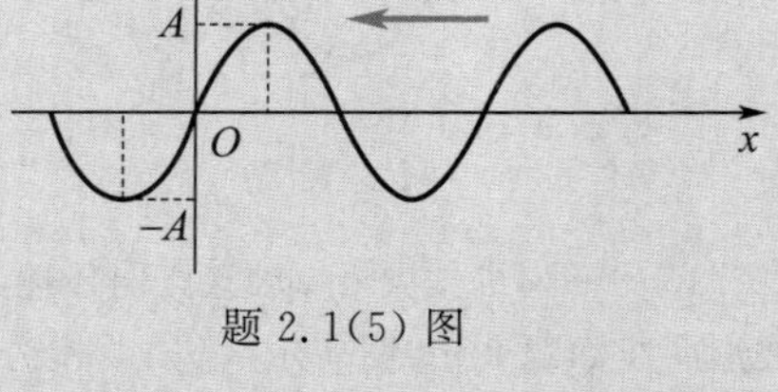

题 2.1(5) 图

A. $y=A\cos\left[\omega\left(t-\dfrac{x}{u}\right)+\pi\right]$

B. $y=A\cos\left[\omega\left(t-\dfrac{x}{u}\right)-\dfrac{\pi}{2}\right]$

C. $y=A\cos\left[\omega\left(t+\dfrac{x}{u}\right)-\dfrac{\pi}{2}\right]$

D. $y=A\cos\left[\omega\left(t+\dfrac{x}{u}\right)+\pi\right]$

(6) 两列波长为 λ 的相干波在 P 点相遇. 波在 S_1 点振动的初相位是 φ_1，S_1 点到 P 点的距离是 r_1. 波在 S_2 点的初相位是 φ_2，S_2 点到 P 点的距离是 r_2，则 P 点处干涉加强的条件为(　　).

A. $r_2-r_1=k\pi$

B. $\varphi_2-\varphi_1=2k\pi$

C. $\varphi_2-\varphi_1+\dfrac{2\pi(r_2-r_1)}{\lambda}=2k\pi$

D. $\varphi_2-\varphi_1+\dfrac{2\pi(r_1-r_2)}{\lambda}=2k\pi$

(7) 在驻波中，两个相邻波节间各质元的振动(　　).

A. 振幅相同，相位相同

B. 振幅不同，相位相同

C. 振幅相同，相位不同

D. 振幅不同，相位不同

2.2　填空题.

(1) 频率为 100 Hz、传播速率为 300 m/s 的平面简谐波，波线上两点振动的相位差为 $\pi/3$，则此两点相距________ m.

(2) 一横波的波函数为 $y=0.02\sin 2\pi(100t-0.4x)$ (SI)，则振幅为________，波长为________，频率为________，波的传播速率为________.

(3) 设入射波的波函数为 $y_1=A\cos\left[2\pi\left(\nu t+\dfrac{x}{\lambda}\right)+\pi\right]$ (SI)，波在 $x=0$ 处反射，反射点为一固定端，则反射波的波函数为________，入射波和反射波合成的驻波的波函数为________，驻波的波腹所在处的坐标为________.

(4) 题 2.2(4) 图所示为一平面简谐波在 $t=2$ s 时的波形图，波的振幅为 0.2 m，周期为 4 s，则图中 P 点处质元的振动方程为________.

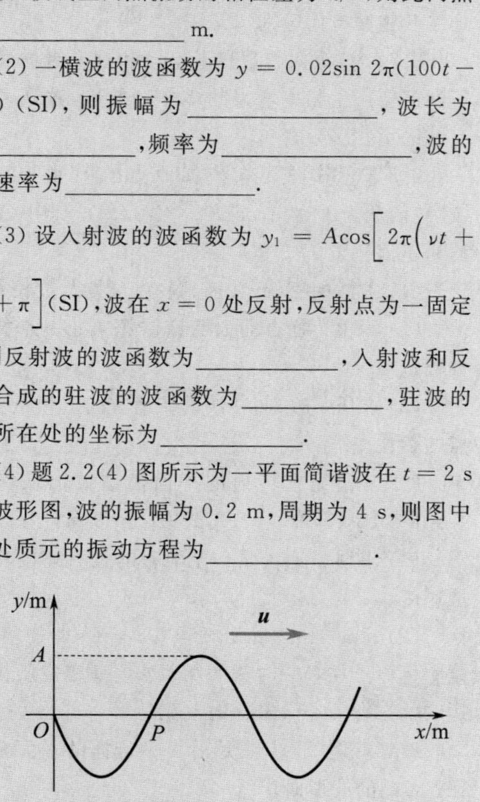

题 2.2(4) 图

(5) 一平面简谐波，频率为 1.0×10^{3} Hz，波速为 1.0×10^{3} m/s，振幅为 1.0×10^{4} m，在横截面面积为 4.0×10^{-4} m^2 的管内传播，若管中介质的密度为 8.0×10^{2} kg/m^3，则该波的能量密度为__________，该波在 60 s 内垂直通过横截面的总能量为________.

(6) 设一警报器的频率为 1 000 Hz，一汽车以 15 m/s 的速度运动. 若汽车离开警报器，则驾驶员接收到的频率为__________；若汽车驶近警报器，则驾驶员接收到的频率为__________.

2.3　产生机械波的条件是什么？两列波叠加产生干涉现象必须满足什么条件？满足什么条件的两列波叠加后才能形成驻波？在什么情况下会出现半波损失？

2.4　波长、波速、周期和频率这四个物理量中，哪些量由传播介质决定？哪些量由波源决定？

2.5　波速和介质质元的振动速度相同吗？它们各表示什么意思？波的能量是以什么速度传播的？

2.6　振动和波动有什么区别和联系？平面简谐波的波函数和简谐振动的振动方程有什么不同？又有什么联系？振动曲线和波形曲线有什么不同？行波和驻波有何区别？

2.7　波源向着观察者运动和观察者向着波源运动都会产生频率增大的多普勒效应，这两种情况有何区别？

2.8　已知波源在坐标原点的一列平面简谐波，波函数为 $y = A\cos(Bt - Cx)$(SI)，其中，A、B、C 均为正值恒量.

(1) 求波的振幅、波速、频率、周期与波长；

(2) 写出传播方向上距离波源 l 处一点的振动方程；

(3) 求任一时刻，在波的传播方向上相距 d 的两点的相位差.

2.9　沿绳子传播的平面简谐波的波函数为 $y = 0.05\cos(10\pi t - 4\pi x)$，式中 x、y 以 m 计，t 以 s 计.

(1) 求绳子上各质点振动时的最大速度和最大加速度；

(2) 求 $x = 0.2$ m 处质点在 $t = 1$ s 时的相位，它是坐标原点在哪一时刻的相位？这一相位所代表的运动状态在 $t = 1.25$ s 时刻到达哪一点？

2.10　题 2.10 图是沿 x 轴传播的平面余弦波在 t 时刻的波形曲线.

(1) 若波沿 x 轴正方向传播，该时刻 O、A、B、C 各点的振动相位是多少？

(2) 若波沿 x 轴负方向传播，上述各点的振动相位又是多少？

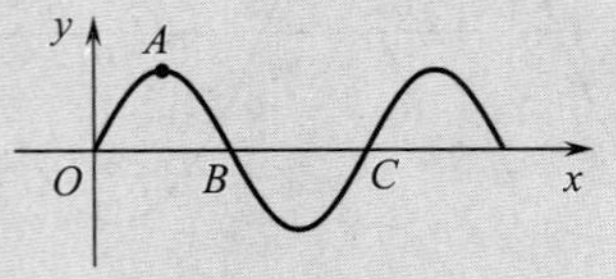

题 2.10 图

2.11　一列平面余弦波沿 x 轴正方向传播，波速为 5 m/s，波长为 2 m，坐标原点处质点的振动曲线如题 2.11 图所示.

(1) 写出波函数；

(2) 作出 $t = 0$ 时的波形图及距离波源 0.5 m 处质点的振动曲线.

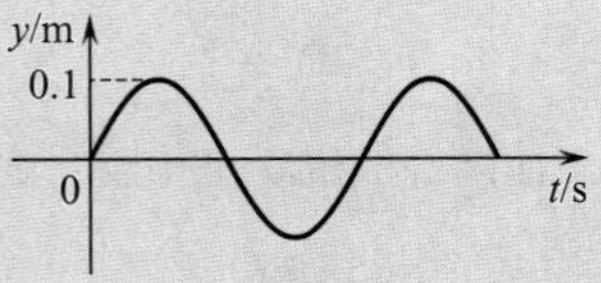

题 2.11 图

2.12　如题 2.12 图所示，已知 $t = 0$ 时和 $t = 0.5$ s 时的波形曲线分别为图中曲线(a)和(b)，周期 $T > 0.5$ s，波沿 x 轴正方向传播，试根据图中给出的条件，求：

(1) 波函数；

(2) P 点的振动方程.

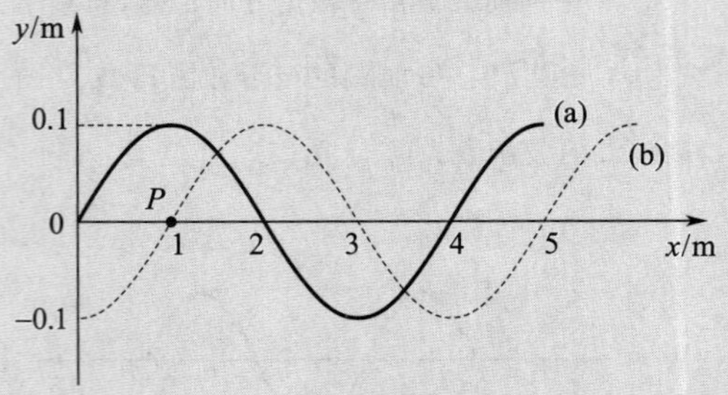

题 2.12 图

2.13　一列机械波沿 x 轴正方向传播，$t = 0$ 时的波形曲线如题 2.13 图所示，已知波速为 10 m/s，波长为 2 m，求：

(1) 波函数；

(2) P 点的振动方程及振动曲线；

(3) P 点的坐标；

(4) P 点回到平衡位置所需的最短时间.

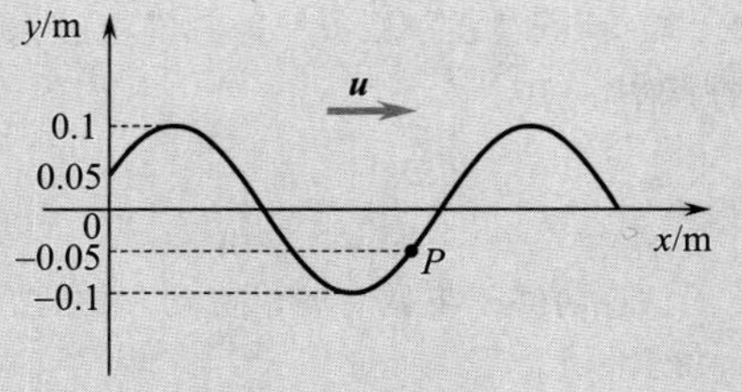

题 2.13 图

2.14　如题 2.14 图所示,有一平面简谐波在空间传播,已知 P 点的振动方程为 $y_P = A\cos(\omega t + \varphi_0)$(SI).

(1) 分别就图中给出的两种坐标写出其波函数;

(2) 写出与 P 点的距离为 b 的 Q 点的振动方程.

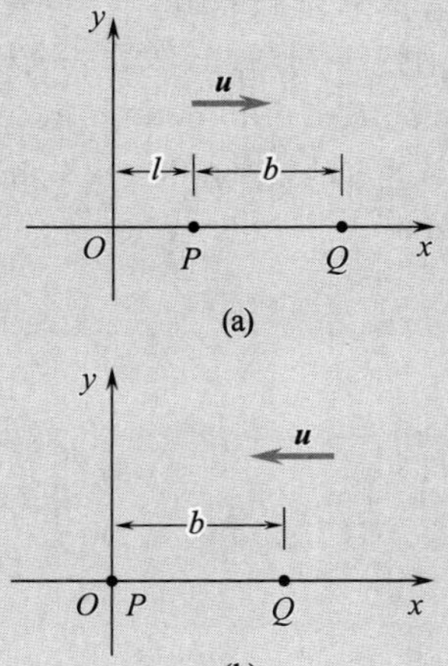

题 2.14 图

2.15　已知一平面简谐波的波函数为 $y = A\cos\pi(4t + 2x)$(SI).

(1) 写出 $t = 4.2$ s时各波峰位置的坐标式,并求此时离坐标原点最近的一个波峰的位置,该波峰何时通过坐标原点?

(2) 画出 $t = 4.2$ s 时的波形曲线.

2.16　题 2.16 图中(a) 表示 $t = 0$ 时刻的波形曲线,题 2.16 图中(b) 表示坐标原点($x = 0$) 处质元的振动曲线,试求此波的波函数,并画出 $x = 2$ m 处质元的振动曲线.

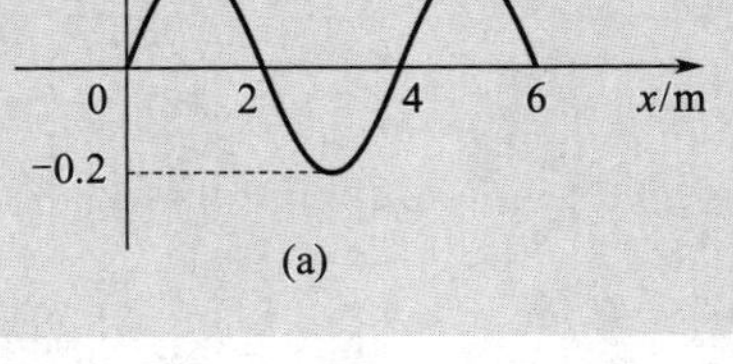

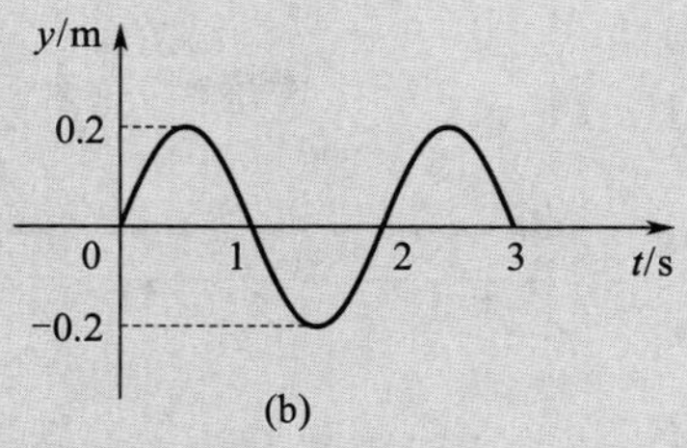

题 2.16 图

2.17　一平面余弦波沿直径为 14 cm 的圆柱形管传播,波的强度为 18.0×10^{-3} J/(m^2 · s),频率为 300 Hz,波速为 300 m/s,求波的平均能量密度和最大能量密度.

2.18　如题 2.18 图所示,S_1 和 S_2 为两相干波源,振幅均为 A_1,相距 $\frac{\lambda}{4}$,S_1 的相位较 S_2 超前 $\frac{\pi}{2}$,求:

(1) S_1 外侧各点的合振幅和强度;

(2) S_2 外侧各点的合振幅和强度.

题 2.18 图

2.19　如题 2.19 图所示,设 B 点发出的平面横波沿 BP 方向传播,它在 B 点的振动方程为 $y_1 = 2\times10^{-3}\cos 2\pi t$;$C$ 点发出的平面横波沿 CP 方向传播,它在 C 点的振动方程为 $y_2 = 2\times10^{-3}\cos(2\pi t + \pi)$,本题中 y 以 m 计,t 以 s 计. 设 $BP = 0.4$ m,$CP = 0.5$ m, 波速 $u = 0.2$ m/s,求:

(1) 两列波传到 P 点时的相位差;

(2) 当这两列波的振动方向相同时,P 点处合振动的振幅.

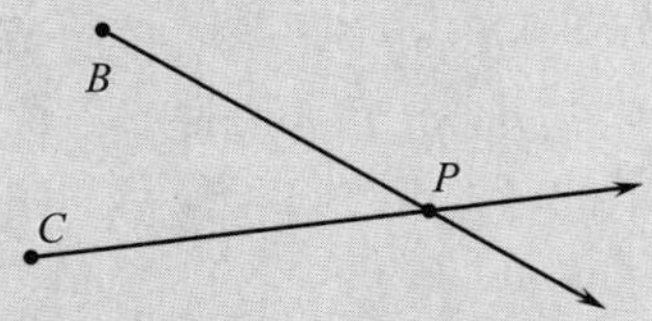

题 2.19 图

2.20　一平面简谐波沿 x 轴正方向传播,如题 2.20 图所示. 已知振幅为 A,频率为 ν,波速为 u(SI).

(1) 若 $t = 0$ 时,坐标原点 O 处的质元正好由平衡位置向位移正方向运动,写出此波的波函数;

(2) 若从界面反射的波的振幅与入射波的振幅相等,试写出反射波的波函数,并求 x 轴上因入射波与反射波干涉而静止的各点的位置.

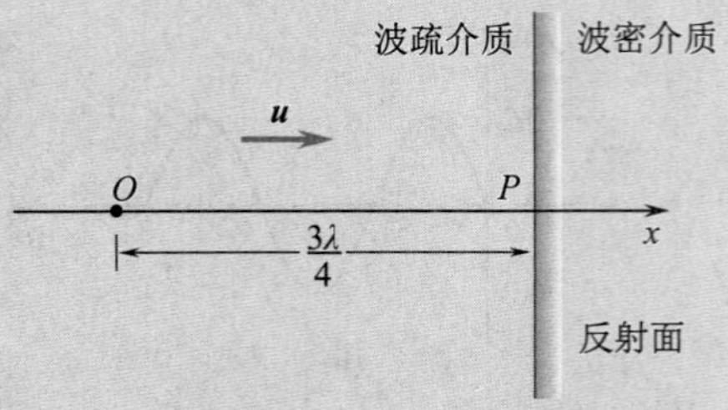

题 2.20 图

2.21　一驻波方程为 $y=0.02\cos 20x\cos 750t$ (SI),求:

(1) 形成此驻波的两列行波的振幅和波速;

(2) 相邻两波节间的距离.

2.22　在弦上传播的横波,它的波函数为 $y_1=0.1\cos(13t+0.0079x)$ (SI),试写出一个波函数,使它表示的波能与这列已知的横波叠加形成驻波,并在 $x=0$ 处为波节.

2.23　两列波在一根很长的细绳上传播,它们的波动方程分别为

$$y_1=0.06\cos(\pi x-4\pi t)\ (\text{SI})$$

$$y_2=0.06\cos(\pi x+4\pi t)\ (\text{SI})$$

(1) 试证明绳子将做驻波式振动,并求波节、波腹的位置;

(2) 波腹处的振幅为多大? $x=1.2$ m处的振幅为多大?

2.24　一汽车驶过车站时,车站上的观察者测得汽笛声的频率由 1 200 Hz 变成了 1 000 Hz,设空气中声速为 330 m/s,求汽车的速率.

2.25　两列火车分别以 72 km/h 和 54 km/h 的速度相向而行,第一列火车发出一个频率为 600 Hz 的汽笛声,若声速为 340 m/s,问第二列火车上的观察者听见该声音的频率在两列火车相遇前和相遇后分别是多少?

第3章 几何光学

几何光学是以光的直线传播性质为基础，以几何作图为手段，研究光在透明介质中传播以及反射、折射成像问题的一门学科．几何光学的理论基础是光的直线传播定律、光的独立传播定律、光的反射定律和折射定律，以及全反射．几何光学撇开了光的波动性，应用几何光学得出的结论是近似的．但应用几何光学的方法比较简单，并能解决许多实际的应用问题．几何光学的基本定律是光学仪器设计的理论依据，因此光学中的许多问题也都采用几何光学的方法来解决．

本章主要介绍几何光学的基本原理，以及应用它们讨论单球面成像，并以此为基础来讨论透镜、共轴球面系统、眼睛的成像及常用到的光学仪器（如放大镜、显微镜等）的工作原理．

本章提要

3.1 几何光学的基本定律

1. 光的直线传播定律

光在均匀介质中沿直线传播. 利用该定律可以很好地解释影子的形成以及日食、月食等现象.

2. 光的独立传播定律

不同的光线以不同的方向通过空间某一点时彼此不产生影响. 利用该定律可以使对光线的研究大为简化.

3. 反射定律和折射定律

当一束光投射到两种介质的界面上时，一部分光被反射回原来的介质中，另一部分光则通过界面进入第二种介质. 前者叫作反射光线，后者叫作折射光线. 它们分别遵循光的反射定律和折射定律.

(1) 反射定律：反射光线 OB 位于入射光线 AO 和法线 NO 所确定的平面内(见图 3.1)，且反射角 i_1' 与入射角 i_1 相等.

(2) 折射定律：折射光线 OC 位于入射光线 AO 和法线 NN' 所确定的平面内，并和入射光线分居于法线的两侧(见图 3.2)，且入射角 i_1 的正弦和折射角 i_2 的正弦之比等于第二种介质的折射率与第一种介质的折射率之比，即

$$\frac{\sin i_1}{\sin i_2}=\frac{n_2}{n_1} \tag{3.1}$$

折射定律仅在各向同性的介质中成立.

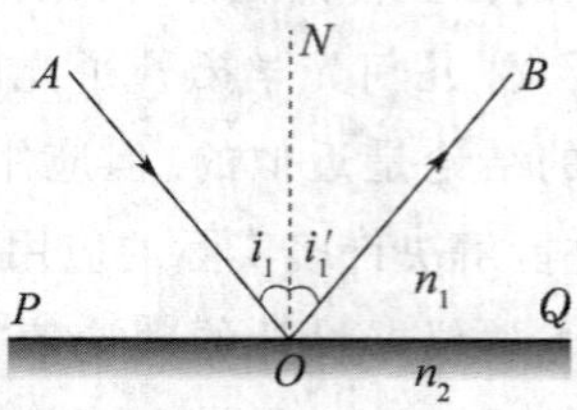

图 3.1　反射定律

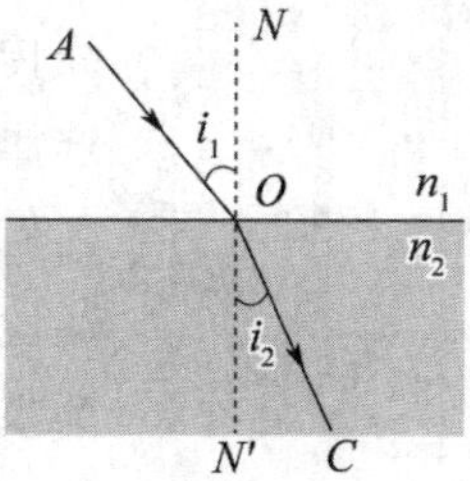

图 3.2　折射定律

4. 全反射

全反射是指当光线从光密介质(折射率为 n_2)射向光疏介质(折射率为 n_1)，并且入射角大于某一特定角度$\left(\text{临界角}, i_c=\arcsin\frac{n_2}{n_1}\right)$时，光线完全不能进入光疏介质，而是全部返回原介质中的现象，如图 3.3 所示. 这一现象的应用非常广泛，特别是在光纤通信领域，光纤内部的玻璃芯具有较高的折射率，而外层包层的折射率较低. 当光线在光纤内部传播时，只要入射角大于临界角，光线就会在玻璃芯与

外层包层的界面上发生全反射，从而实现长距离传输而不损失能量.

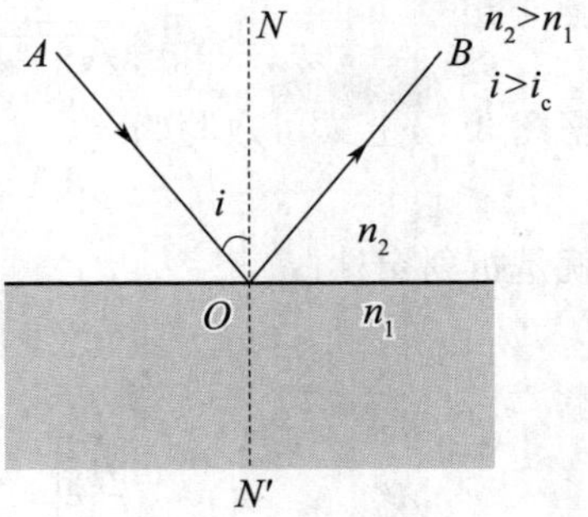

图 3.3 全反射

5. 费马原理

光从空间一点到另一点总是沿着光程为极值的路径传播，这是费马于 1657 年首先提出的，称为费马原理，或称为光程最短原理. 光程是折射率 n 与几何路程 l 的乘积. 因此，费马原理的一般表达式为

$$\int_A^B n\mathrm{d}l = \text{极值}$$

费马原理只涉及光传播的路径，而不管光朝哪个方向传播，反向传播时，光程为极值的条件是相同的，所以光路是可逆的.

费马原理不是建立在实验基础上的定律，也不是从数学上导出的定理，而是一个基本假设，由费马原理可导出几何光学的三条实验定律.

(1) 光在同一均匀介质中传播时，因为两点间直线最短，光程最小，所以光沿直线传播.

(2) 光在介质界面的反射定律.

如图 3.4 所示，A 与 B 是折射率为 n 的均匀介质中的两点，设有一光线 APB 从 A 点经界面反射后射向 B 点，则其光程为

$$l = n\sqrt{a^2+x^2} + n\sqrt{b^2+(d-x)^2}$$

根据费马原理，光程应为极小值，所以

$$\frac{\mathrm{d}l}{\mathrm{d}x} = n\frac{1}{2}(a^2+x^2)^{-1/2}(2x) + n\frac{1}{2}[b^2+(d-x)^2]^{-1/2}2(d-x)(-1) = 0$$

上式可写成

$$\frac{x}{\sqrt{a^2+x^2}} = \frac{d-x}{\sqrt{b^2+(d-x)^2}}$$

根据图 3.4，上式可写成

$$\sin i = \sin i'$$

即

$$i = i'$$

这就是反射定律.

(3) 光在介质界面的折射定律.

如图 3.5 所示，光线从折射率为 n_1 的介质中的 A 点，经 P 点射到折射率为 n_2 的介质中的 B 点，其光程为

$$l = n_1\sqrt{a^2+x^2} + n_2\sqrt{b^2+(d-x)^2}$$

根据费马原理，光程应为极小值，所以

$$\frac{\mathrm{d}l}{\mathrm{d}x} = n_1\frac{1}{2}(a^2+x^2)^{-1/2}(2x) + n_2\frac{1}{2}[b^2+(d-x)^2]^{-1/2}2(d-x)(-1) = 0$$

上式可写成

$$n_1 \frac{x}{\sqrt{a^2+x^2}} = n_2 \frac{d-x}{\sqrt{b^2+(d-x)^2}}$$

根据图 3.5,上式可改写为

$$n_1 \sin i = n_2 \sin r$$

这就是折射定律.

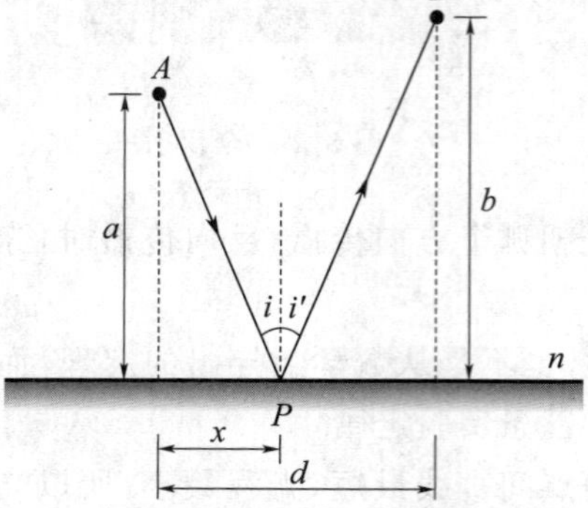

图 3.4　由费马原理推导反射定律

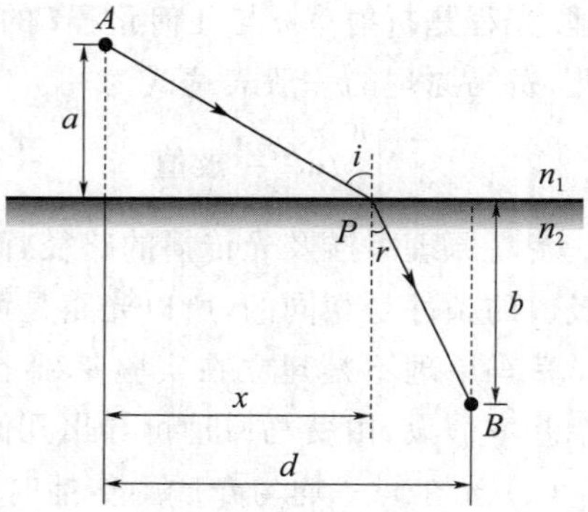

图 3.5　由费马原理推导折射定律

另外,由费马原理还可以证明理想光学成像系统的一个重要性质:由物点发出的光线通过同样的光学系统到达像点,不管光线经何路径,都是等光程的.这个性质对任何复杂的光学系统都适用,如使用透镜可以改变光的传播方向,但不会产生附加的光程差.

3.2　球面折射

3.2.1　单球面折射

当光线由一种介质进入另一种介质,且两种介质的分界面是球面的一部分时,所产生的折射现象叫作**单球面折射**.单球面折射是最简单的光学系统之一.单球面折射的规律是研究各种透镜成像和眼睛光学系统的基础.

如图 3.6 所示,有两种均匀透明介质,折射率分别为 n_1 和 n_2($n_1 < n_2$),MA 是一折射球面,C 是它的曲率中心,r 为曲率半径,S 为一单色发光点,也就是要研究的物点,通过 S、C 两点的直线称为主光轴,主光轴与球面相交于 A 点,A 点称为顶点,从 S 点处发出的光线,沿主光轴方向入射的光线不改变方向,而沿近光轴的任一方向 SM 行进的光线经折射后均与主光轴交于 P 点,P 点就是点光源 S 的像.

物点 S 到顶点 A 的距离称为物距,以 u 表示;像点 P 到顶点 A 的距离称为像距,以 v 表示;曲率中心 C 到顶点 A 的距离为球面的半径,以 r 表示.现在以近轴光线为条件,以折射定律为基础,找出物距 u 与像距 v 之间的关系.在图 3.6 中,虚线 CN 为过 M 点的法线,i_1 为入射角,i_2 为折射角,各角之间的关系为

$$i_1 = \alpha + \theta \tag{3.2}$$

$$i_2 = \theta - \beta \tag{3.3}$$

根据折射定律，入射角 i_1 与折射角 i_2 满足

$$\frac{\sin i_1}{\sin i_2} = \frac{n_2}{n_1}$$

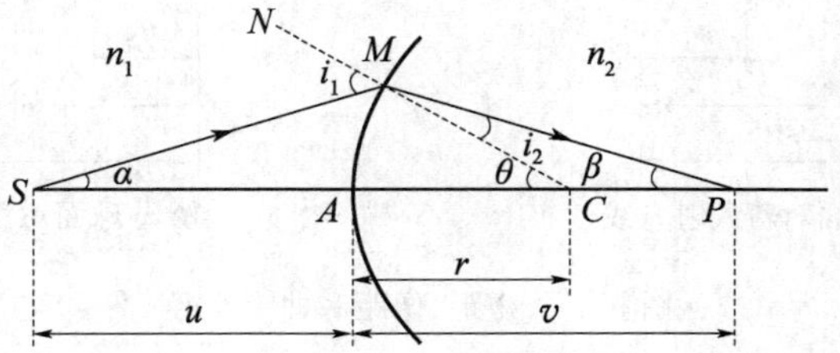

图 3.6 单球面折射

我们只研究近轴光线，即 α 角很小，MA 的长度比 u、v、r 都小得多，因此入射角 i_1、折射角 i_2 都很小，$\sin i_1$ 和 $\sin i_2$ 可以分别用 i_1 和 i_2 来代替，于是折射定律可以写成

$$n_1 i_1 = n_2 i_2 \tag{3.4}$$

将式(3.2)、式(3.3) 代入式(3.4)，得

$$n_1(\alpha + \theta) = n_2(\theta - \beta)$$

移项后，得

$$n_1\alpha + n_2\beta = (n_2 - n_1)\theta \tag{3.5}$$

因为 α、β、θ 都很小，所以 $\alpha = \dfrac{MA}{u}$，$\beta = \dfrac{MA}{v}$，$\theta = \dfrac{MA}{r}$，代入式(3.5) 并消去 MA，得

$$\frac{n_1}{u} + \frac{n_2}{v} = \frac{n_2 - n_1}{r} \tag{3.6}$$

式(3.6) 称为单球面成像公式，下面对该公式给出如下说明.

(1) 式(3.6) 适用于一切凸的或凹的折射球面.

(2) 物距 u、像距 v、半径 r 均以顶点 A 为计算起点.

(3) 在应用式(3.6) 时应遵循几何光学的符号法则：实物、实像距离均取正，虚物、虚像距离均取负；凸球面迎着入射光线，则 r 为正，反之为负.

什么是实物和虚物？对所研究的折射面来说，如果入射光束是发散的，则相应的发光点称为实物；如果入射光束是会聚的，则其延长线的交点称为虚物.

什么是实像和虚像？对所研究的折射面来说，如果折射光束是会聚的，则会聚点称为实像；如果折射光束是发散的，则其延长线的交点称为虚像.

在图 3.7(a) 中，S_1 为实物（发散的入射光束的顶点），u_1 取正值；P_1 为虚像（发散的折射光束的顶点），v_1 取负值；凹球面对着入射光线，曲率半径 r_1 取负值. 在图 3.7(b) 中，S_2 为虚物（会聚的入射光束的顶点），u_2 取负值；P_2 为实像（会聚的折射光束的顶点），v_2 取正值；凸球面对着入射光线，曲率半径 r_2 取正值.

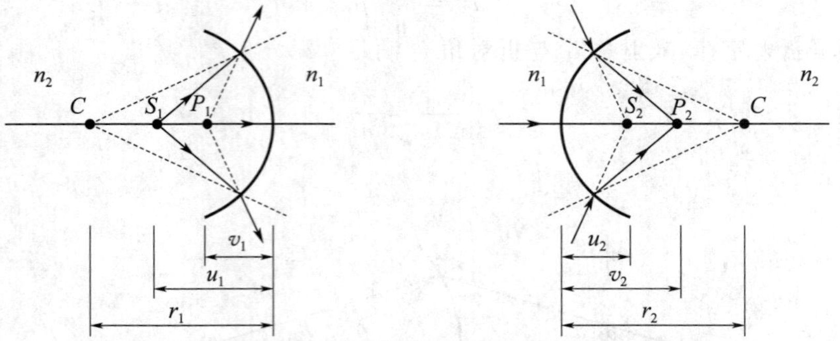

(a) 凹球面对着入射光线 (b) 凸球面对着入射光线

图 3.7 物距、像距和曲率半径

下面利用式(3.6) 讨论物点在主光轴上的两种特殊情况.

当点光源位于主光轴上某点 F_1 处时,如果它发出的光束经折射后变为平行光束,如图3.8(a) 所示,那么 F_1 点就称为物方焦点,从 F_1 点到折射面顶点 A 的距离称为物方焦距,用 f_1 表示. f_1 的值可通过将 $u=f_1, v=\infty$ 代入式(3.6) 求得,即

$$f_1=\frac{n_1}{n_2-n_1}r \tag{3.7}$$

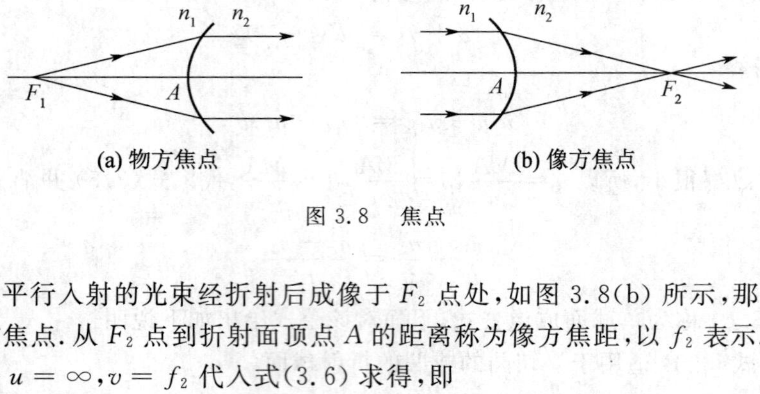

(a) 物方焦点 (b) 像方焦点

图 3.8 焦点

如果平行入射的光束经折射后成像于 F_2 点处,如图 3.8(b) 所示,那么 F_2 点称为像方焦点. 从 F_2 点到折射面顶点 A 的距离称为像方焦距,以 f_2 表示. f_2 的值可通过将 $u=\infty, v=f_2$ 代入式(3.6) 求得,即

$$f_2=\frac{n_2}{n_2-n_1}r \tag{3.8}$$

从式(3.7) 和式(3.8) 可以看出,焦距 f_1 和 f_2 可能是正数,也可能是负数. 当 f_1 和 f_2 为正数时,F_1 和 F_2 是实焦点,折射面有会聚光线的作用;当 f_1 和 f_2 为负数时,F_1 和 F_2 是虚焦点,折射面有发散光线的作用. 上面两式相除可得 $\frac{f_1}{f_2}=\frac{n_1}{n_2}$. 因为两种介质的折射率一般不相等,即 $n_1 \neq n_2$,所以对同一折射面而言,它的两个焦距是不相等的. 球面的曲率半径 r 越大,焦距 f_1 和 f_2 就越长,折射本领就越差. 因此常用介质的折射率与该侧焦距的比值来表示折射本领,称为折射面的焦度,俗称屈光度(diopter,D),用 φ 表示,单位是 m^{-1}($1\ D=1\ m^{-1}=100$ 度).

$$\varphi=\frac{n_1}{f_1}=\frac{n_2}{f_2}=\frac{n_2-n_1}{r} \tag{3.9}$$

折射面的焦度与折射面的曲率半径 r 成反比，同时也与介质的折射率有关.两侧介质的折射率 n_2 和 n_1 相差越大，f_1 和 f_2 就越短，φ 就越大，即折射本领越强.

例 3.1 某种液体($n_1 = 1.3$)和玻璃($n_2 = 1.5$)的界面为球面.在液体中有一个物体放在这个折射球面的主光轴上离球面 39 cm 处，并在球面前 30 cm 处成一虚像.求该折射球面的曲率半径，并指出哪一种介质处于折射球面的凹侧.

解 根据题意，将 $n_1 = 1.3, n_2 = 1.5, l = 39\ \text{cm}, l' = -30\ \text{cm}$ 代入单球面成像公式(3.6)，有

$$\frac{1.3}{39\ \text{cm}} + \frac{1.5}{-30\ \text{cm}} = \frac{1.5 - 1.3}{r}$$

解得 $r = -12$ cm.

因为 r 为负值，根据符号法则可以判断，该折射球面的凹面对着入射光线，即液体处于折射球面的凹侧.

3.2.2 共轴球面系统

如果折射球面有多个，而且这些折射球面的曲率中心都在一条直线上，那么它们就组成了一个共轴球面系统，这一直线称为共轴球面系统的主光轴.

在共轴球面系统中求物体的像时，可依单球面成像公式采用逐次成像法计算.计算过程中，前一个折射球面所成的像，即为相邻的后一个折射球面的物，如此下去，直到求出最后所成的像为止.在应用逐次成像法时必须注意，当前一个折射球面的像作为后一个折射球面的物时，要判断物的虚实.

例 3.2 如图 3.9 所示，一空气中的玻璃球($n = 1.5$)的半径为 10 cm，一点光源放在玻璃球前 40 cm 处，求近轴光线通过玻璃球后所成的像.

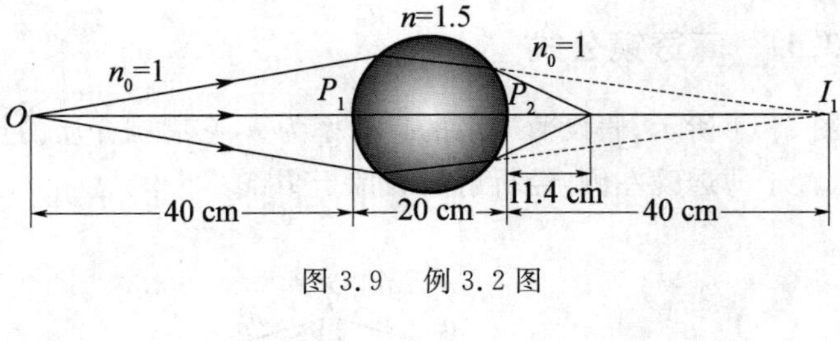

图 3.9 例 3.2 图

解 对于第一个折射面，$n_1 = 1, n_2 = 1.5, u_1 = 40\ \text{cm}, r = 10\ \text{cm}$，利用式(3.6)有

$$\frac{1}{40\ \text{cm}} + \frac{1.5}{v_1} = \frac{1.5 - 1}{10\ \text{cm}}$$

解得 $v_1 = 60$ cm.如果没有第二个折射面，像 I_1 应位于玻璃球的第一个折射面顶点 P_1 后面 60 cm 处.像 I_1 对第二个折射面来说是物，由于像 I_1 位于第二个折射面的后面，故像 I_1 是虚物，因此，对于第二个折射面，$n_1 = 1.5, n_2 = 1, r = -10$ cm，

$$u_2 = -(P_1I_1 - P_1P_2)$$
$$= -(60 - 20)\text{cm} = -40\ \text{cm}(\text{虚物})$$

再次利用式(3.6),得

$$\frac{1.5}{-40\ \text{cm}} + \frac{1}{v_2} = \frac{1-1.5}{-10\ \text{cm}}$$

解得

$$v_2 = 11.4\ \text{cm}$$

整个成像过程如图 3.9 所示,最后成像在玻璃球后 11.4 cm 处.

3.3 透　镜

透镜是由两个折射球面构成的共轴球面系统. 图 3.10 所示是各种类型的透镜,一般这些透镜均由玻璃等透明物质磨制而成. 中央比边缘厚的透镜叫作凸透镜,如图 3.10 中的 1、2、3 就是凸透镜;中央比边缘薄的透镜叫作凹透镜,如图 3.10 中的 4、5、6 就是凹透镜.

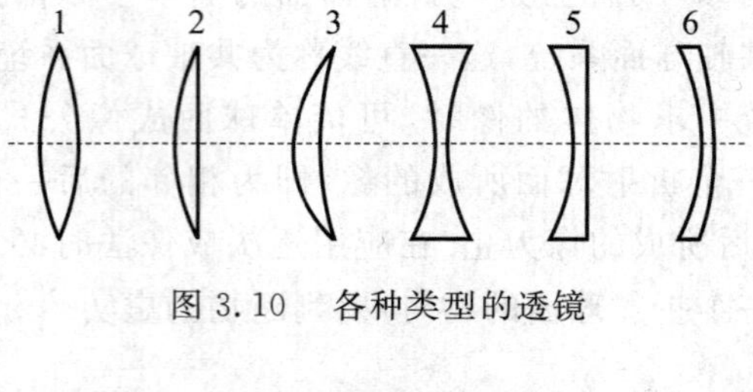

图 3.10　各种类型的透镜

如果透镜中央部分的厚度与两个球面的曲率半径相比可以忽略不计,这种透镜就叫作薄透镜,否则就叫作厚透镜. 厚透镜可看成由两个球面组成的共轴球面系统,因此它的成像可采用共轴球面系统的依次成像法求解. 本节仅讨论薄透镜的成像规律.

3.3.1　薄透镜公式

如图 3.11 所示,假设薄透镜的折射率为 n,它周围介质的折射率为 n_0,O 为发光物点,置于薄透镜左侧,经折射后成像于 I 点.

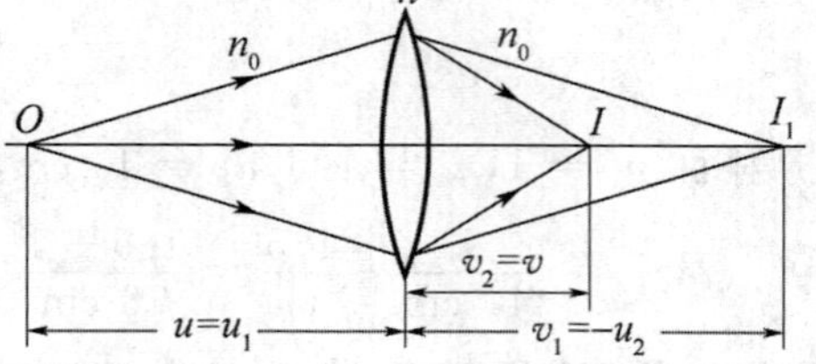

图 3.11　薄透镜成像

用 u_1、v_1、r_1 及 u_2、v_2、r_2 分别表示第一个折射面和第二个折射面的物距、像距与曲率半径；用 u 和 v 表示薄透镜的物距和像距. 由于薄透镜的厚度可以忽略不计，因此 $u_1 = u, u_2 = -v_1, v_2 = v$，将它们分别代入式(3.6)，得

$$\frac{n_0}{u} + \frac{n}{v_1} = \frac{n - n_0}{r_1} \quad \text{(对第一个折射面)}$$

$$\frac{n}{-v_1} + \frac{n_0}{v} = \frac{n_0 - n}{r_2} \quad \text{(对第二个折射面)}$$

两式相加，整理后，得

$$\frac{1}{u} + \frac{1}{v} = \frac{n - n_0}{n_0}\left(\frac{1}{r_1} - \frac{1}{r_2}\right) \tag{3.10}$$

式(3.10) 是薄透镜成像公式的一般形式.

如果薄透镜周围是空气，则 $n_0 = 1$，上式变为

$$\frac{1}{u} + \frac{1}{v} = (n-1)\left(\frac{1}{r_1} - \frac{1}{r_2}\right) \tag{3.11}$$

式(3.10) 和式(3.11) 都称为薄透镜成像公式，因推导时没有考虑 r_1 和 r_2 的正负号，所以它既适用于凸透镜，也适用于凹透镜. 应用式(3.10) 和式(3.11) 时符号法则与单球面成像公式的相同.

薄透镜有两个焦点和两个焦距，如果薄透镜两侧折射率相等，由式(3.10) 可以证明，两个焦距是相等的，其值为

$$f = \left[\frac{n - n_0}{n_0}\left(\frac{1}{r_1} - \frac{1}{r_2}\right)\right]^{-1} \tag{3.12}$$

薄透镜在空气中时，$n_0 = 1$，于是可得

$$f = \left[(n-1)\left(\frac{1}{r_1} - \frac{1}{r_2}\right)\right]^{-1} \tag{3.13}$$

将 f 的值代入式(3.10) 或式(3.11)，得

$$\frac{1}{u} + \frac{1}{v} = \frac{1}{f} \tag{3.14}$$

这正是薄透镜成像公式，或称为高斯公式.

薄透镜的焦距越短，其会聚(或发散) 本领越强. 因此常用焦度来表示折射本领，即

$$\varphi = \frac{1}{f} = \frac{n - n_0}{n_0}\left(\frac{1}{r_1} - \frac{1}{r_2}\right) \tag{3.15}$$

焦度为正值时表示会聚透镜，焦度为负值时表示发散透镜. 配置眼镜时，人们常将透镜的焦度以“度” 为单位.

透镜具有放大和缩小作用，将像高 h' 与物高 h 的比值定义为线放大率，用 m 表示，由薄透镜成像公式可以证明

$$m = \frac{h'}{h} = \left|\frac{v}{u}\right| \tag{3.16}$$

在许多光学仪器，如显微镜的目镜和物镜中，都是将若干个薄透镜组合使用，以减少像差，提高透镜成像质量，这些透镜组成共轴系统，所成的像可以用逐次成像法求得. 即利用薄透镜成像公式(3.14)，先求物体经第一个透镜所成的像，再用

这个像作为第二个透镜的物，求出第二个透镜所成的像，以此类推，求得最后一个透镜所成的像，就是该透镜组所成的像.

下面举例说明求像的方法.

例 3.3 如图 3.12 所示，焦距分别为 f_1 和 f_2 的两薄透镜密接，求物距为 u 时像的位置.

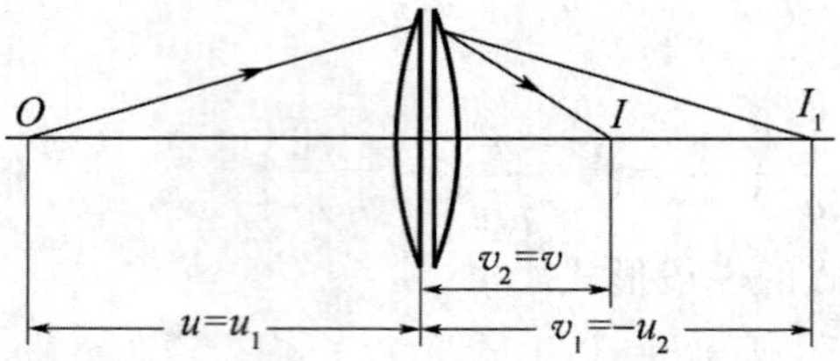

图 3.12 薄透镜组成像

解 设透镜组的厚度忽略不计，物体 O 通过第一个透镜后成像于 I_1，相应的物距和像距分别为 u 和 v_1，其关系为

$$\frac{1}{u}+\frac{1}{v_1}=\frac{1}{f_1}$$

对第二个透镜来说，$u_2=-v_1$（虚物），$v_2=v$，故有

$$\frac{1}{-v_1}+\frac{1}{v}=\frac{1}{f_2}$$

将以上两式相加，得

$$\frac{1}{u}+\frac{1}{v}=\frac{1}{f_1}+\frac{1}{f_2}$$

或写成

$$\frac{1}{u}+\frac{1}{v}=\frac{1}{f}$$

由此可求得像距 $v=\frac{fu}{u-f}$，式中 f 表示透镜组的等效焦距，满足 $\frac{1}{f}=\frac{1}{f_1}+\frac{1}{f_2}$. 如果用 φ_1、φ_2 和 φ 分别表示第一个透镜、第二个透镜和透镜组的焦度，则由于 $\frac{1}{f}=\frac{1}{f_1}+\frac{1}{f_2}$，故有

$$\varphi=\varphi_1+\varphi_2$$

上式常用来测定透镜的焦度. 例如，要测定一个近视眼镜片（凹透镜）的焦度，可以用不同的已知焦度的凸透镜来和它密接，找到等效焦度为零的组合，即光线通过透镜组既不会聚也不发散的组合，这时 $\varphi_1+\varphi_2=0$ 或 $\varphi_1=-\varphi_2$，即两透镜的焦度数值相等，符号相反.

3.3.2 像差

由于种种原因，一个简单透镜所成的像不是完好无缺的. 利用透镜成像公式时应满足下列条件：

① 入射光束为近轴光线；

② 透镜面为球面；

③ 入射光为单色光.

如果不符合以上三个条件，那么一个点光源通过简单透镜所成的像往往不是完全重合的点，这种现象称为像差.像差基本上可以分为两大类：一类是单色光成像时产生的像差，称为单色像差，如球面像差、像散、慧形像差、畸变和像场弯曲等；另一类是复色光成像时产生的像差，这类像差是由于介质的折射率与光的波长有关而引起的色像差，简称色差.此处仅介绍球面像差与色像差.

1. 球面像差

点光源所发出的单色光线通过透镜后不会聚于一点，这种像差称为球面像差，简称球差.如图 3.13(a) 所示，近轴光束 A 经透镜中央后的偏折较小，会聚在 F_A 处，远轴光束 B 通过透镜边缘后的偏折较大，成像在 F_B 处，可以看出近轴光和远轴光通过透镜的像点是不重合的，这就是造成球面像差的原因.

消除或减少球面像差的一种方法是在透镜前加一光阑以阻止远轴光通过[见图 3.13(b)]，只使近轴光通过.这种方法的缺点是减少了部分入射光，亮度略有下降.另一种方法是配一适当的发散透镜与其密接，因为发散透镜的边缘部分比中间部分更能发散，所以它具有与会聚透镜相反的球面像差，使远轴光通过时比近轴光通过时发散多些，从而和近轴光会聚于同一点上.这种方法的缺点是使透镜的焦度略有下降.

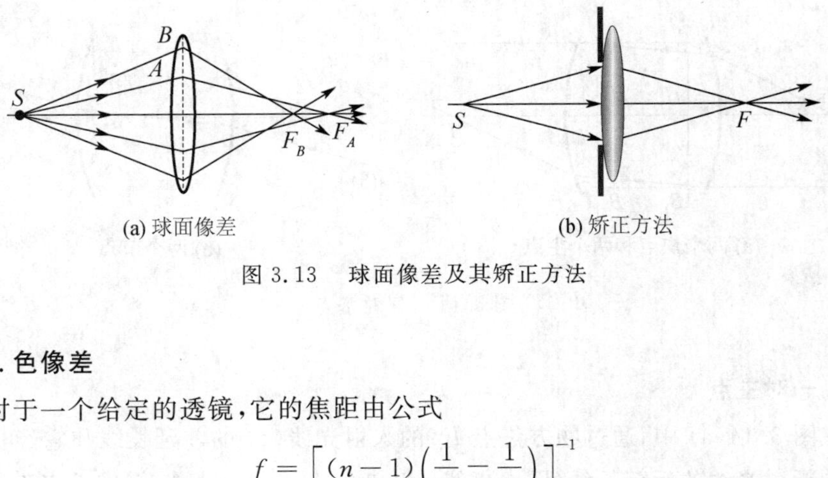

图 3.13　球面像差及其矫正方法

2. 色像差

对于一个给定的透镜，它的焦距由公式

$$f=\left[(n-1)\left(\frac{1}{r_1}-\frac{1}{r_2}\right)\right]^{-1}$$

确定，在 r_1、r_2 一定时，折射率越大，焦距 f 就越小.由于透镜对不同颜色光的折射率不同，因此透镜对不同颜色的光就有不同的焦距，透镜对红色光的焦距比其他光的焦距长，而紫色光的焦距最短，故白光经透镜后就不能形成清晰的点像，而是形成一个带有彩色边缘的环带，红色的在内环，紫色的在外环，这种现象称为透镜的色像差，简称色差.

由于不同材料的透镜的色散能力是不同的，且凸透镜和凹透镜产生的色散作用正好相反，因此常将不同材料的凸透镜和凹透镜组合起来使用.例如，冕牌玻璃的色散能力较火石玻璃弱,因此常将冕牌玻璃的凸透镜与火石玻璃的凹透镜组成复合透镜,使通过凸透镜产生的色散大部分被凹透镜抵消,以达到消除色差的目的.

3.4 共轴球面系统的基点和成像公式

根据前面的介绍,应用逐次成像法可以解决任意多个单球面所组成的共轴球面系统成像的问题,但是,当球面很多时,计算就很复杂了.可采用另一种方法,即把整个共轴球面系统看成一个整体,作为理想的光具组来处理,物像之间的关系完全由几个特殊的点和面确定,这些点和面就是共轴球面系统的基点和基面.利用基点和基面可简化求像问题.

3.4.1 共轴球面系统的三对基点

1. 一对焦点

任何共轴球面系统作为一个整体都可视为一理想光具组,其作用不外乎会聚和发散两种,因此它必定有一对等效的焦点.如图 3.14(a) 所示,若主光轴上某点 F_1 发出的光线(1) 通过折射后变成平行光,则 F_1 点称为该折射系统的物方焦点;若平行于主光轴的光线(2) 通过折射后与主光轴交于 F_2 点,则该点称为像方焦点.分别通过两焦点并垂直于主光轴的平面称为物方焦平面和像方焦平面.

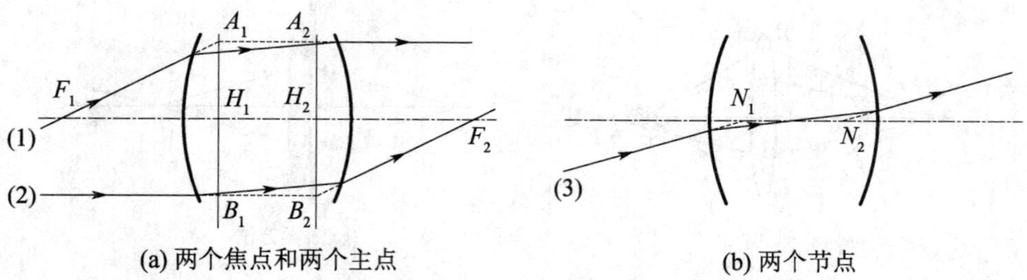

(a) 两个焦点和两个主点

(b) 两个节点

图 3.14 三对基点

2. 一对主点

在图 3.14(a) 中,通过物方焦点 F_1 的入射光线(1) 的前延长线和它经折射系统后的折射光线的后延长线(图中虚线) 相交于 A_1 点,通过 A_1 点作垂直于主光轴的平面 $A_1H_1B_1$,称为物方主平面,该面与主光轴的交点 H_1 称为物方主点.同样地,把平行于主光轴的入射光线(2) 与折射光线延长可作出折射系统的像方主平面 $A_2H_2B_2$,并得到像方主点 H_2.

由图 3.14(a) 可以看出,不管光线在折射系统中经过怎样的曲折路径,在效果上相当于在主平面上只发生一次偏折.因此,把 F_1 点到 H_1 点的距离作为物方焦距 f_1,物体到 H_1 点的距离作为物距 u,F_2 点到 H_2 点的距离作为像方焦距 f_2,像到 H_2 点的距离作为像距 v,即物距、像距、焦距从各侧对应的主平面算起.

3. 一对节点

在共轴球面系统的主光轴上还有两个特殊的点 N_1 和 N_2，它们类似于薄透镜的光心. 当光线以任意角度入射到 N_1 点时，折射光线都将以同样的角度从 N_2 点射出，即射到 N_1 点的入射光线，由 N_2 点射出，无方向变化，仅有平移，如图 3.14(b) 所示，N_1 和 N_2 分别称为系统的物方节点和像方节点.

3.4.2 成像作图法

根据三对基点的特性，当三对基点在共轴球面系统主光轴上的位置已知时，可以利用下列三条光线中的任意两条，作出物体通过共轴球面系统后所成的像(见图 3.15).

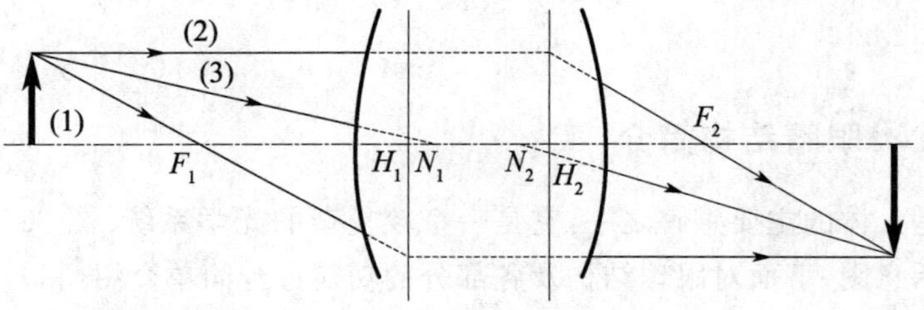

图 3.15 成像作图法

① 通过物方焦点 F_1 的光线(1) 在物方主平面折射后平行于主光轴射出.

② 平行于主光轴的光线(2) 在像方主平面折射后通过像方焦点 F_2 射出.

③ 通过物方节点 N_1 的光线(3) 从像方节点 N_2 沿平行于入射光的方向射出.

基点的位置取决于系统的具体条件，这里不作讨论. 需要注意的是，对于薄透镜，两个主点重合，两个节点重合，且位于光心处. 对于厚透镜，如果其两侧的折射率相同，则物方焦距等于像方焦距.

3.4.3 成像公式

下面以共轴系统两个主点和两个焦点为已知条件，推导物体的成像公式.

在图 3.16 中，H_1、H_2 为两个主点，F_1、F_2 为两个焦点，PQ 为一发光物体，RS 为根据上述作图法而得到的像.

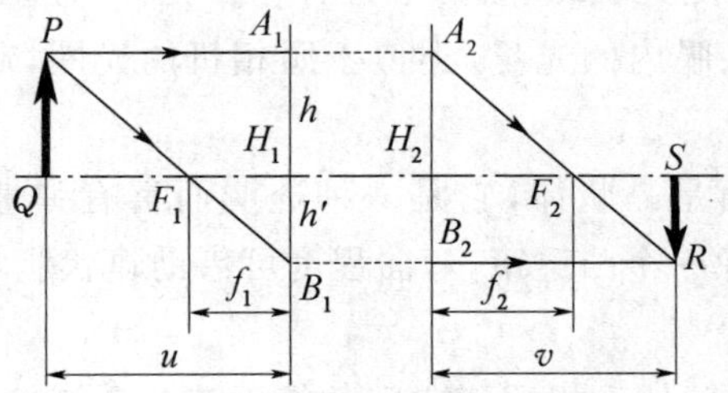

图 3.16 成像公式的推导

图 3.16 中 $\triangle PA_1B_1 \backsim \triangle F_1H_1B_1$,$\triangle RB_2A_2 \backsim \triangle F_2H_2A_2$,所以

$$\frac{f_1}{u} = \frac{h'}{h+h'}, \quad \frac{f_2}{v} = \frac{h}{h+h'}$$

两式相加,得

$$\frac{f_1}{u} + \frac{f_2}{v} = 1 \tag{3.17}$$

若系统两侧的折射率相同,此时有 $f_1 = f_2 = f$,上式可写成

$$\frac{1}{u} + \frac{1}{v} = \frac{1}{f}$$

该式与薄透镜成像公式的形式相同,但应注意式中 u、v、f 都是从相应的主平面算起的.

3.5 眼　　睛

3.5.1 眼睛结构简介

眼睛是人体的主要感官之一,它是一个较复杂的光学系统. 图 3.17 是眼球的水平剖面示意图,下面对眼球结构及各部分的功能进行简单介绍.

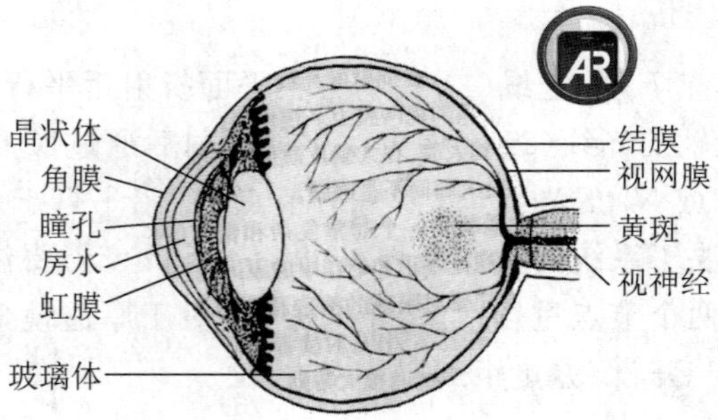

图 3.17　眼球的水平剖面示意图

角膜:位于眼球最前面的一层透明而坚韧的膜称为角膜,它是外界光线进入眼睛的门户,其折射率为 1.376.

房水:是一种透明的水晶状液体,填充于角膜与晶状体之间,其折射率为 1.336.

虹膜:房水的后面是虹膜. 虹膜的中央有一圆孔称为瞳孔,瞳孔的大小通过虹膜来改变,以调控进入眼内的光量,类似于照相机的光圈,起到光阑的作用,使视网膜成像清晰.

晶状体:虹膜后面是晶状体,它是一种透明而富有弹性的组织,其折射率为 1.406. 其两面凸出,像一个凸透镜,弯曲程度可借助睫状肌收缩而变化,因此有调节作用.

玻璃体:充满在晶状体和视网膜之间的折射率为 1.336 的透明胶状物称为玻璃体,也称为后房.

结膜:覆盖眼表的透明黏膜,有保护润滑等功能.

视网膜:眼球的内层称为视网膜,上面布满了视神经,是光线成像的地方,视网膜上正对瞳孔的一小块,对光的感觉最灵敏,叫作黄斑,被观察的物体可成像在黄斑中央凹处,并获得一清晰的像.

为了研究眼睛的成像问题,人们提出了许多眼睛的光学模型,如古氏平均眼模型、简约眼模型等.

1. 古氏平均眼模型

眼是一个由不同介质组成的共轴球面屈光系统,进入人眼的光线要通过一系列的折射面才能到达视网膜上. 古氏将复杂的眼睛作为共轴球面系统来考虑,根据组成该系统的各个介质的曲率半径、厚度和折射率,计算出该系统的三对基点. 古氏平均眼模型如图 3.18 所示.

2. 简约眼模型

根据折射定律 $n_1 \sin i_1 = n_2 \sin i_2$ 可知,折射光线偏离入射光线的程度(眼科称为屈光力)与两介质的比值有关,两介质的折射率相差越大,对光线的偏折作用越强. 角膜的折射率与空气的折射率之差为0.376,晶状体的折射率与周围房水的折射率之差为 0.07,可以看出在角膜处对光线的偏折作用最强,其他部位对光线的偏折作用较弱. 因此为了更方便地在生理学上进行描述,可以进一步将眼睛简化为一个只由两种介质组成的单球面屈光系统,称为简约眼模型,如图 3.19 所示,眼睛的前后径为 20 mm,单球面(角膜)的半径为5 mm,球内介质的平均折射率为 1.336,从而可以根据单球面成像公式计算.

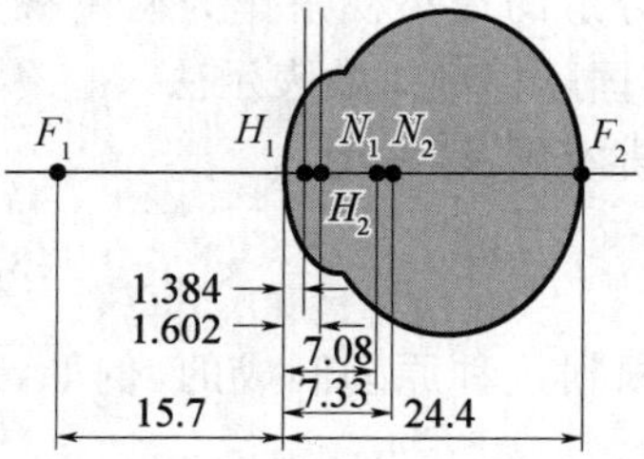

图 3.18　古氏平均眼模型

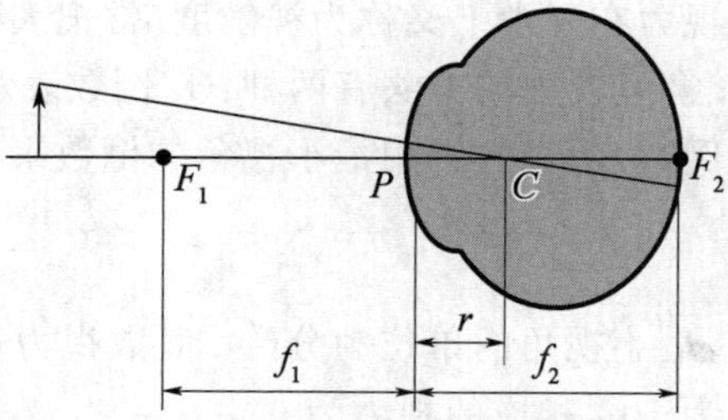

图 3.19　简约眼模型

3.5.2　眼的分辨本领和调节

1. 视角和最小视角

从物体的两端射到眼中节点的光线所夹的角度叫作视角. 视角决定物在视网膜上成像的大小. 视角越大,所成的像就越大,眼睛就越能看清楚物体的细节. 如图 3.20 所示,有两个大小不同的物体 A_1B_1 和 A_2B_2,由于它们对眼所张的视角相同,因此它们在视网膜上所成的像一样大,均为 $A'B'$,视角用 α 表示. 视角的数学表达式为

$$\alpha = \frac{h}{u} = \frac{h'}{v} \tag{3.18}$$

式中,h 为物高,u 为物到眼中节点 K 的距离,h' 为像高,v 为像到眼中节点 K 的距离.

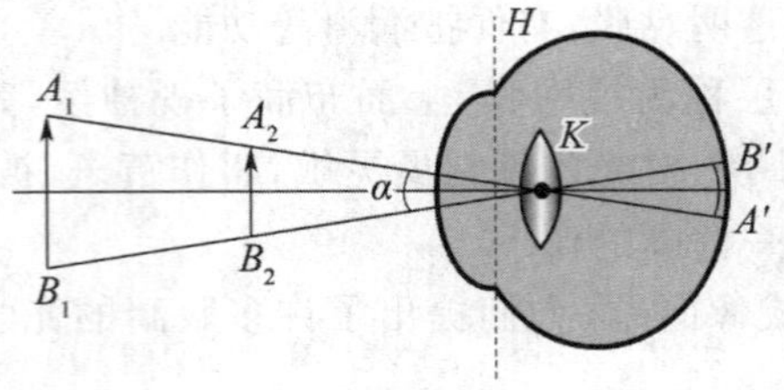

图 3.20　视角

正常人眼要看见一物体，前提是必须在视网膜上成清晰的像，而要分辨清物体的细节，视网膜上的像就必须足够大. 像的大小由视角确定，当视角小到一定程度时，人眼就无法分辨物体的细节，通常把人眼刚能辨清物体的细节所对应的视角称为最小视角($\alpha_{\min}$)，用最小视角可以表示人眼的分辨本领. 每个人的最小视角可能不同，最小视角越小，分辨本领越强，视力也越好，反之视力越差.

眼睛分辨清物体的细节有一定的极限，该极限受到两个因素的制约：一是光的衍射(光通过瞳孔时将发生衍射)，物体上相邻两点太近，会导致视网膜上两个像斑重叠过多，甚至无法区分；二是生理因素，视神经细胞有一定大小，而且相邻的两个细胞往往由一条视神经连接，当两个像斑落在相邻的两个细胞上时，人眼就无法感知两个像点了.

实验统计指出，若视角小于 $1'$，正常人眼就可能分不清远处的两个物点. 这也是判别视力正常与否的标准.

2. 视力

视力在医学上又称为视敏度. 常把人眼所能分辨的最小视角作为衡量视力的标准. 衡量视力的方法有两种：① 倒数表示法；② 国际标准对数表示法.

倒数表示法：常用最小视角的倒数来表示分辨本领，即视力

$$V = \frac{1}{\alpha_{\min}} \tag{3.19}$$

式中，最小视角的单位为分($'$). 对数视力表就是根据这种原理制成的，例如，最小视角为 $10'$，相应的视力为 0.1.

国际标准对数表示法：我国从 1990 年 5 月 1 日起实施新的标准对数视力表. 新标准视力 L 采用五分法记录，其优点是视力的分级更为精细.

$$L = 5 - \lg \alpha_{\min} \tag{3.20}$$

式中，最小视角 $\alpha_{\min}$ 的单位为分($'$). 根据此原理制成了国际标准对数视力表.

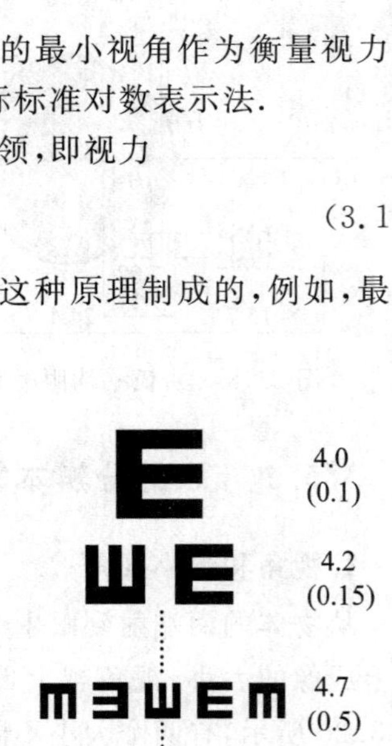

图 3.21　视力表

图 3.21 为视力表，由 14 行“E”字组成，各行“E”字大小不同，同一行“E”字的开口方向不同. 被检查者站在距离视力表 5 m 处，这时各行“E”字开口处的相邻两笔对眼的视角各不相同，被检查者应准确无误地自上而下说出“E”

字的开口方向，记录他能清晰辨认的最小一行视标，该行所表示的视力就是被检查者的视力(注意检查时要有适当的照明).

最小视角与视力的对应关系如表 3.1 所示.

表 3.1　最小视角与视力的对应关系

最小视角 α_{min}	视力		最小视角 α_{min}	视力	
	L	V		L	V
10′	4	0.1	1.995′	4.7	0.5
7.943′	4.1	0.12	1.585′	4.8	0.6
6.310′	4.2	0.15	1.259′	4.9	0.8
5.012′	4.3	0.2	1′	5.0	1.0
3.981′	4.4	0.25	0.794′	5.1	1.2
3.162′	4.5	0.3	0.631′	5.2	1.5
2.512′	4.6	0.4	0.501′	5.3	2.0

3. 眼的调节

由于角膜到视网膜的距离是不变的，而眼能使不同远近的物体在视网膜上成像，这主要靠改变晶状体的焦度来实现，眼睛改变焦度的本领叫作眼的调节.眼的调节是通过睫状肌的收缩与松弛来改变晶状体两凸面的曲率半径而实现的.眼的调节是有一定限度的，当观察远处的物体时，眼睛处于松弛状态，眼不调节时所能看到的远处物体的有限位置称为远点，正常人眼的远点在无穷远处.当观察近处的物体时，睫状肌处于收缩状态，眼睛进行最大限度的调节时所能看到的物体的最近位置称为近点.正常人眼的近点为10 ～ 12 cm.正常人眼连续工作不致引起过分疲劳的最佳近点位置为25 cm左右，这个距离又称为明视距离.近视眼的远点比正常人眼要近些，远视眼的近点则比正常人眼要远些.在人的一生中，眼的调节范围不是一成不变的，一般来说，随着年龄的增长，近点逐渐变远，远点逐渐变近，调节能力变弱.例如，儿童时期，近点在眼前 7 ～ 8 cm处，远点在无穷远处，此时眼的调节范围最大；到了中年时期，近点约在眼前25 cm处；到了老年时期，近点移到眼前 1 ～ 2 m 处，远点则移到眼前只有几米处，此时眼的调节范围就很小了.

正常眼的折光系统在无须调节的情况下，就可使来自远处物体的平行光线聚焦在视网膜上，因此可以看清远处的物体；经过调节，只要物体不小于近点距离，也可以看清.若眼球的形状异常，眼不调节时平行光线不能聚焦在视网膜上，则称为非正常眼，非正常眼包括近视眼、远视眼和散光眼.

到中老年时期，人眼的折光能力正常，但由于晶状体弹性减弱或丧失，调节能力变弱，看近物的能力减弱，就会成为老花眼，这是一种自然规律.

4. 近视眼及其矫正方法

有些人眼球的折光本领过强，或前后径过长，使来自远处物体的平行光线在视网膜之前就已聚焦，此后光线又开始分散，到达视网膜时形成扩散光斑，以致视物模糊(见图 3.22)，这种眼称为近视眼.

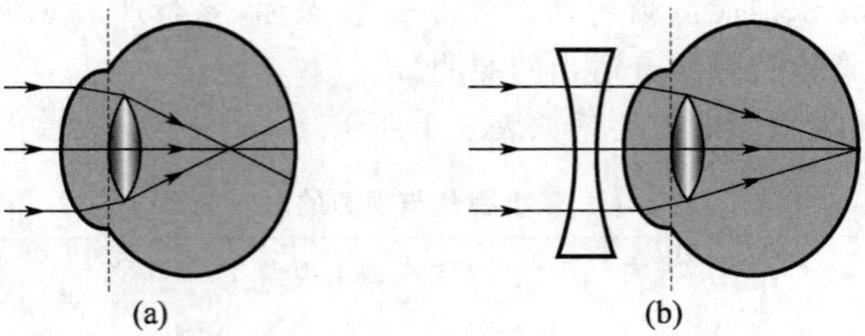

图 3.22　近视眼及其矫正方法

显然,近视眼的远点不在无穷远处.与正常眼相比,近视眼的远点近移,近点则更近一些.

近视眼的矫正方法是配一副适当度数的凹透镜,使光线在射到眼睛前经凹透镜适当发散,再经眼睛折射后会聚在视网膜上成一清晰像,所配的凹透镜能使无穷远处的平行光线成一虚像位于近视眼的远点处.根据共轴球面系统成像原理,这一虚像应作为近视眼的物,该虚物不用眼睛调节就可在视网膜上成像,使人看清物体.

例 3.4　某近视眼患者的远点在眼前 1 m 处,欲使其看清远处的物体,则应配多少度的眼镜?

解　近视眼要看清远处物体,应配一凹透镜使平行光线成一虚像位于近视眼的远点处.对于透镜,$u=\infty$,$v=-1\ \text{m}$,因为

$$\frac{1}{u}+\frac{1}{v}=\frac{1}{f}=\varphi$$

所以

$$\varphi=\frac{1}{\infty}+\frac{1}{-1\ \text{m}}=-1\ \text{D}=-100\ 度$$

即应配 100 度的凹透镜.

5. 远视眼及其矫正方法

远视眼是由于角膜、晶状体折射面的曲率半径过大,折光本领过弱,或眼球前后径过短,以致观看远处物体时,如果不调节,平行光线射入眼后,只能会聚在视网膜后面某处;或者说光线在到达视网膜时尚未会聚,在视网膜上形成模糊的像,引起视觉不清.从光学系统性能来看,远视眼的聚焦本领比正常眼要小.因此,远视眼的远点为一虚远点,在眼球后方某处,如图 3.23(a) 所示.远视眼的矫正方法[见图 3.23(b)]是配一副适当度数的凸透镜,该凸透镜的焦距正是远视眼远点的距离.

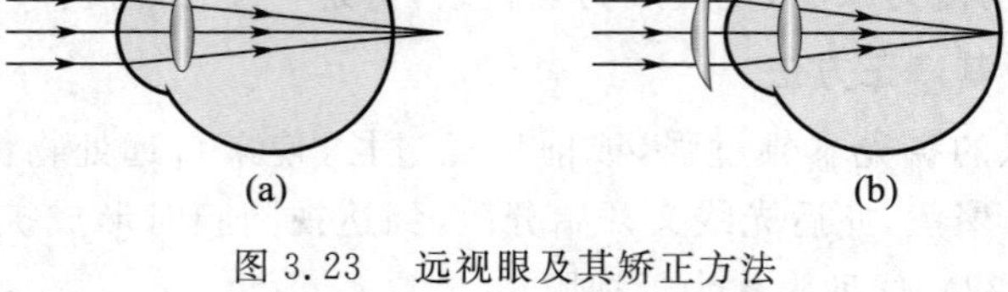

图 3.23　远视眼及其矫正方法

例 3.5 某远视眼患者的近点距离为 1.2 m，要看清眼前 12 cm 处的物体，则应配多少度的眼镜？

解 所戴眼镜应使眼前 12 cm 处的物体在眼前 1.2 m 处成虚像. 对于透镜，$u = 0.12\ \text{m}$，$v = -1.2\ \text{m}$，因为

$$\frac{1}{u} + \frac{1}{v} = \frac{1}{f} = \varphi$$

所以

$$\varphi = \frac{1}{0.12\ \text{m}} + \frac{1}{-1.2\ \text{m}} = 7.5\ \text{D} = 750\ 度$$

即应配 750 度的凸透镜.

6. 散光眼及其矫正方法

前面介绍的近视眼和远视眼都属于球面性屈光不正. 角膜表面是一球面(通过光轴的平面叫作子午面，子午面与角膜的交线叫作子午线)，它的任意子午线的半径是一样的. 所以由点光源发出的光线，经角膜折射后能相交于一点，只是像没有正好落在视网膜上. 散光眼则不同，在角膜上，不同方向的各条子午线的半径不相等，由物点发出的入射到角膜不同方位的光线在视网膜上不能会聚，即发生像散，会造成视物不清或视物变形. 所以散光眼是非对称的折射系统，角膜表面不再是球面.

图 3.24 为散光眼角膜成像示意图，设眼球纵子午线的半径最短，横子午线的半径最长，其他子午线的半径介于两者之间，从点光源发出的光线经角膜折射后，传播路径在纵子午面内的光线会聚于 I_V，传播路径在横子午面内的光线会聚于 I_H，传播路径在其他子午面内的光线会聚于 I_V 和 I_H 之间.

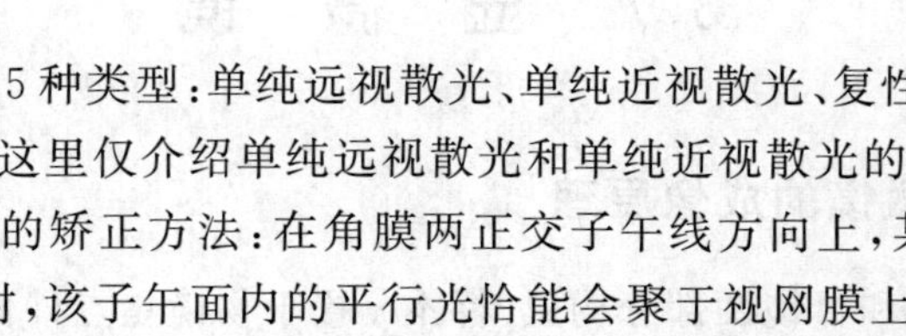

图 3.24 散光眼角膜成像示意图

散光眼可分为 5 种类型：单纯远视散光、单纯近视散光、复性远视散光、复性近视散光、混合散光. 这里仅介绍单纯远视散光和单纯近视散光的矫正方法.

单纯远视散光的矫正方法：在角膜两正交子午线方向上，某一子午线半径正常，即当眼不调节时，该子午面内的平行光恰能会聚于视网膜上，在该方向上视物清晰；另一子午线半径较大，该方向上的光会聚于视网膜后，视物不清，导致该方向远视. 矫正方法是配一副适当度数的凸圆柱透镜，镜轴平行于正常子午面. 这是因为凸圆柱透镜对平行于轴线方向子午面内的入射光无折射，对垂直于轴线方向子午面内的入射光会发生折射.

单纯近视散光的矫正方法:在角膜上两正交子午线方向上,某一子午线半径正常,另一子午线半径较小,导致该方向近视. 矫正方法是配一副适当度数的凹圆柱透镜,其镜轴方向平行于正常子午面.

3.6 放 大 镜

眼的分辨本领受到视角的制约,当人们观看细微的物体时,常把物体移近眼睛以增大其视角. 若物体离眼睛太近,则会受到眼睛调节能力的限制而看不清楚. 为了使物体成像于视网膜上,可在眼前放一会聚透镜,这样就可以将物体放在比近点更近的距离上来观察,以获得更大的视角,从而达到看清物体细节的目的,所加会聚透镜称为放大镜. 单片凸透镜就是一个简单的放大镜.

如图 3.25 所示,物体不通过仪器直接放在明视距离(0.25 m) 外对眼睛所张的视角为 β,利用光学仪器观察物体时,若光线通过仪器后对眼睛所张的视角为 γ,则两者的比值 γ/β 表示该光学仪器的角放大率,记为 α,即

$$\alpha = \frac{\gamma}{\beta} \tag{3.21}$$

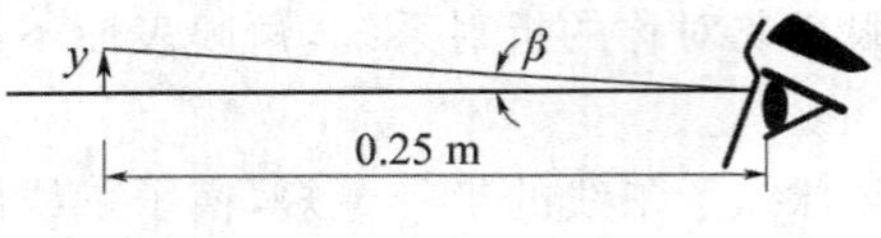

(a) 用眼睛直接观察

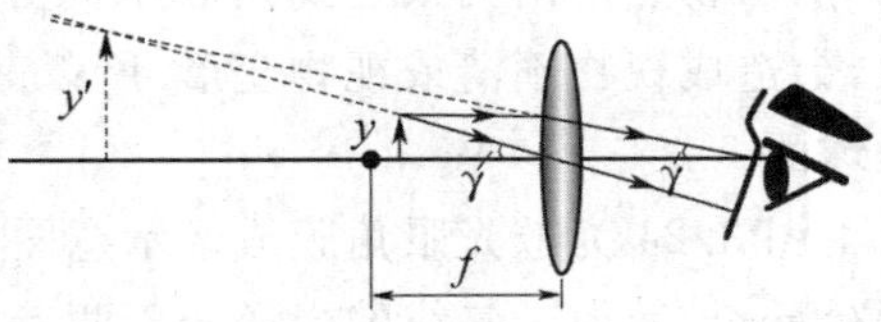
(b) 用放大镜观察

图 3.25 放大镜的放大原理

因为视角 β、γ 很小,所以可用对应的正切值之比表示放大镜的角放大率,即

$$\alpha = \frac{\gamma}{\beta} = \frac{\tan\gamma}{\tan\beta} = \frac{y/f}{y/0.25} = \frac{0.25}{f} \tag{3.22}$$

上式表明,放大镜的角放大率与它的焦距成反比. 实际的简单放大镜考虑到像差的影响,其焦距不可能太短,其放大倍数一般不超过 3 倍.

3.7 显 微 镜

3.7.1 显微镜的成像原理

显微镜由物镜和目镜两部分构成. 标本 y 置于物镜焦点外侧附近一点处,经物镜形成放大了的标本实像 y',该实像正好落在目镜的焦点内侧,目镜的作用就像一个放大镜,将这个实像进一步放大成虚像 y'' 而被眼睛所看到,显微镜的成像原理如图 3.26 所示.

根据角放大率的定义,显微镜的角放大率 M 为

$$M = \frac{\gamma}{\beta} = \frac{\tan \gamma}{\tan \beta}$$

而 $\tan \gamma = \frac{y'}{f_2}$（$f_2$ 是目镜的焦距），$\tan \beta = \frac{y}{0.25}$，所以

$$M = \frac{y'}{y} \cdot \frac{0.25}{f_2} \tag{3.23}$$

即显微镜的角放大率等于物镜的线放大率与目镜的角放大率的乘积. 显微镜配有放大倍数不同的物镜和目镜，使用时适当配合就可以获得不同的放大率.

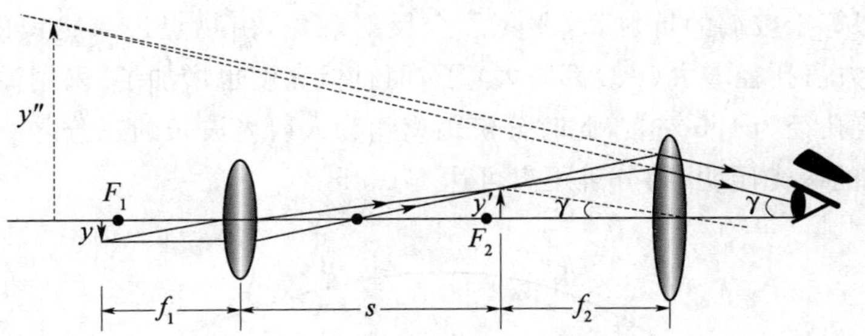

图 3.26　显微镜的成像原理

3.7.2　显微镜的分辨本领

利用显微镜能够更加清晰地观察物体的细节，但光具有波动性，这使得显微镜所能分辨的微细程度受到限制. 当点光源经过透镜这类圆孔后，因衍射效应，它所成的像不是一个理想的点，而是一个有一定大小的衍射光斑，因此，若物体上的两点相距很近，它们的衍射光斑就可能彼此重叠. 根据瑞利判据，当一个衍射光斑的中央正好与另一个衍射光斑的第一暗环重合时，它们所对应的物点就刚好能被分辨（见图 3.27），这时两物点间的距离称为瑞利极限. 小于该极限的两物点所成的衍射光斑，因重叠过多而不能被分辨，给人的感觉是一个物点所成的像. 所以，可以用被观察物体上能分辨的两点间的最短距离来衡量仪器的分辨本领，该距离称为分辨距离，用 Z 表示. Z 值越小，显微镜的分辨本领就越大.

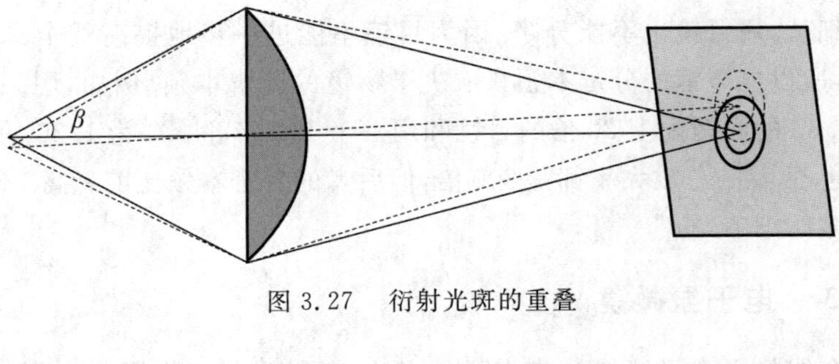

图 3.27　衍射光斑的重叠

阿贝（E. Abbe）提出显微镜物镜的分辨距离可以由下式表达：

$$Z = \frac{1.22\lambda}{2n\sin\beta} = \frac{0.61\lambda}{\text{N.A.}} \tag{3.24}$$

式中,β是被观察物体射到物镜边缘的光线与主光轴的夹角,n是物体与物镜间介质的折射率,λ是所用光波的波长.$n\sin\beta$叫作物镜的数值孔径,一般简写为N. A.,并标志在物镜上,它是反映物镜特性的重要参数.

阿贝公式揭示出提高显微镜分辨本领的两条途径.一条途径是设法增大物镜的数值孔径,即增大n和β的值.可采用油浸物镜,即在物镜与标本之间加几滴折射率较高的香柏油的方法.通常物镜外的介质是空气,称为干物镜.干物镜情形如图3.28左半部所示,从物点进入物镜的光束较窄,因为在盖玻片与空气的界面上,入射角大于42°的光都被全反射了.图3.28右半部所示为油浸物镜,因为香柏油的折射率近似等于玻璃的折射率,避免了全反射现象,由物点进入物镜的光锥就要宽些,不仅数值孔径增大(n、β都增大)了,而且像亮度也增加了.采用油浸物镜,可使最大数值孔径为1.5左右,此时分辨距离约为入射光波长的三分之一.若用波长为510 nm的绿光照明,则分辨距离可达170 nm.

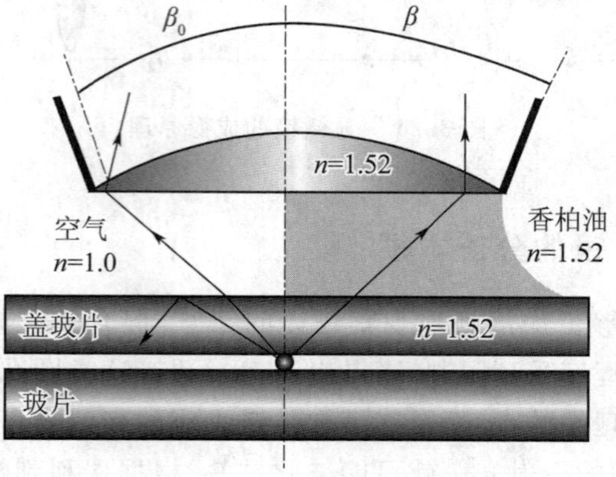

图3.28 干物镜和油浸物镜

提高分辨本领的另一条途径是利用波长较短的光线,例如,用紫外线($\lambda = 275$ nm)来代替可见光($\lambda = 550$ nm),就可以把分辨距离缩小一半,但因紫外线是不可见的,当采用紫外线时,应使用专门的镜头和摄像方法来记录像.

值得指出的是,显微镜成的像是经过二次放大后得到的,凡是显微镜物镜不能分辨的细节,用目镜也不能分辨.因为目镜不能进一步地提高整个光学系统的分辨本领,所以显微镜的分辨本领只取决于物镜的分辨本领.例如,用一个40倍、N. A.为0.65的物镜配上20倍的目镜和用一个100倍、N. A.为1.30的物镜配上8倍的目镜,两者的总放大率都是800倍,但后者的分辨本领比前者高1倍,因而可以看到更多的细节.

3.7.3 电子显微镜

以上介绍的提高显微镜分辨本领的方法,其效果是很有限的.当物质波被人们认识以后,电子束的波动性,以及运动电子在电场和磁场中能发生偏转聚焦的特性,加上可以用荧光屏显示电子的踪迹,就使得制造电子显微镜成为可能.

根据德布罗意公式 $\lambda = h/mv$，当电子经 50 kV 的电压加速以后，运动电子的物质波波长可以短到 0.005 5 nm，它只有可见光波长的十万分之一. 因此，如果用这种电子射线做光源制成电子显微镜，那么它的分辨本领和放大率就可以大大提高(尽管电子显微镜的数值孔径只能达到 0.02，但仍可使分辨本领提高 1 000 多倍).

电子显微镜的原理和光学显微镜是类似的，其结构如图 3.29 所示，其中灯丝(1) 和阳极(2) 组成电子枪，相当于光学显微镜的光源. 电子会聚透镜(3) 相当于光学显微镜的聚光镜，它使电子射线集中投射到被观察的标本(4) 上，电子透镜(5) 起物镜的作用，它把透过标本的电子射线聚焦在屏(7) 上形成标本的放大像，即中间像. 屏(7) 中央有孔，通过它的电子射线再经投射镜(8) 的放大，在荧光屏(10) 上形成最终像，如果把荧光屏移开，也可以用照相底片(11) 把像记录下来. 观察孔(6) 和(9) 分别用于观察中间像和最终像.

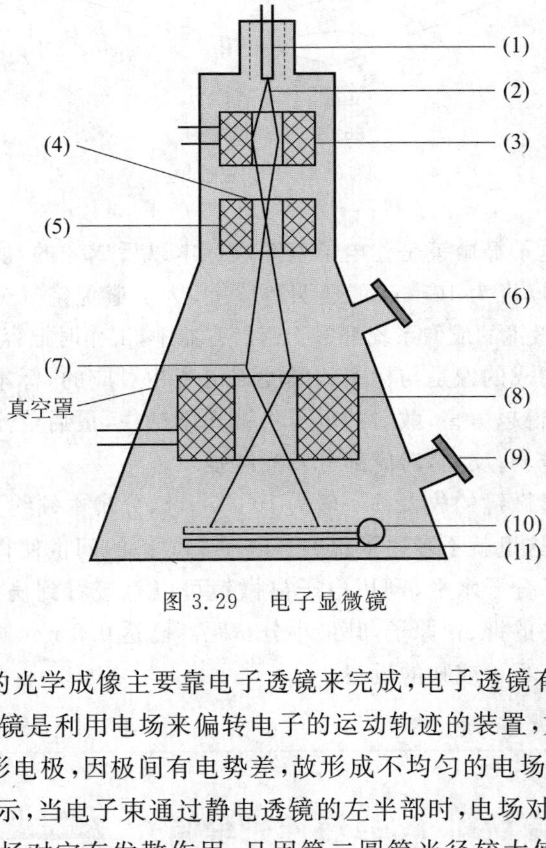

图 3.29　电子显微镜

电子显微镜的光学成像主要靠电子透镜来完成，电子透镜有静电透镜和电磁透镜两种. 静电透镜是利用电场来偏转电子的运动轨迹的装置，如图 3.30 所示. 两个同轴空心圆筒形电极，因极间有电势差，故形成不均匀的电场，其电场线分布如图 3.30 中虚线所示，当电子束通过静电透镜的左半部时，电场对它有会聚作用，当通过右半部时，电场对它有发散作用，且因第二圆筒半径较大使右半部的电场较弱，故发散作用比会聚作用弱，最终使电子束聚焦于轴上一点，改变两极间的电势差，即可以调节静电透镜的焦距.

电磁透镜是利用磁场来偏转电子的运动轨迹的装置，如图 3.31 所示. O 点发出的电子束通过不均匀磁场时，因受洛伦兹力作用而发生偏转，其轨迹为一螺旋线，并会聚于轴上 I 点. 改变电磁线圈中的电流强度，可以改变磁场强度，从而可以调节电磁透镜的焦距.

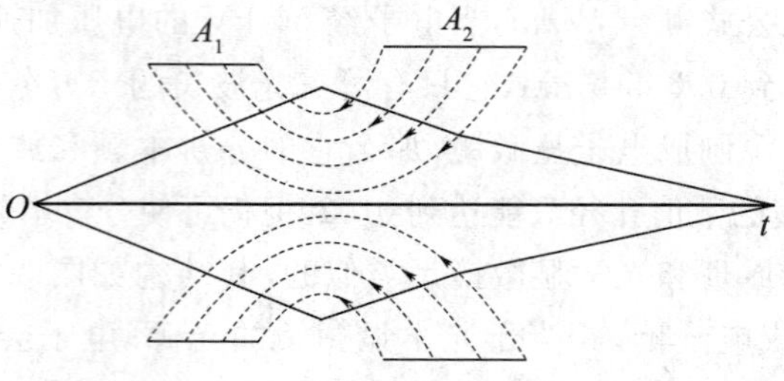

图 3.30 静电透镜

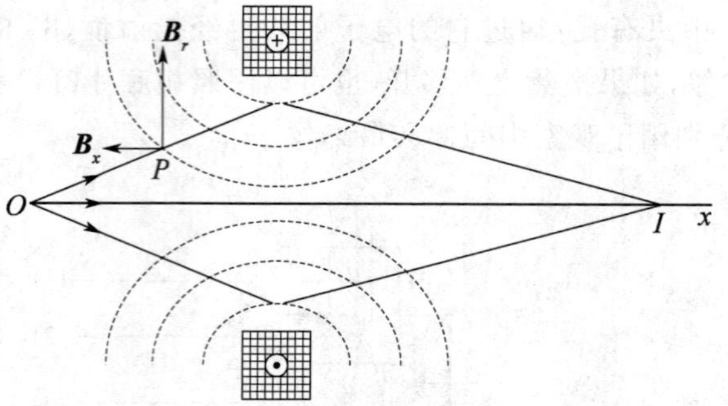

图 3.31 电磁透镜

因为透射式电子显微镜是让电子束穿过标本以后成像的，所以要求标本切得特别薄，并固定在厚度为 10^{-8} m 的透明薄膜上，为了避免空气分子对电子射线的散射，整个电子显微镜的成像系统都置于密封容器中，工作时把容器内部抽成真空.

电子显微镜所成的像是与标本的厚度和密度相对应的，标本越厚或密度越大的部分，电子散射得越厉害，散射的电子将被光阑挡住，最后荧光屏上的像所对应的部分发光也就越弱；反之，对应部分发光越强.

透射式电子显微镜的放大率一般为 $10^3 \sim 10^5$，分辨本领约为5 nm. 现在还有扫描电子显微镜，这里就不多述了. 总之，电子显微镜的问世使得基础医学研究从细胞水平提高到了分子水平，利用电子显微镜可以直接看到病毒，而且还可以观察脱氧核糖核酸中的钾、钍原子，其最小分辨距离已达 0.2 nm. 电子显微镜已成为现代基础医学研究不可或缺的设备.

阅读材料 非线性光学简介

在强光源激光作用下，介质中将出现很多新现象，如谐波的产生、光参量振荡、光的受激散射、光束自聚焦、多光子吸收、光致透明和光子回波等. 研究这些现象的学科称为**非线性光学**.

一、光学介质的线性极化与非线性极化

光在介质中传播时，由于光波的电场作用，介质会产生极化. 在弱光作用下，光场在介质中产生的电极化强度 $\boldsymbol{P}$ 与电场强度 $\boldsymbol{E}$ 的一次方成正比，即

$$\boldsymbol{P} = \varepsilon_0 \chi \boldsymbol{E} = \alpha \boldsymbol{E} \qquad ①$$

式①反映的介质极化为线性极化，表明**弱光与物质相互作用时，介质对光场的响应，即电极化强度$\boldsymbol{P}$与电场强度$\boldsymbol{E}$呈线性关系**. 由这种线性关系产生的光学参量（如吸收系数、折射率、散射截面等）都是与电场强度无关的常量，这使光的独立性原理、叠加原理成立. 由此说明，光的反射、折射、干涉、衍射、吸收和散射等现象，都属于**线性光学**.

在强光作用下，介质对光场的响应与光的电场强度是非线性的，对于各向同性介质，电极化强度可以写成标量形式：

$$P = \alpha E + \beta E^2 + \gamma E^3 + \cdots = P^{(1)} + P^{(2)} + P^{(3)} + \cdots \qquad ②$$

式中，α、β、γ等是与介质有关的系数；$P^{(1)} = \alpha E$是线性项，$P^{(2)} = \beta E^2$，$P^{(3)} = \gamma E^3$，…分别称为二次项、三次项等. 可以证明，式②中后一项与前一项的比值约等于光波中的E与原子内部的平均场强$\overline{E}_{\text{at}}$之比，即

$$\frac{P^{(2)}}{P^{(1)}} \approx \frac{P^{(3)}}{P^{(2)}} \approx \frac{E}{\overline{E}_{\text{at}}} \qquad ③$$

原子内的平均场强$\overline{E}_{\text{at}}$的数量级约为10^{10} V/m，普通光源发出的光波的E的数量级约为10^4 V/m. 可见，普通光波的电场只是对原子中的电子施加一个极微小的扰动，式②中的$P^{(2)}$，$P^{(3)}$，…均可忽略，介质只表现出线性光学性质. 由于激光的电场强度的幅度可达3×10^8 V/m，与原子内部场强可以比拟，非线性项就起作用了，这就形成强光作用下的**非线性效应**，介质中相应的光现象属于**非线性光学**. 下面介绍常用的二次非线性效应.

二、倍频效应

当入射到介质上的光波为$E = E_0 \cos \omega t$时，取式②右端的前两项，则强光在非线性晶体中感生的电极化强度为

$$\begin{aligned} P &= \alpha E + \beta E^2 = \alpha E_0 \cos \omega t + \beta E_0^2 \cos^2 \omega t \\ &= \frac{1}{2}\beta E_0^2 + \alpha E_0 \cos \omega t + \frac{1}{2}\beta E_0^2 \cos 2\omega t \end{aligned} \qquad ④$$

由此可知，电极化强度除了有直流成分和同频率成分，还产生频率为原入射频率二倍的谐波，这就是**倍频效应**.

图3.32为光学二倍频效应的实验原理图. 将红宝石激光器发出的波长为694 nm的激光束聚焦在倍频晶体（石英）上，通过摄谱仪发现，在输出的光束中除原波长谱线外，还有倍频波长为347 nm的紫外光.

图3.32 光学二倍频效应的实验原理图

习题

3.1 选择题.

(1) 一消色差透镜由两个胶合的薄透镜构成，它们的焦度分别为10 D和−6 D，则组合透镜的焦距为（ ）.

A. 0.25 cm B. 25 cm

C. 2.5 cm D. 400 cm

(2) 某人看不清1 m以内的物品，则他应配的眼镜的度数为（ ）.

A. 100度 B. −100度

C. 300度 D. −300度

3.2 填空题.

(1) 一显微镜的物镜和目镜相距20 cm，物镜的

焦距为7 mm,目镜的焦距为5 mm,物镜和目镜均可看作薄透镜,则物镜的线放大率为________,显微镜的角放大率为________.

(2) 一天文望远镜的物镜与目镜相距90 cm,放大倍数为8,则物镜的焦距为________,目镜的焦距为________.

3.3 将一物体置于长柱形玻璃的凸球面前25 cm处,设这个凸球面的曲率半径为5 cm,玻璃的折射率 $n=1.50$,玻璃前的介质是空气.

(1) 求像的位置,所成的像是实像还是虚像?

(2) 求该折射面的焦距.

3.4 有一厚为3 cm、折射率为1.50的共轴折射系统,其第一个折射面是半径为2 cm的球面,第二个折射面是平面,若在该共轴折射系统前面距第一个折射面8 cm处放一物,像在何处?

3.5 一个双凸透镜放在空气中,两面的曲率半径分别为15 cm和30 cm,玻璃的折射率为1.50,物距为100 cm,求像的位置和大小,并作图验证.

3.6 一对称的双凸透镜的折射率为1.50,它在空气中的焦距为12 cm,其曲率半径为多大?另一双凸薄透镜置于下列介质中,其左边为折射率 $n_1=\frac{4}{3}$ 的水,右边为空气,且右侧球面的半径与上一透镜的相同.如果要保持焦距为12 cm,求和水接触的球面的曲率半径.

3.7 一折射率为1.50的月牙形薄透镜,凸面的曲率半径为15 cm,凹面的曲率半径为30 cm,如果平行光束沿光轴对着凹面入射.

(1) 求折射光线的相交点;

(2) 如果将此透镜放在水中,折射光线的交点在何处?

3.8 焦距为20 cm的凸透镜和焦距为40 cm的凹透镜密接后的焦度是多少?

3.9 两个焦距为10 cm的凸透镜,相距15 cm放在同一轴线上,求在镜前15 cm处的小物体所成像的位置,并绘出成像光路图.

3.10 一个半径为 R 的薄壁玻璃球盛满水,若把一物放置于离其表面 $3R$ 处,求最后像的位置,玻璃壁的影响可忽略不计.

3.11 一段40 cm长的透明玻璃棒,一端切平,另一端做成半径为12 cm的半球面,把一物放置于棒轴上离半球端点10 cm处.设玻璃的折射率为1.20.试求:(1) 最后像的位置;(2) 其放大率.

3.12 一根折射率为1.50的玻璃棒,将其两端磨圆并抛光成半径为5 cm的凸半球面,当一物放置于棒轴上离一端20 cm处时,最后像成在离另一端40 cm处,此棒的长度为多少?

3.13 一折射率为1.50、半径为 R 的实心玻璃半球,其半球平面侧镀银,一小物体位于球轴上离半球的顶点 $2R$ 处,求经所有折射和反射之后,所成像的位置.

3.14 一块折射率为1.50、厚度为2 cm的玻璃板,其两面是平行平面.今使其两面水平,并使其底面固定在印字的书页上方8 cm处,求与此玻璃板的法线成很小角度的光线所成的书页的像的位置.

3.15 将折射率为1.50、直径为10 cm的玻璃棒的两端磨成凸的半球面,左端的半径为5 cm,右端的半径为10 cm,两顶点间的棒长为60 cm,在第一个顶点左方20 cm处有一长为1 mm且与棒轴垂直的箭头,作为第一个面的物,问:

(1) 作为第二个面的物是什么?

(2) 第二个面的物距为多少?

(3) 此物是实的还是虚的?

(4) 第二个面所成的像的位置在何处?

(5) 最后像的高度为多少?

3.16 一小热带鱼在直径为30 cm的球形鱼缸的中心处.求鱼缸外的观察者看到的鱼的表观位置及放大率,鱼缸薄壁的影响可忽略不计.

3.17 有一半径为10 cm、折射率为1.50的实心玻璃半球,以其平面朝下放于桌上.一束直径为1 cm的圆截面平行光,垂直向下照射并沿该半球径向进入半球,问在桌上形成的圆形光斑的直径有多大?

3.18 一光学系统由一焦距为5 cm的凸透镜 L_1 和焦距为10 cm的凹透镜 L_2 组成,L_2 在 L_1 右方5 cm处.在 L_1 左方10 cm处置一小物,求经此光学系统后成像的位置和放大倍数,并作光路图验证.

3.19 已知简单放大镜的焦距为10 cm.

(1) 欲在明视距离处观察到像,物体应放在放大镜前面多远处?

(2) 若此物体高1 mm,则放大后的像高多少?

3.20 眼睛的构造可简化为一折射球面,其曲率半径为5.55 mm,内部平均折射率为 $\frac{4}{3}$.试计算其两个焦距.若月球在眼睛节点所张的角为1°,试问视网膜上的月球的像有多大?

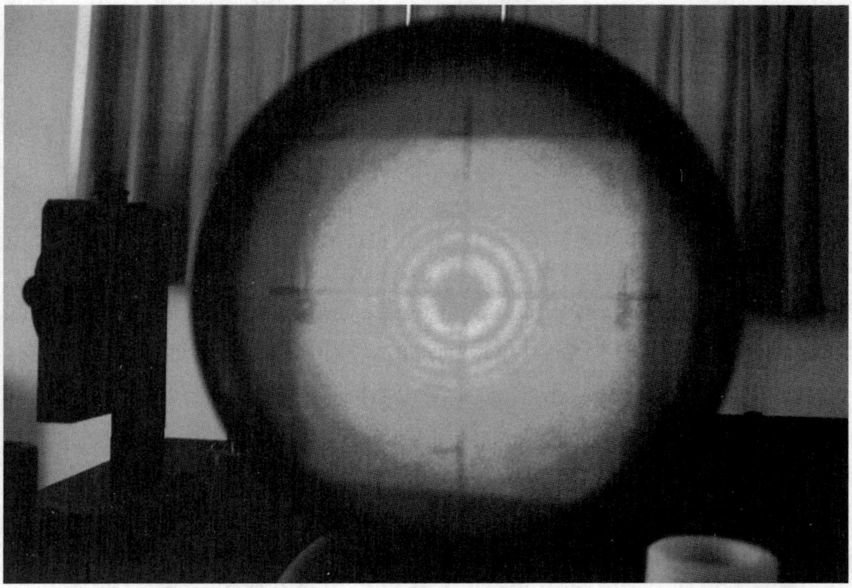

第 4 章
光的干涉

通过第 2 章的学习可以知道，干涉现象是波的一种叠加效应. 当频率相同、振动方向相同、相位差恒定的两列波在空间传播时，在重叠区域会形成稳定的、强弱分布不变的波形. 在对光的研究中，人们发现，当频率相同、振动方向相同、相位差恒定的两列光相遇时，在它们的重叠区域也会出现稳定的明暗条纹分布，这就是光的干涉现象. 能产生干涉现象的光称为相干光.

本章介绍光的干涉现象和规律，主要讨论光的相干条件、明暗条纹分布的规律以及典型的光干涉实验等.

本章提要

4.1　光源　光的相干性

光源

4.1.1　光源

1. 光源的发光机理

能发射光的物体称为**光源**. 常用的光源有两类:普通光源和激光光源. 普通光源有热光源(由热能激发,如白炽灯、太阳)、冷光源(由化学能、电能或光能激发,如日光灯、气体放电管)等. 各种光源的激发方式不同,辐射机理也不同. 在热光源中,大量分子和原子在热能的激发下处于高能量的激发态,当它们从激发态回到较低能量状态时,就把多余的能量以光波的形式辐射出来,这便是热光源的发光机理. 这些分子或原子间歇地向外发光,发光时间极短,仅持续大约 10^{-8} s,因而它们发出的光波是在时间上很短、在空间上长度极为有限的一串串波列(见图 4.1). 由于各个分子或原子发出的光波参差不齐,彼此独立,互不相关,因而在同一时刻,各个分子或原子发出的波列的频率、振动方向和相位都不相同. 即使是同一个分子或原子,在不同时刻发出的波列的频率、振动方向和相位也不尽相同.

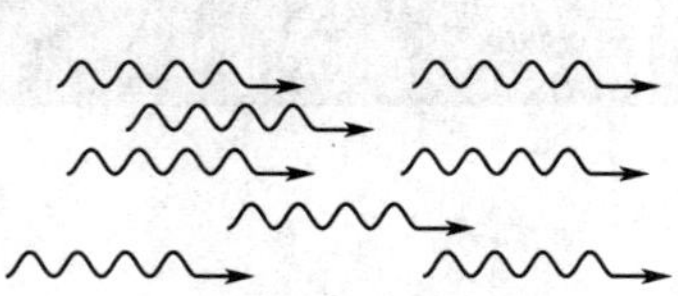

图 4.1　普通光源发出的波列

2. 光的颜色和光谱

光源发出的可见光是频率为 $3.9\times10^{14}\sim7.7\times10^{14}$ Hz、可以引起视觉效应的电磁波,它在真空中对应的波长范围是 390 ~ 760 nm. 在可见光范围内,不同频率的光在视觉上对应不同的颜色,各种颜色的可见光的波长和频率范围如表 4.1 所示. 由表可见,光按波长从小到大呈现出从紫到红等各种颜色.

表 4.1　各种颜色的可见光的波长和频率范围

光色	波长范围 /nm	频率范围 /Hz
红	622 ~ 760	$3.9\times10^{14}\sim4.7\times10^{14}$
橙	597 ~ 622	$4.7\times10^{14}\sim5.0\times10^{14}$
黄	577 ~ 597	$5.0\times10^{14}\sim5.5\times10^{14}$
绿	492 ~ 577	$5.5\times10^{14}\sim6.3\times10^{14}$
青	450 ~ 492	$6.3\times10^{14}\sim6.7\times10^{14}$
蓝	435 ~ 450	$6.7\times10^{14}\sim6.9\times10^{14}$
紫	390 ~ 435	$6.9\times10^{14}\sim7.7\times10^{14}$

单一波长的光称为单色光. 然而,严格的单色光在实际中是不存在的,一般光源的光是由大量分子或原子在同一时刻发出的,包含各种不同波长的成分,这样

的光称为复色光. 如果光波中包含波长范围很窄的成分，则这种光称为准单色光，也就是通常所说的单色光. 光的波长范围 $\Delta\lambda$ 越窄，其单色性越好. 例如，对于用滤光片从白光中得到的色光，其波长范围相当宽，$\Delta\lambda \approx 10\ \text{nm}$；在气体原子发出的光中，每一种成分的光的波长范围 $\Delta\lambda$ 为 $10^{-4} \sim 10^{-2}\ \text{nm}$；即使是单色性很好的激光，也有一定的波长范围，$\Delta\lambda \approx 10^{-9}\ \text{nm}$. 利用光谱仪可以把光源所发出的光中波长不同的成分彼此分开，所有的波长成分就组成了光谱. 光谱中每一波长成分所对应的亮线或暗线，称为**光谱线**，它们都有一定的宽度，如图 4.2 所示. 每种光源都有自己特定的光谱结构，利用光谱结构可以对化学元素进行分析，或对原子和分子的内部结构进行研究.

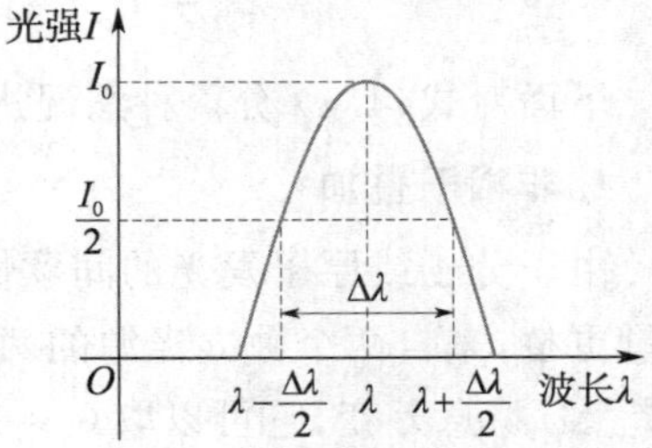

图 4.2　光谱线及其宽度

3. 光强

可见光是能激起人视觉反应的电磁波，是变化的电磁场在空间的传播. 实验表明，能引起眼睛视觉效应和照相底片感光作用的是光波中的电场，所以光学中常用电场强度 $\boldsymbol{E}$ 代表光振动，并把 $\boldsymbol{E}$ 矢量称为**光矢量**. 光振动指的是光矢量随时间进行周期性变化的现象.

人眼或感光仪器所检测到的光的强弱是由平均能流密度决定的，平均能流密度与电场强度振幅 E_0 的平方成正比，即**光强**(平均能流密度)

$$I \propto E_0^2$$

人们通常关心的是光强的相对分布，可设比例系数为 1，故在传播光的空间内任意一点的光强可用该点光矢量振幅的平方表示，即

$$I = E_0^2 \tag{4.1}$$

4.1.2　光的相干性

光的相干性

我们已经知道，波动具有叠加性，两个相干波源发出的两列相干波，在相遇的区域将产生干涉现象，如机械波、无线电波的干涉现象. 那么，对于两列光波，在它们的相遇区域满足什么条件才能观察到干涉现象呢?

设两个频率相同、光矢量 $\boldsymbol{E}$ 的方向相同的光源所发出的光的振幅和光强分别为 E_{10}、E_{20} 和 I_1、I_2，它们在空间某处 P 点相遇，在 P 点合成的光矢量的振幅 E、光强 I 可分别表示为

$$E^2 = E_{10}^2 + E_{20}^2 + 2E_{10}E_{20}\cos\Delta\varphi \tag{4.2}$$

$$I = I_1 + I_2 + 2\sqrt{I_1 I_2}\cos\Delta\varphi \tag{4.3}$$

式中，$\Delta\varphi$ 为两光的振动在 P 点的相位差. 由于分子或原子每次发光持续的时间极

短(约为 10^{-8} s),人眼和感光仪器不可能在这极短的时间内对两波列之间的干涉作出反应.人们观察到的光强是在较长时间 τ 内的平均值,即

$$I = \frac{1}{\tau}\int_0^{\tau}(I_1 + I_2 + 2\sqrt{I_1 I_2}\cos\Delta\varphi)\mathrm{d}t$$
$$= I_1 + I_2 + 2\sqrt{I_1 I_2}\ \frac{1}{\tau}\int_0^{\tau}\cos\Delta\varphi\mathrm{d}t \tag{4.4}$$

下面对式(4.4)分两种情况进行讨论.

1. 非相干叠加

由于分子或原子发光的间歇性和随机性,在 τ 时间内,在叠加处随着光波列的大量更替,来自两个独立光源的两束光(或同一光源的不同部位所发出的光)的相位差 $\Delta\varphi$ 瞬息万变,它可以取 $0 \sim 2\pi$ 之间的一切数值,且机会均等,因而 $\cos\Delta\varphi$ 对时间的平均值为零,故

$$I = I_1 + I_2 \tag{4.5}$$

式(4.5)表明,来自两个独立光源的两束光(或同一光源不同部位所发出的光)叠加后的光强等于两束光单独照射时的光强 I_1 和 I_2 之和,故观察不到干涉现象.

2. 相干叠加

如果利用某些方法使得两束相干光在空间中各指定点的 $\Delta\varphi$($\Delta\varphi = \varphi_2 - \varphi_1$)各有恒定值,则在相遇空间的指定点处两相干光合成后的光强为

$$I = I_1 + I_2 + 2\sqrt{I_1 I_2}\cos\Delta\varphi$$

因为相位差 $\Delta\varphi$ 恒定,所以指定点的光强始终不变.对于两光波相遇区域的不同位置,其光强的大小由这些位置的相位差决定,即空间各处光强分布由干涉项 $2\sqrt{I_1 I_2}\cos\Delta\varphi$ 决定,有些地方光强始终加强($I > I_1 + I_2$),有些地方光强始终减弱($I < I_1 + I_2$).若 $I_1 = I_2$,则合成后的光强为

$$I = 2I_1(1 + \cos\Delta\varphi) = 4I_1\cos^2\frac{\Delta\varphi}{2} \tag{4.6}$$

当 $\Delta\varphi = \pm 2k\pi (k = 0,1,2,\cdots)$ 时,相应位置的光强最大($I = 4I_1$),这种现象称为**干涉加强**(又称为**干涉相长**),这些位置为明纹中心;当 $\Delta\varphi = \pm(2k+1)\pi (k = 0,1,2,\cdots)$ 时,相应位置的光强最小($I = 0$),这种现象称为**干涉减弱**(又称为**干涉相消**),这些位置为暗纹中心.光强 I 随相位差 $\Delta\varphi$ 变化的情况如图4.3所示.

综上所述,只有在两束相干光叠加时才能观察到光的干涉现象.怎样才能获得两束相干光呢?原则上可以将光源上同一发光点发出的光分成两束,使之经历不同的路径再会合叠加.因为这两束光是出自同一发光原子或分子的同一次发光,所以它们的频率和初相位必然完全相同,在相遇点,这两束光的相位差是恒定的,而振动方向一般总是相互平行的,从而满足相干条件,可以产生干涉现象.获得相干光的具体方法有两种:**分波阵面法**和**分振幅法**.分波阵面法是在光源发出的某一波阵面上,取出两部分作为相干波源,如下节要讨论的杨氏双缝干涉就是用分波阵面法实现的;分振幅法是利用光在透明介质薄膜表面的反射和折射将同一束光分割成振幅较小的两束相干光,如后面要介绍的薄膜干涉、牛顿环等就是用分振幅法实现的.

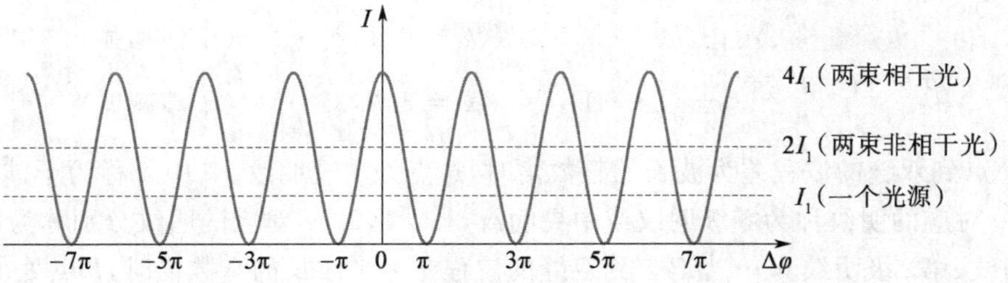

图 4.3　光强 I 随相位差 $\Delta\varphi$ 变化的情况

4.2　杨氏双缝干涉实验

4.2.1　杨氏双缝干涉

1801 年，托马斯·杨首先通过实验获得了两列相干的光波，观察到了光的干涉现象. 如图 4.4 所示，在普通单色光源 L(如钠光灯) 前面先放置一个开有小孔 S 的屏，再放置一个开有两个相距很近的小孔 S_1 和 S_2 的屏，这样就可以在较远的屏幕 E 上观测到干涉图样. 根据惠更斯原理，小孔 S 可看作发射球面波的点光源. 如果 S_1、S_2 处于该球面波的同一波阵面上，则它们的相位永远相同. 显然，S_1、S_2 是满足相干条件的两个相干点光源，由它们发出的子波将在相遇区域发生干涉. 为了提高干涉条纹的亮度，人们改用狭缝代替小孔 S、S_1 和 S_2，即用柱面波代替球面波，这种实验就叫作双缝干涉实验. 激光问世以后，利用其相干性好和亮度高的特性，直接用激光束照射双缝，便可在屏幕上获得清晰、明亮的干涉条纹.

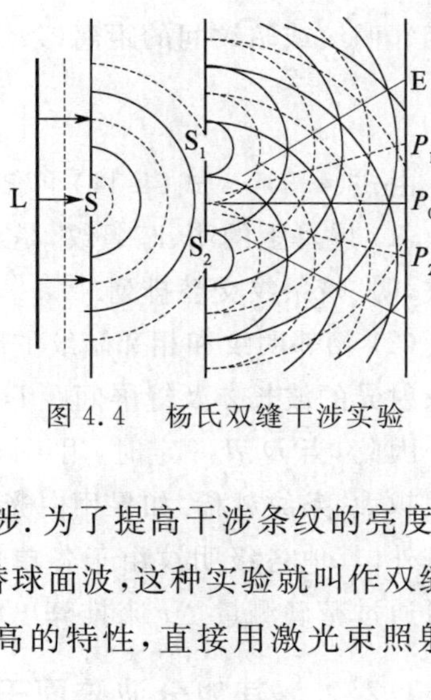

图 4.4　杨氏双缝干涉实验

下面对双缝干涉条纹的位置进行定量分析. 如图 4.5 所示，S_1 与 S_2 之间的距离为 d，S_1、S_2 所在平面到屏幕 E 的距离为 D，MO 是 S_1、S_2 连线的中垂线. 在屏幕 E 上任取一点 P，设 P 点到 O 点的距离为 x，P 点到 S_1、S_2 的距离分别为 r_1、r_2，$\angle PMO=\theta$. 在实验中，一般 $D\gg d$，θ 很小，所以从 S_1 与 S_2 发出的光到达 P 点的波程差为

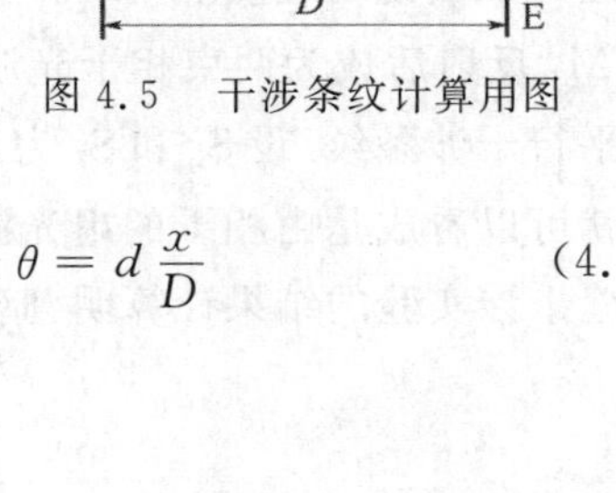

图 4.5　干涉条纹计算用图

$$\delta=r_2-r_1\approx d\sin\theta\approx d\tan\theta=d\,\frac{x}{D}\tag{4.7}$$

杨氏双缝干涉

由干涉加强或干涉减弱的条件,有

$$\delta = r_2 - r_1 = \begin{cases} \pm k\lambda & (k = 0,1,2,\cdots) \quad (\text{干涉加强}) \\ \pm (2k-1)\dfrac{\lambda}{2} & (k = 1,2,3,\cdots) \quad (\text{干涉减弱}) \end{cases} \tag{4.8}$$

即 P 点到双缝的波程差为波长的整数倍时,P 点处出现明纹.其中 k 称为干涉级,$k=0$ 对应的明纹称为零级明纹或中央明纹,$k=1,2,\cdots$ 对应的明纹分别称为第 1 级明纹、第 2 级明纹……当 P 点到双缝的波程差为半波长的奇数倍时,P 点处出现暗纹,$k=1,2,\cdots$ 对应的暗纹分别称为第 1 级暗纹、第 2 级暗纹……波程差为其他值的各点,其光强介于明纹光强与暗纹光强之间.因此,可以在屏幕 E 上看到明暗相间的稳定的干涉条纹.

将式(4.8)代入式(4.7),可得明纹中心在屏幕上的位置为

$$x = \pm k\frac{D}{d}\lambda \quad (k = 0,1,2,\cdots) \tag{4.9}$$

暗纹中心的位置为

$$x = \pm (2k-1)\frac{D}{d}\frac{\lambda}{2} \quad (k = 1,2,3,\cdots) \tag{4.10}$$

两相邻明纹或暗纹间的距离(条纹间距)均为

$$\Delta x = x_{k+1} - x_k = \frac{D}{d}\lambda \tag{4.11}$$

由式(4.9)～式(4.11)可知,双缝干涉条纹有如下特点.

(1) 屏幕上的明、暗条纹,是对称分布于屏幕中心 O 点两侧且平行于狭缝的直条纹,明、暗条纹交替排列.

(2) 相邻明纹和相邻暗纹的间距相等,与干涉级 k 无关.条纹间距 Δx 的大小与入射光的波长 λ 及缝屏间距 D 成正比,与双缝间距 d 成反比.

因此,当 D、d 一定时,用不同的单色光做实验,入射光的波长越小,条纹越密;波长越大,条纹越稀.如果用白光照射,屏幕上除中央明纹因各单色光重合而显示白色外,其他各级明纹由于各单色光出现明纹的位置不同,因而呈现彩色.此外,还可通过精确测量 Δx 来推算出单色光的波长 λ.

4.2.2　其他分波阵面干涉装置

1. 菲涅耳双面镜

菲涅耳

杨氏双缝干涉实验装置中的小孔或狭缝都很小,它们的边缘效应往往会对实验产生影响,使问题复杂化.后来,菲涅耳提出了一种可使问题简化的获得相干光束的方法.如图 4.6 所示,一对紧靠在一起的夹角 ε 很小的平面镜 M_1 和 M_2 构成菲涅耳双面镜.狭缝光源 S 与两镜面的交棱 C 平行,于是从光源 S 发出的光,经 M_1 和 M_2 反射后成为两束相干光波,在它们的重叠区域内的屏幕上就会出现等间距的平行干涉条纹.设 S_1 和 S_2 为 S 对 M_1 和 M_2 所成的两个虚像,则屏幕上的干涉条纹就可以看成是由相干的虚光源 S_1 和 S_2 发出的光波所产生的,因此可利用杨氏双缝干涉实验的结果计算明、暗条纹的位置及条纹间距.

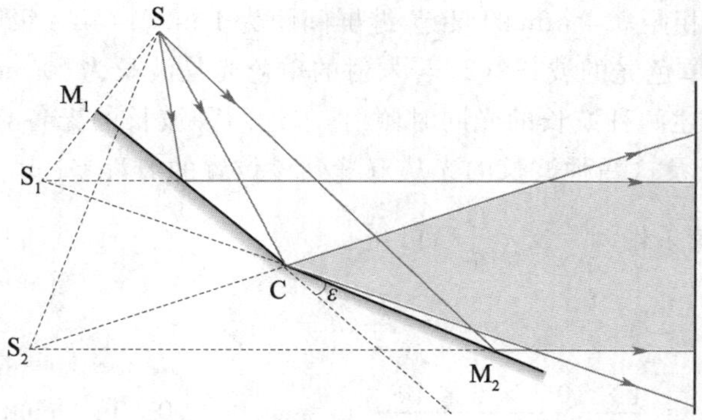

图 4.6　菲涅耳双面镜实验原理

2. 劳埃德镜

劳埃德(H. Lloyd) 镜干涉实验原理如图 4.7 所示. 从狭缝 S_1 发出的光,一部分直接射向屏幕 E,另一部分以接近 90° 的入射角掠射到镜面 ML 上,然后反射到屏幕 E 上. S_2 是 S_1 在镜中的虚像,反射光可看成是虚光源 S_2 发出的,S_2 和 S_1 构成一对相干光源,于是在屏幕上两束相干光的叠加区域内出现明暗相间的等间距的干涉条纹.

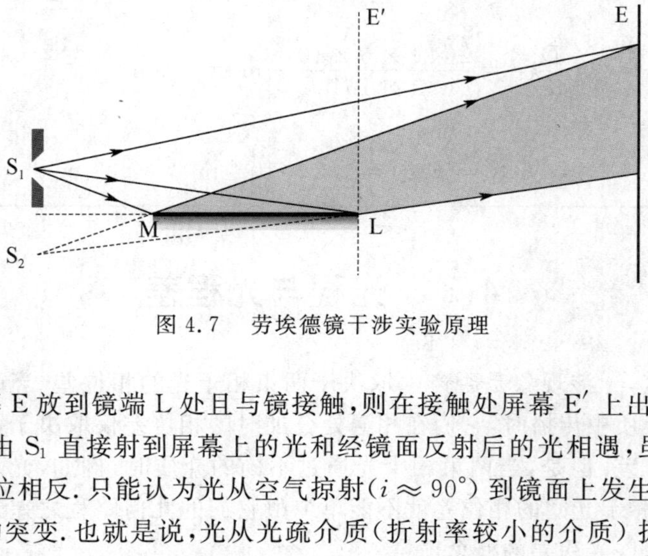

图 4.7　劳埃德镜干涉实验原理

若将屏幕 E 放到镜端 L 处且与镜接触,则在接触处屏幕 E′ 上出现的是暗纹. 这表明,该处由 S_1 直接射到屏幕上的光和经镜面反射后的光相遇,虽然两光的波程相同,但相位相反. 只能认为光从空气掠射($i \approx 90°$) 到镜面上发生反射时,反射光有相位 π 的突变. 也就是说,光从光疏介质(折射率较小的介质) 掠射向光密介质(折射率较大的介质) 表面而反射时,会发生半波损失.

从劳埃德镜干涉实验和第 2 章波动的叙述中,我们知道,入射光由光疏介质射向光密介质表面时,在掠射或正射($i \approx 0$) 两种情况下,都将在反射过程中产生半波损失. 但光从光密介质射向光疏介质表面时,在反射过程中不产生半波损失,而且在任何情况下,透射光均没有半波损失. 在一般情况下,光线倾斜地入射到两介质的界面时,反射光的相位变化是复杂的,它与界面两边介质的折射率及入射角有关,很难笼统地说是否有半波损失.

例 4.1 用单色光照射相距 0.4 mm 的双缝，缝屏间距为 1 m.(1) 第 1 级明纹到同侧第 5 级明纹的距离为 6 mm，求此单色光的波长；(2) 若入射的单色光是波长为 400 nm 的紫光，求相邻两明纹间的距离；(3) 若上述两种波长的光同时照射，求这两种波长的光各自形成的明纹在屏幕上第 1 次重合的位置，以及这两种波长的光从双缝到该位置的波程差.

解 (1) 由双缝干涉明纹条件 $x=\pm k\dfrac{D}{d}\lambda$，可得

$$\Delta x_{1-5}=x_5-x_1=\frac{D}{d}(k_5-k_1)\lambda$$

有

$$\lambda=\frac{d}{D}\frac{\Delta x_{1-5}}{k_5-k_1}=\frac{4\times10^{-4}\times6\times10^{-3}}{1\times(5-1)}\ \mathrm{m}=6.0\times10^{-7}\ \mathrm{m}\ (\text{橙光})$$

(2) 当 $\lambda=400$ nm 时，相邻两明纹间的距离为

$$\Delta x=\frac{D}{d}\lambda=\frac{1\times4\times10^{-7}}{4\times10^{-4}}\ \mathrm{m}=1.0\times10^{-3}\ \mathrm{m}=1.0\ \mathrm{mm}$$

(3) 设两种波长的光的明纹重合处到中央明纹的距离为 x，则有

$$x=k_1\frac{D}{d}\lambda_1=k_2\frac{D}{d}\lambda_2$$

即

$$\frac{k_1}{k_2}=\frac{\lambda_2}{\lambda_1}=\frac{400\ \mathrm{nm}}{600\ \mathrm{nm}}=\frac{2}{3}$$

由此可见，波长为 400 nm 的紫光的第 3 级明纹与波长为 600 nm 的橙光的第 2 级明纹第 1 次重合，重合的位置为

$$x=k_1\frac{D}{d}\lambda_1=\frac{2\times1\times6\times10^{-7}}{4\times10^{-4}}\ \mathrm{m}=3\ \mathrm{mm}$$

双缝到重合处的波程差为

$$\delta=k_1\lambda_1=k_2\lambda_2=1.2\times10^{-6}\ \mathrm{m}$$

光程
与光程差

4.3 光程与光程差

我们知道，干涉现象是否产生取决于两束相干光的相位差. 当两束相干光都在同一均匀介质中传播时，它们在相遇处叠加时的相位差仅取决于两束相干光间的几何路程之差. 但是，当两束相干光通过不同的介质时，例如，光从空气透入薄膜，这时两束相干光间的相位差就不能单纯由它们的几何路程之差来确定. 为此，需要引入光程与光程差的概念.

前面已经说过，单色光不论在何种介质中传播，其频率都恒定不变，始终等于光源的频率 ν. 由波速、波长与频率的关系可知，若光在真空中的传播速度为 c，则它在真空中的波长为 $\lambda=\dfrac{c}{\nu}$. 而光在介质(折射率为 n) 中的传播速度 $u=\dfrac{c}{n}$，所以它在介质中的波长为 $\lambda_n=\dfrac{u}{\nu}=\dfrac{c}{n\nu}=\dfrac{\lambda}{n}$. 这表明，光在折射率为 n 的介质中传播时，其波长只有在真空中的波长的 $\dfrac{1}{n}$，如图 4.8 所示. 由于光每传过一个波长的距

离，相位变化 2π，若光在介质中传播的几何路程为 r，那么相应的相位变化为 $2\pi\dfrac{r}{\lambda_n}=\dfrac{2\pi}{\lambda}nr$. 由此可见，当光在不同的介质中传播时，即使传播的几何路程相同，相位的变化也是不同的.

设从同相位的相干光源 S_1 和 S_2 发出的两相干光分别在折射率为 n_1 和 n_2 的介质中传播，相遇点 P 与光源 S_1 和 S_2 的距离分别为 r_1 和 r_2，如图 4.9 所示，则两束光到达 P 点的相位变化之差为

$$\Delta\varphi=\frac{2\pi r_1}{\lambda_{n_1}}-\frac{2\pi r_2}{\lambda_{n_2}}=\frac{2\pi}{\lambda}(n_1r_1-n_2r_2) \tag{4.12}$$

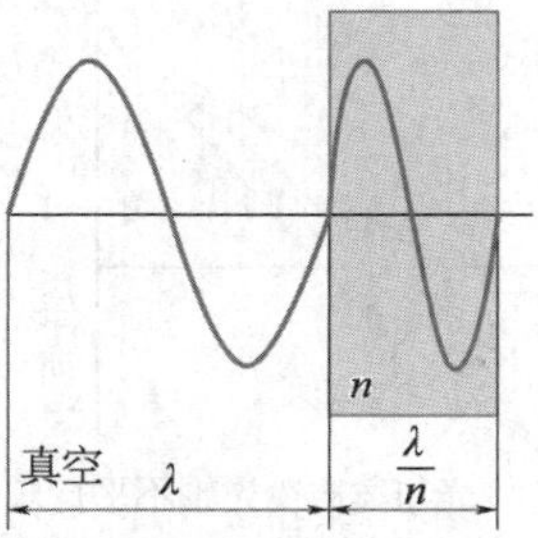

图 4.8　光在不同介质中的波长

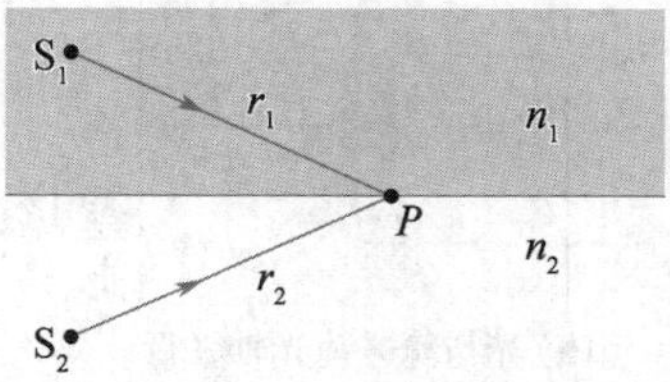

图 4.9　两相干光在不同介质中传播

式(4.12) 表明，两相干光通过不同的介质时，决定其相位变化之差的因素有两个：一是两相干光经历的几何路程 r_1 和 r_2；二是两相干光所经介质的性质，即 n_1 和 n_2. 我们把光在某一介质中所经过的几何路程 r 和该介质的折射率 n 的乘积 nr 叫作**光程**. 当光经历几种介质时，

$$\text{光程}=\sum n_ir_i \tag{4.13}$$

在均匀介质中，$nr=\dfrac{c}{u}r=ct$，因此光程可认为是在相同时间内，光在真空中通过的路程. 引入光程的概念后，就可以将光在介质中经过的路程折算为相同时间内光在真空中的路程，这样便可统一用光在真空中的波长 λ 来比较两束光经历不同介质时所引起的相位改变. 若用 $\Delta=n_1r_1-n_2r_2$ 表示两束光到达 P 点的**光程差**，则两束光在 P 点的相位差为

$$\Delta\varphi=\frac{2\pi}{\lambda}\Delta \tag{4.14}$$

这是考虑光的干涉问题时常用的一个基本关系式. 应该注意，**引入光程后，不论光在什么介质中传播，式(4.14) 中的 λ 均是光在真空中的波长**. 此外，式(4.14) 仅考虑两束光经历不同介质、不同路程引起的相位差，**如果两相干光源不是同相位的，则还应加上两相干光源的初相位差才是两束光在 P 点的相位差**.

这样，对于两同相的相干光源发出的两相干光，其干涉条纹的明暗条件便可由两相干光的光程差 Δ 确定，即

$$\Delta=\begin{cases}\pm k\lambda & (k=0,1,2,\cdots)\quad(\text{干涉加强，明纹})\\ \pm(2k+1)\dfrac{\lambda}{2} & (k=0,1,2,\cdots)\quad(\text{干涉减弱，暗纹})\end{cases} \tag{4.15}$$

在观察干涉、衍射现象时,经常要用到透镜.不同光线通过透镜可改变传播方向,那么会不会引起附加光程差呢?

我们知道,平行光通过薄透镜后,将会聚在焦平面的焦点 F 上,形成一亮点.这一事实说明,平行光波面上各点(见图4.10中 A、B、C 各点)的相位相同,它们到达焦平面上的会聚点 F(或 F')后相位仍然相同,因而相互加强形成亮点.也就是说,从 A、B、C 各点到 F(或 F')点的光程都是相等的,即平行光束经过薄透镜后不会引起附加的光程差.这一等光程性可作如下解释:虽然光线 AaF 比光线 BbF 经过的几何路程长,但 BbF 在薄透镜中经过的路程比 AaF 的长,由于薄透镜的折射率大于空气的折射率,所以折算成光程后,AaF 的光程与 BbF 的光程相等.

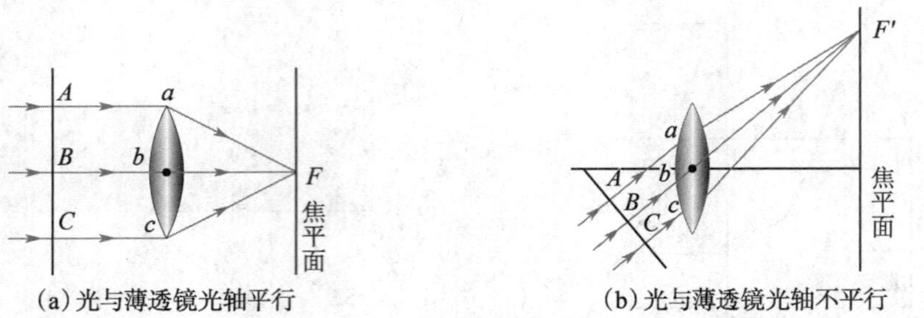

图 4.10　平行光通过薄透镜后各光线的光程相等

例 4.2　在杨氏双缝干涉实验中,入射光的波长为 λ,若在 S_2 缝上放置一片厚度为 d、折射率为 n 的透明介质,问原来的零级明纹将如何移动?如果观测到零级明纹移到了原来的第 k 级明纹处,求该透明介质的厚度 d.

解　如图4.11所示,有透明介质时,从 S_1 和 S_2 射出的光到达观测点 P 的光程差为

$$\Delta = (r_2 - d + nd) - r_1$$

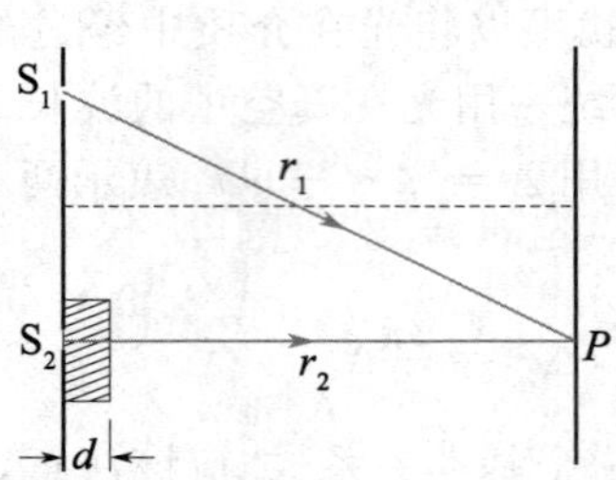

图 4.11　例 4.2 图

零级明纹处,$\Delta = 0$,故该位置满足

$$r_2 - r_1 = -(n-1)d < 0 \quad ①$$

与原来零级明纹位置所满足的 $r_2 - r_1 = 0$ 相比可知,当 S_2 处有透明介质时,零级明纹应该下移.

当 S_2 处没有透明介质时,第 k 级明纹的位置满足

$$r_2 - r_1 = k\lambda \quad (k = 0, \pm 1, \pm 2, \cdots) \quad ②$$

按题意，观测到零级明纹移到了原来的第 k 级明纹处，于是式①和式②必须同时得到满足，由此可解得

$$d=\frac{-k\lambda}{n-1}$$

式中 k 为负整数. 上式也可理解为：插入透明介质使屏幕上的干涉条纹移动了 $|k|=(n-1)d/\lambda$ 条. 这也提供了一种测量透明介质折射率的方法.

4.4 薄膜干涉

薄膜干涉现象在日常生活和生产技术中都经常见到. 例如，马路上的油膜在雨后日光的照射下呈现彩色条纹，高级照相机镜面上呈现的彩色花纹等都是日光的薄膜干涉图样.

4.4.1 薄膜干涉的光程差

下面先来讨论光线入射到厚度均匀的薄膜上产生的干涉现象. 如图 4.12 所示，入射光从折射率为 n_1 的均匀介质中入射到一折射率为 n_2 的平行平面透明介质薄膜(厚度为 e)上，其下方是折射率为 n_3 的介质. 从单色扩展光源(或面光源)S 上的 S_1 发光点发出一条光线 a，以入射角 i 投射到薄膜上的 A 点，这时，光线 a 将分成两部分：一部分在 A 点反射，成为反射光线 a_1；另一部分则以折射角 γ 射入薄膜内，经下表面 C 点反射后到达 B 点，再经过上表面透射回原介质成为光线 a_2. 这两条光线因出自光源中的同一点 S_1，所以它们满足光的相干条件，是相干光. 它们的能量也来自同一条入射光线 a. 由于波的能量与振幅成正比，这种产生相干光的方法又叫作分振幅法. 下面用光程差来分析薄膜干涉的加强和减弱条件.

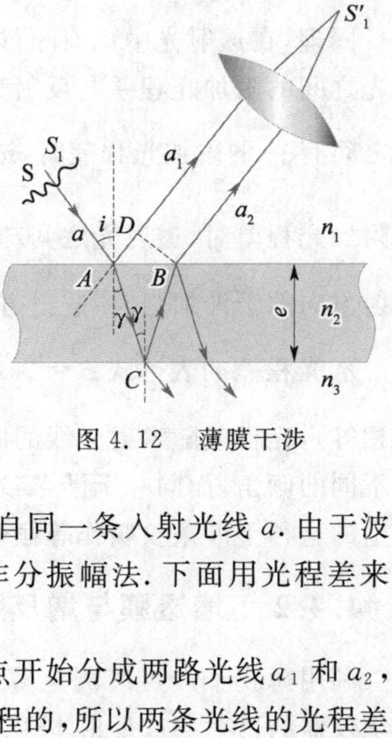

图 4.12 薄膜干涉

考虑 $n_1<n_2$ 且 $n_3<n_2$ 的情况，光线 a 从 A 点开始分成两路光线 a_1 和 a_2，且光线 a_1 从 D 点以后和光线 a_2 从 B 点以后是等光程的，所以两条光线的光程差为

$$\Delta=n_2(AC+CB)-n_1AD+\frac{\lambda}{2} \tag{4.16}$$

薄膜干涉

式中，$\frac{\lambda}{2}$ 是因光线在上表面反射时有半波损失，在下表面反射时无半波损失而产生的附加光程差.

由图 4.12 可见

$$AC=CB=\frac{e}{\cos\gamma}$$

$$AD = AB\sin i = 2e\tan\gamma\sin i$$

结合折射定律

$$n_1\sin i = n_2\sin\gamma$$

得

$$\begin{aligned}\Delta &= 2n_2\frac{e}{\cos\gamma} - 2n_1 e\tan\gamma\sin i + \frac{\lambda}{2}\\ &= \frac{2n_2 e}{\cos\gamma}(1-\sin^2\gamma) + \frac{\lambda}{2}\\ &= 2n_2 e\cos\gamma + \frac{\lambda}{2}\\ &= 2e\sqrt{n_2^2 - n_1^2\sin^2 i} + \frac{\lambda}{2}\end{aligned}$$

于是,决定 a_1 和 a_2 两条光线的会聚点 S_1' 处是明纹还是暗纹的干涉条件为

$$\begin{aligned}\Delta &= 2e\sqrt{n_2^2 - n_1^2\sin^2 i} + \frac{\lambda}{2}\\ &= \begin{cases} k\lambda & (k = 1,2,3,\cdots) \quad (\text{干涉加强,明纹}) \\ (2k+1)\dfrac{\lambda}{2} & (k = 0,1,2,\cdots) \quad (\text{干涉减弱,暗纹}) \end{cases}\end{aligned} \tag{4.17}$$

同理,在透射光中也有干涉现象,式(4.17)对透射光仍然适用.但应注意:透射光之间的附加光程差与反射光之间的附加光程差产生的条件恰好相反,当反射光之间有 $\frac{\lambda}{2}$ 的附加光程差时,透射光之间没有附加光程差;反之,当反射光之间没有附加光程差时,透射光之间却有 $\frac{\lambda}{2}$ 的附加光程差.因此对同样的入射光来说,当反射方向的干涉加强时,透射方向的干涉便减弱,反之亦然.

从光程差的表达式 $\Delta = 2e\sqrt{n_2^2 - n_1^2\sin^2 i} + \frac{\lambda}{2}$ 可见,对于厚度均匀的薄膜(e 处处相等),光程差随入射光线的倾角 i 而变.因此,不同的干涉明纹和暗纹相应地具有不同的倾角,而同一干涉条纹上的各点具有相同的倾角.在厚度均匀的薄膜上产生的这种干涉条纹叫作**等倾干涉条纹**.

4.4.2 增透膜与增反膜

利用薄膜干涉可以测定薄膜的厚度或光的波长,除此之外,还可以用于提高光学仪器的透射率或反射本领.一般来说,光射到光学元件表面时,其能量要分成反射能量与透射能量两部分,于是透射过来的光能(光强)或反射出的光能都要相对原光能减少.例如,在一个由 6 个透镜组成的高级照相机中,因光在透镜表面反射而损失的能量约占总能量的一半.在现代光学仪器中,为了减少光能在光学元件的玻璃表面上因反射所产生的损失,常在玻璃表面上镀一层均匀的氟化镁(MgF_2)等材料制成透明薄膜,以增强其透射率.这种能使透射增强的薄膜叫作**增透膜**.

但在有些光学系统中,又要求某些光学元件具有较高的反射本领.例如,要求激光器中的反射镜对某种频率的单色光的反射率在 99% 以上.为了增强反射能

量，常在玻璃表面上镀一层高反射率的透明薄膜，使薄膜上、下表面反射光的光程差满足干涉加强的条件，从而增强反射光，这种薄膜叫作**增反膜**. 由于反射光能量约占入射光能量的5%，为了达到提高反射率的目的，常在玻璃表面上交替镀上折射率高低不同的多层介质膜，一般镀13层，有的高达15层、17层，宇航员戴的头盔和面甲上都镀有对红外线具有高反射率的多层膜，以屏蔽宇宙空间中极强的红外线照射.

例 4.3　设空气中的水平肥皂水膜的厚度为 0.32 μm，如果用白光垂直入射，在肥皂水膜上方观察，膜呈现什么颜色？已知肥皂水的折射率为 1.33.

解　如图 4.13 所示，因为肥皂水膜处在空气中，所以有 $n_1 = 1.00$，$n_2 = 1.33$，$n_3 = 1.00$. 由于 $n_1 < n_2$，光线 Ⅰ 在膜上表面反射有半波损失；由于 $n_2 > n_3$，光线 Ⅱ 在膜下表面反射没有半波损失. 由于光垂直入射，根据式(4.17)，有

$$2n_2 e + \frac{\lambda}{2} = k\lambda \quad (k = 1,2,3,\cdots,\text{干涉加强})$$

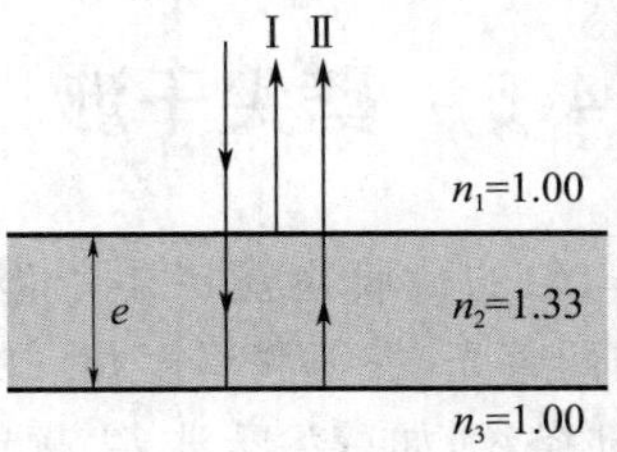

图 4.13　例 4.3 图

把 $n_2 = 1.33$，$e = 0.32\ \mu\text{m}$ 代入上式，可求出干涉加强的波长为

$k = 1$，$\lambda_1 = 4n_2 e = 1\ 700\ \text{nm}$

$k = 2$，$\lambda_2 = \frac{4}{3}n_2 e = 567\ \text{nm}$

$k = 3$，$\lambda_3 = \frac{4}{5}n_2 e = 341\ \text{nm}$

……

其中只有 $\lambda_2 = 567\ \text{nm}$ 的绿光是可见光，所以在肥皂水膜上方观察，膜呈现绿色.

例 4.4　在一光学元件的玻璃(折射率 $n_3 = 1.50$)表面上镀一层厚度为 e、折射率 $n_2 = 1.38$ 的氟化镁薄膜，为了使入射白光中人眼最敏感的黄绿光($\lambda = 550\ \text{nm}$)的反射率最小，试求薄膜的最小厚度.

解　如图 4.14 所示，由于 $n_1 < n_2 < n_3$，氟化镁薄膜的上、下表面反射的 Ⅰ、Ⅱ 两光均有半波损失. 设光线垂直入射($i = 0$)，则 Ⅰ、Ⅱ 两光的光程差为

$$\Delta = \left(2n_2 e + \frac{\lambda}{2}\right) - \frac{\lambda}{2} = 2n_2 e$$

要使黄绿光的反射率最小，即应使 Ⅰ、Ⅱ 两光干涉减弱，于是

$$\Delta = 2n_2 e = (2k+1)\frac{\lambda}{2} \quad (k = 0,1,2,\cdots)$$

应使氟化镁薄膜的厚度为

$$e = \frac{(2k+1)\lambda}{4n_2} \quad (k = 0,1,2,\cdots)$$

其中,薄膜的最小厚度($k=0$)为

$$e_{\min} = \frac{\lambda}{4n_2} = \frac{550}{4\times 1.38}\ \text{nm} = 100\ \text{nm} = 0.1\ \mu\text{m}$$

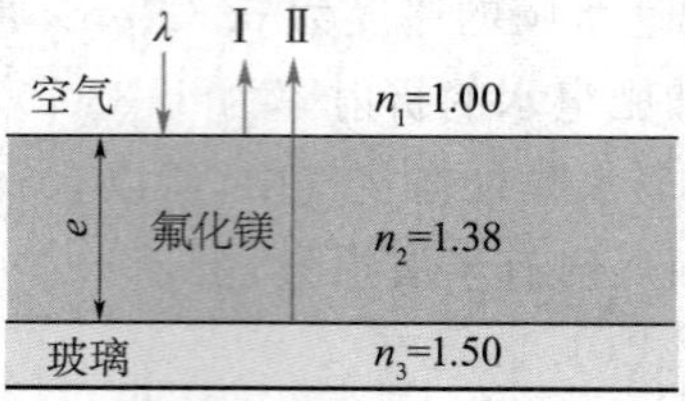

图 4.14　增透膜

4.5　劈尖干涉　牛顿环

光线射入厚度不均匀的薄膜也能产生干涉现象.由上节所讨论的光程差可知,对于入射角相同的两束光,在薄膜厚度相同的区域所产生的光程差相等,这类干涉条纹称为等厚干涉条纹,如劈尖干涉、牛顿环等.

4.5.1　劈尖干涉

将两块平板玻璃的一端叠合,在另一端垫入一薄纸片或一细丝,如图 4.15(a)所示,则在两块平板玻璃间就形成一端薄、一端厚的空气薄层,这是一个劈尖形的空气膜,叫作空气劈尖.空气膜的两个表面即两块平板玻璃的内表面.两块平板玻璃叠合端的交线称为棱边,其夹角 θ 称为劈尖楔角.对于平行于棱边的直线上的各点,空气膜的厚度 e 是相等的.

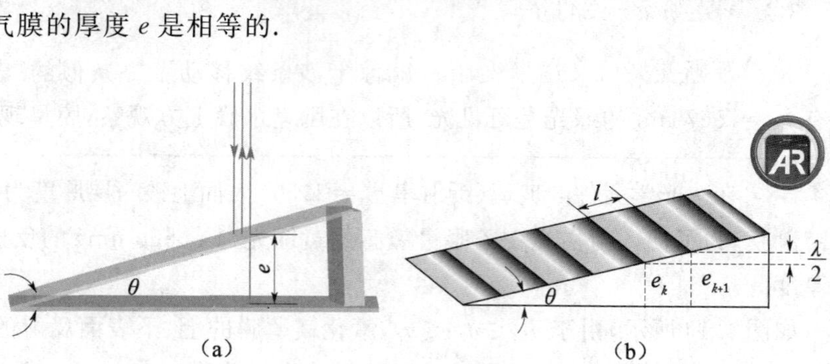

图 4.15　劈尖干涉

当平行单色光垂直照射平板玻璃时,就可在劈尖表面观察到明暗相间的干涉条纹.这是由空气膜的上、下表面反射出来的两列光波干涉形成的.

考虑空气膜的厚度为 e 处，由上、下表面反射的两相干光的光程差为

$$\Delta = 2e + \frac{\lambda}{2} \tag{4.18}$$

式中，$\frac{\lambda}{2}$ 为光在空气膜的下表面反射时的半波损失. 于是两表面反射光的干涉条件为

$$\Delta = 2e + \frac{\lambda}{2} = \begin{cases} k\lambda & (k = 1,2,3,\cdots) \quad (\text{干涉加强,明纹}) \\ (2k+1)\frac{\lambda}{2} & (k = 0,1,2,\cdots) \quad (\text{干涉减弱,暗纹}) \end{cases} \tag{4.19}$$

劈尖干涉

由此可见，凡空气膜上厚度相同的地方，两反射光的光程差都相等，都与一定的明纹或暗纹的 k 值相对应. 因此这些条纹叫作等厚干涉条纹. 这样的干涉称为**等厚干涉**.

如果平板玻璃的表面是严格的几何平面，即劈尖的表面是严格的平面，则平行于棱边的直线上各点处的空气膜的厚度都相同，由式(4.18) 可知，两相干光的光程差也一样，所以由式(4.19) 可知，干涉条纹是平行于棱边的一系列明暗相间的直条纹，如图 4.15(b) 所示. 如果平板玻璃的表面不平整，则干涉条纹将在凹凸不平处发生弯曲，由此可以检验平板玻璃是否平整. 此外，在两平板玻璃的接触处，$e = 0$，两反射光的光程差为 $\frac{\lambda}{2}$，所以棱边处应为暗纹，事实正是如此.

中国物理学家

严济慈

在劈尖干涉的直条纹中，任何两条相邻明纹或暗纹之间的距离 l 都是相同的，即条纹间距相等，这是因为

$$l\sin\theta = e_{k+1} - e_k = \frac{1}{2}(k+1)\lambda - \frac{1}{2}k\lambda = \frac{\lambda}{2} \tag{4.20}$$

式(4.20) 说明，以一定波长的单色光入射时，劈尖的干涉条纹间距 l 仅与楔角 θ 有关. θ 越小，l 越大，干涉条纹越稀疏；θ 越大，l 越小，干涉条纹越密集. 因此，只能在 θ 很小的劈尖上方观察到清晰的干涉条纹；否则，干涉条纹将密得无法分辨. 式(4.20) 还说明，任何两条相邻明纹或暗纹之间的空气膜的厚度差为 $\frac{\lambda}{2}$. 所以，在某处空气膜的厚度改变 $\frac{\lambda}{2}$ 的过程中，将观察到该处干涉条纹由亮逐渐变暗后又逐渐变亮(或由暗逐渐变亮后又逐渐变暗)，就像干涉条纹移动了一条似的. 若观察到干涉条纹移动了 N 条，则该处空气膜的厚度将改变 $N\frac{\lambda}{2}$. 测量样品微小长度变化的干涉膨胀仪就是根据这一原理制成的.

如果构成劈尖的介质膜不是空气，而是其他透明物质(液体、二氧化硅等)，其上、下表面两反射光的光程差计算方法类同，但附加光程差的计算应具体问题具体分析.

4.5.2　牛顿环

将一曲率半径相当大的平凸透镜叠放在一平板玻璃上，如图 4.16(a) 所示，则在透镜与平板玻璃之间形成一个上表面为球面、下表面为平面的空气膜. 当用平

行单色光垂直照射时,由于空气膜上、下表面的两反射光发生干涉,在空气膜的上表面可以观察到以接触点 O 为中心的明暗相间的环形干涉条纹;若用白光照射,则条纹呈彩色. 这些环形干涉条纹叫作**牛顿环**,如图 4.16(b) 所示,它是等厚干涉条纹的一个特例.

牛顿环

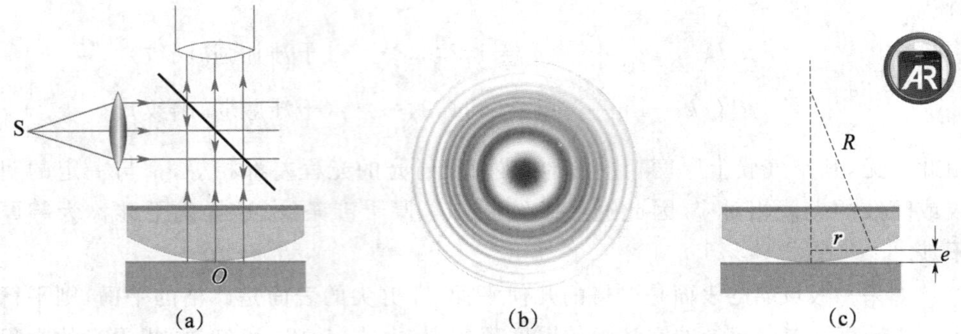

(a) (b) (c)

图 4.16 牛顿环

现在求各明、暗纹的半径 r、波长 λ 及平凸透镜的曲率半径 R 三者之间的关系. 由于空气膜的任一厚度 e 处,上、下表面反射光的干涉条件为

$$2e+\frac{\lambda}{2}=\begin{cases}k\lambda & (k=1,2,3,\cdots) \quad (\text{干涉加强,明纹}) \\ (2k+1)\dfrac{\lambda}{2} & (k=0,1,2,\cdots) \quad (\text{干涉减弱,暗纹})\end{cases} \tag{4.21}$$

由图 4.16(c) 可得

$$r^2=R^2-(R-e)^2=2eR-e^2$$

因 $R \gg e$,可略去 e^2 项,于是

$$e=\frac{r^2}{2R}$$

代入式(4.21),可得明、暗纹的半径分别为

$$r=\sqrt{\frac{(2k-1)R\lambda}{2}} \quad (k=1,2,3,\cdots) \quad (\text{明纹}) \tag{4.22}$$

$$r=\sqrt{kR\lambda} \quad (k=0,1,2,\cdots) \quad (\text{暗纹}) \tag{4.23}$$

式(4.22) 和式(4.23) 表明,k 值越大,环形条纹的半径越大,但相邻环形明纹(或暗纹)的半径之差越小,即随着牛顿环半径的增大,牛顿环变得越来越密.

在平凸透镜与平板玻璃的接触点 O 处,因 $e=0$,两反射光的光程差为 $\frac{\lambda}{2}$,故牛顿环的中心是一个暗斑(因实际接触处不可能是点而是圆面). 实际测量平凸透镜的曲率半径 R 的方法是分别测出两个环形暗纹的半径 r_k 和 r_{k+m},代入式(4.23),即可解得

$$R=\frac{r_{k+m}^2-r_k^2}{m\lambda} \tag{4.24}$$

本节介绍的两种干涉现象,在透射光中也可以观察到. 但透射光干涉的明、暗纹条件恰好与反射光相反. 所以,在牛顿环中用透射光观察时,中心处为一亮斑.

例 4.5 利用劈尖干涉可以测量微小角度. 如图 4.17 所示，用单色光垂直照射折射率 $n=1.4$ 的劈尖，测得两相邻明纹之间的距离是 $l=0.25$ cm. 已知单色光在空气中的波长 $\lambda=700$ nm，求劈尖的顶角 θ.

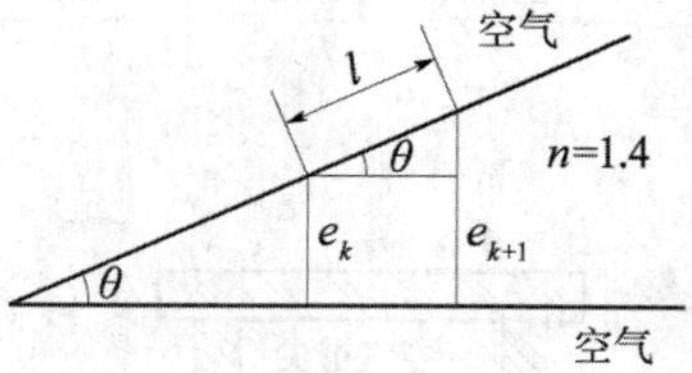

图 4.17 劈尖

解 在劈尖的表面上(见图 4.17)取第 k 级和第 $k+1$ 级两条明纹，用 e_k 和 e_{k+1} 分别表示这两条明纹所在处空气膜的厚度. 按明纹出现的条件，e_k 和 e_{k+1} 应满足下列两式：

$$2ne_k+\frac{\lambda}{2}=k\lambda$$

$$2ne_{k+1}+\frac{\lambda}{2}=(k+1)\lambda$$

两式相减，得

$$n(e_{k+1}-e_k)=\frac{\lambda}{2}$$

$$e_{k+1}-e_k=\frac{\lambda}{2n} \quad ①$$

由图 4.17 可见，$(e_{k+1}-e_k)$ 与两相邻明纹的间距 l 之间的关系为

$$l\sin\theta=e_{k+1}-e_k$$

代入式 ①，得

$$\sin\theta=\frac{\lambda}{2nl} \quad ②$$

将 $n=1.4$，$l=0.25$ cm，$\lambda=7\times10^{-5}$ cm 代入式 ②，得

$$\sin\theta=\frac{\lambda}{2nl}=\frac{7\times10^{-5}\ \text{cm}}{2\times1.4\times0.25\ \text{cm}}=10^{-4}$$

因为 $\sin\theta$ 很小，所以 $\theta\approx\sin\theta=10^{-4}$ rad.

例 4.6 用干涉膨胀仪可测定固体的热膨胀系数，其构造如图 4.18 所示. 在平台 D 上放置一上表面稍微倾斜的待测样品 W，W 外套一个热膨胀系数很小的用石英制成的圆环 C，环顶上放一平板玻璃 A，它与样品的上表面构成一空气劈尖. 以波长为 λ 的单色光自 A 板垂直入射在这空气劈尖上，将产生等厚干涉条纹. 当样品受热膨胀时(不计圆环 C 的膨胀)，劈尖的下表面位置上升，使干涉条纹移动. 设温度为 t_0 时，样品的高度为 L_0，温度升高到 t 时，样品的高度增为 L，在此过程中，通过视场某一刻线移动的条纹数目为 N. 求样品的热膨胀系数 β.

解 在劈尖干涉的等厚条纹中，设温度为 t_0 时，第 k 级暗纹所在处的空气膜的厚度为

$$e_k=k\frac{\lambda}{2}$$

温度升高到 t 时，该处的空气膜的厚度变为

$$e_{k-N} = (k-N)\frac{\lambda}{2}$$

两温度下该处空气膜的厚度差为 $L - L_0 = e_k - e_{k-N} = N\frac{\lambda}{2}$

由热膨胀系数的定义,得 $\beta = \frac{L-L_0}{L_0} \cdot \frac{1}{t-t_0} = \frac{N\lambda}{2L_0(t-t_0)}$

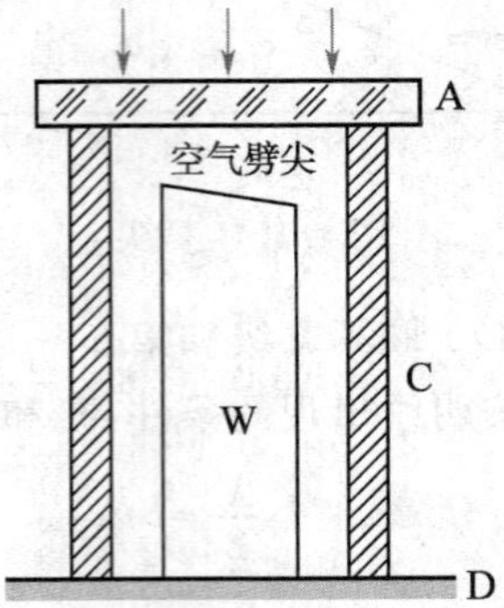

图 4.18 干涉膨胀仪的结构

例 4.7 如图 4.19 所示,由两块平板玻璃构成一空气劈尖,劈尖楔角为 $\theta = 5.0 \times 10^{-5}$ rad,用波长 $\lambda = 0.5\ \mu$m 的平行单色光垂直照射,在空气劈尖的上方观察劈尖表面上的等厚条纹.

(1) 若将下面的平板玻璃向下平移,看到有 15 条条纹移过,求平板玻璃下移的距离;

(2) 若向空气劈尖中注入某种液体,看到第 5 级明纹在劈尖表面上移动了 0.5 cm,求液体的折射率.

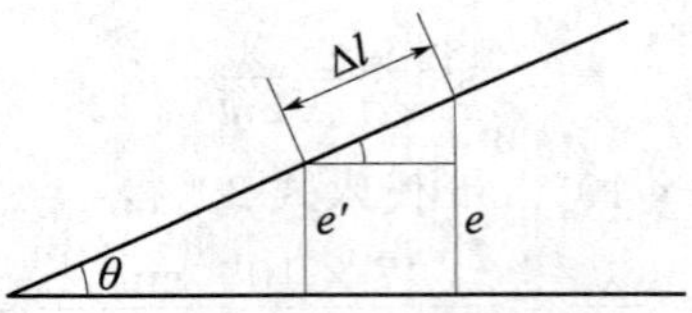

图 4.19 空气劈尖

解 (1) 空气劈尖下面的平板玻璃下移,但劈尖楔角保持不变,使劈尖表面上的等厚干涉条纹(平行于劈尖棱边的一些等间距的直线段) 整个向棱边方向移动(条纹间距不变).

设原来第 k 级明纹处空气膜的厚度为 e_1,光垂直入射时,劈尖干涉的明纹条件(有半波损失) 为

$$2e_1 + \frac{\lambda}{2} = k\lambda$$

将下面的平板玻璃下移后,原来的第 k 级明纹处变成第 $k+15$ 级明纹处,该处空气膜的厚度由 e_1 变为 e_2,由干涉条件,有

$$2e_2 + \frac{\lambda}{2} = (k+15)\lambda$$

两式相减，得

$$e_2 - e_1 = \frac{15\lambda}{2} = \frac{15 \times 0.5}{2}\ \mu\text{m} = 3.75\ \mu\text{m}$$

即为平板玻璃下移的距离.

(2) 平板玻璃不动，在空气劈尖中注入某种液体时，劈尖上的条纹也发生移动(也向棱边方向移动，条纹间距发生变化)，未加液体时，第5级明纹在厚度 e 处，明纹条件满足

$$2e + \frac{\lambda}{2} = 5\lambda$$

注入液体(设折射率为 n)后，第5级明纹移至厚度为 e' 处，明纹条件满足

$$2ne' + \frac{\lambda}{2} = 5\lambda$$

上述两式相减，得 $$e' = \frac{e}{n}$$

由几何关系可知，条纹在劈尖表面上移动的距离为

$$\Delta l = \frac{e - e'}{\theta} = \frac{e - \frac{e}{n}}{\theta} = \frac{n-1}{n\theta}e$$

由 $2e + \frac{\lambda}{2} = 5\lambda$，得

$$e = \frac{1}{2}\left(5 - \frac{1}{2}\right)\lambda = \frac{1}{2} \times \frac{9}{2} \times 0.5\ \mu\text{m} = 1.125\ \mu\text{m}$$

则液体的折射率为

$$n = \frac{e}{e - \theta\Delta l} = \frac{1.125 \times 10^{-6}}{1.125 \times 10^{-6} - 5.0 \times 10^{-5} \times 0.5 \times 10^{-2}} = 1.29$$

例 4.8　在牛顿环实验中，透镜的曲率半径为 5.0 m，圆平面直径为 2.0 cm.

(1) 求用波长 $\lambda = 589.3$ nm 的单色光垂直照射时，可看到的干涉明纹的数目；

(2) 若在空气膜中注入折射率为 n 的液体，可看到 46 条明纹，求液体的折射率(玻璃的折射率为 1.50).

解　(1) 由牛顿环的明纹半径公式

$$r = \sqrt{\frac{(2k-1)}{2}R\lambda}$$

可知，条纹级次越高，条纹半径越大，由上式得

$$k = \frac{r^2}{R\lambda} + \frac{1}{2} = \frac{(1.0 \times 10^{-2})^2}{5 \times 5.893 \times 10^{-7}} + \frac{1}{2} = 34.4$$

可看到 34 条干涉明纹.

(2) 若在空气膜中注入液体，则明纹的半径为

$$r = \sqrt{\frac{(2k-1)R\lambda}{2n}}$$

故 $$n = \frac{(2k-1)R\lambda}{2r^2} = \frac{(2 \times 46 - 1) \times 5 \times 5.893 \times 10^{-7}}{2 \times (1.0 \times 10^{-2})^2} = 1.34$$

可见，在空气膜中注入液体后，干涉条纹变密.

4.6 迈克耳孙干涉仪

4.6.1 迈克耳孙干涉仪的构造和原理

迈克耳孙

在现代科学技术中,广泛应用干涉原理来测量微小长度、角度等,迈克耳孙干涉仪就是一种典型的精密测量仪器.它的构造和原理如图4.20所示.

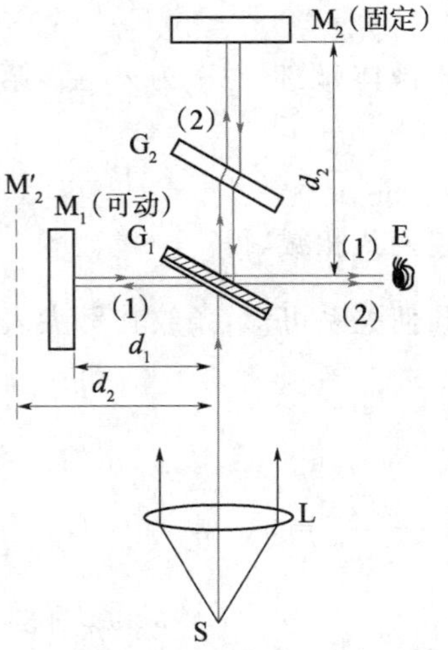

图4.20 迈克耳孙干涉仪的构造和原理

M_1 和 M_2 是两块精细磨光的平面镜,分别装置在相互垂直的两臂上,其中 M_2 是固定的,M_1 由一螺钉控制,可在导轨上做微小移动.G_1 和 G_2 是两块材料相同、厚度一样的玻璃片,均与两臂倾斜成45°角,其中 G_1 的一个面上镀有半透明的薄银层,其作用是使入射到 G_1 的光束一半反射,一半透过,所以 G_1 称为分光板.

来自光源S的光束穿过透镜L后,变成平行光射向 G_1,进入 G_1 的光线在薄银层上被分成两束.一束在薄银层上反射后向 M_1 传播,用(1)表示,经 M_1 反射后再穿过 G_1 向E传播而进入观察者的眼睛.另一束则透过薄银层及 G_2 向 M_2 传播,用(2)表示,经 M_2 反射后再次穿过 G_2 后由 G_1 的薄银层反射也进入观察者的眼睛.显然,进入观察者眼睛的光束(1)和(2)是两束相干光,于是在E处可观察到干涉条纹.G_2 的作用是使光束(2)与(1)一样,穿过玻璃片三次,这样可以避免两光因在玻璃片中经过的路程不等而引起较大的光程差.因此,G_2 又称为光程补偿片.

设想薄银层所形成的 M_2 的虚像是 M'_2,所以从 M_2 处反射的光可以看成是从虚像 M'_2 发出来的,于是在 M'_2 和 M_1 之间就形成一个空气膜,从空气膜的两个表面 M_1 和 M'_2 反射的光束(1)和(2)的干涉,就可当作薄膜干涉来处理.如果 M_1 和 M_2 不是严格相互垂直的,则 M'_2 与 M_1 之间的空气膜就是劈尖状,形成的干涉条纹将近似为平行的等厚条纹;若 M_1 与 M_2 严格相互垂直,则干涉条纹为一系列同心圆环状的等倾条纹.

根据劈尖干涉的理论,当调节 M_1 向前或向后平移 $\frac{\lambda}{2}$ 距离时$\left(\text{空气膜的厚度变化}\frac{\lambda}{2}\right)$,可观察到干涉条纹平移了一条.因此,数一数在视场中移动的条纹数目 ΔN,便可知 M_1 移动的距离为

$$\Delta d = \Delta N \frac{\lambda}{2} \tag{4.25}$$

这表明，根据条纹的移动数 ΔN 和单色光的波长 λ，便可算出 M_1 移动的距离，可用来测量微小长度的变化，其精确度可达 $\frac{\lambda}{200} \sim \frac{\lambda}{2}$，比一般方法的精确度高得多. 此外，也可由 M_1 移动的距离来测定光波的波长.

迈克耳孙干涉仪是现代许多干涉仪的原型，在其基础上设计和制造了多种专用干涉仪. 我国首颗探月卫星嫦娥一号上搭载的干涉成像光谱仪（Interference Imaging Spectrometer）就是基于迈克耳孙干涉仪的基本原理设计的. 干涉成像光谱仪主要负责对月球表面的有用成分及物质类型的含量与分布进行分析，为后续的研究提供了大量宝贵的数据.

例 4.9 在迈克耳孙干涉仪的两臂中分别放入长 10 cm 的玻璃管，将一个抽成真空，另一个充以一个标准大气压的空气. 设所用光波的波长为 546 nm，在向真空玻璃管中逐渐充入一个标准大气压空气的过程中，观察到有 107.2 条条纹移动. 试求空气的折射率 n.

解 设玻璃管分别为 A 和 B，其长度均为 l，当 A 管内为真空、B 管内充有空气时，两臂之间的光程差为 Δ_1；在 A 管内充入空气后，两臂之间的光程差为 Δ_2，其变化量为

$$\Delta_2 - \Delta_1 = 2nl - 2l = 2(n-1)l$$

由于条纹每移动一条时所对应的光程差的变化量为一个波长，所以移动 107.2 条条纹时，对应的光程差的变化量为

$$2(n-1)l = 107.2\lambda$$

因此，空气的折射率为

$$n = 1 + \frac{107.2\lambda}{2l} = 1.000\,292\,7$$

4.6.2 光源的非单色性对干涉条纹的影响（光场的时间相干性）

严格的单色光是具有确定的频率和波长的简谐波. 然而，任何实际光源都不是理想的单色光源，它们发出的光总是处在一定的波长范围 $\Delta\lambda$ 内. 由于 $\Delta\lambda$ 范围内的每一个波长的光均形成各自的一套干涉条纹，且除零级外各套条纹间都有一定的位移，所以它们非相干叠加的结果会使总的干涉条纹的清晰度下降. 如图 4.21 所示，随着 x 的增大，干涉条纹的明暗对比减小，当 x 增大到某一值后，干涉条纹就消失了. 对于谱线宽度为 $\Delta\lambda$ 的单色光，干涉条纹消失的位置应当是波长为 $\lambda + \Delta\lambda$ 的第 k_c 级明纹中心与波长为 λ 的第 $k_c + 1$ 级明纹中心重合的位置，即

$$k_c(\lambda + \Delta\lambda) = (k_c + 1)\lambda$$

由此式得

$$k_c = \frac{\lambda}{\Delta\lambda} \tag{4.26}$$

与该干涉级 k_c 对应的光程差 Δ_c 就是实现相干的最大光程差，即

$$\Delta_c = k_c(\lambda + \Delta\lambda) = \frac{\lambda^2}{\Delta\lambda} + \lambda \approx \frac{\lambda^2}{\Delta\lambda} \tag{4.27}$$

式(4.27)中考虑到了 $\lambda \gg \Delta\lambda$. 由此可见，光源的非单色性（$\Delta\lambda$ 的宽度）决定了能产生清晰干涉条纹的最大光程差 Δ_c.

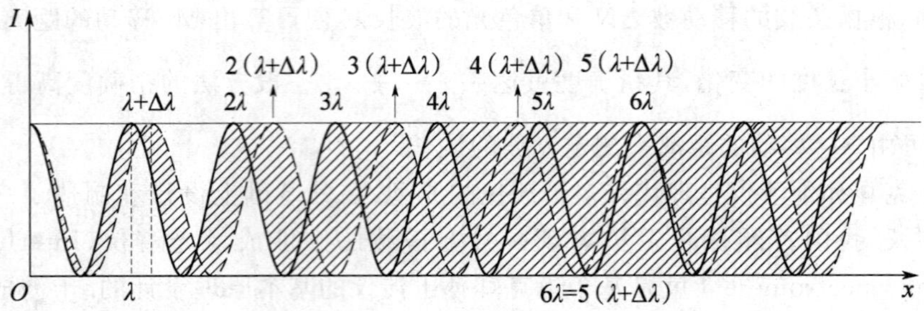

图 4.21　光源的非单色性对光强分布的影响

光源的非单色性对干涉条纹的影响也常用相干长度或相干时间来衡量.我们知道,普通光源中原子发出的光是持续时间在 10^{-8} s 以内的有限长波列,而且只有同一原子在同一时刻发出的波列分成的两个子波列,经不同的光程后再相遇时,才能发生干涉.在迈克耳孙干涉仪的光路中,设光源先后发出任意两个波列 a 和 b,每个波列都被分光板分解成两个子波列,对应用 a_1、a_2 和 b_1、b_2 表示.它们由 M_1、M_2 两镜反射后,在观察点相遇,如果两光路的光程相等,则相遇时重叠的是 a_1 和 a_2、b_1 和 b_2 波列,它们将发生完全干涉,可观察到清晰的干涉条纹,如图4.22(a)所示;如果两光路的光程不相等,但光程差不太大,则 a_1 和 a_2、b_1 和 b_2 波列还可能部分重叠,此时仍可发生部分干涉,但条纹的清晰度降低,如图 4.22(b) 所示;当两光路的光程差太大时,由同一波列分解出来的两个子波列将不再重叠,此时与 a_2 重叠的可能是 b_1,与 b_2 重叠的可能是 c_1(c_1 为其他波列)等,因光源发出的任意两波列间的相位差是随机的,所以不同波列分解出的子波列的重叠均不满足相位差恒定的条件,故不能发生干涉,也就观察不到干涉条纹,如图4.22(c) 所示.因此,在迈克耳孙干涉仪实验中要想观察到干涉条纹,就必须对光程差的大小有一定限制.显然,能产生干涉的必要条件是,由同一波列分解出来的两个子波列到达相遇点的光程差应小于原子发光的波列长度 L.波列的长度越长,两个子波列在相遇点相互叠加的时间就越长,干涉条纹的清晰度就越高,也就是光场的时间相干性越好.通常称波列的长度 L 为**相干长度**.设原子发光的持续时间为 τ,则 $L = c\tau$.τ 又称为**相干时间**.

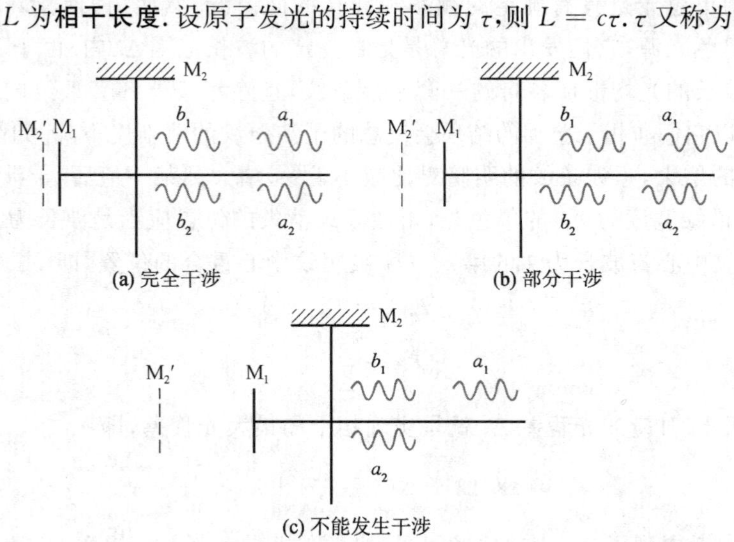

图 4.22　相干长度对干涉的影响

实际上,光的非单色性与波列的长度之间有着密切的关系.对于有一定波长范围 $\Delta\lambda$ 的非单色光源,利用傅里叶积分可证明其频率宽度 $\Delta\nu$ 与波列持续时间 τ 的关系为 $\Delta\nu=\frac{1}{\tau}$.因为 $\nu=\frac{c}{\lambda}$,$\Delta\nu=\frac{c}{\lambda^2}\Delta\lambda$,所以相干长度为

$$L=c\tau=\frac{c}{\Delta\nu}=\frac{\lambda^2}{\Delta\lambda} \tag{4.28}$$

式(4.28)表明,波列的长度 L 与光源的谱线宽度 $\Delta\lambda$ 成反比.光源的单色性越好,其谱线宽度 $\Delta\lambda$ 就越小,波列的长度就越长.把式(4.28)与式(4.27)比较,可以知道,波列的长度 L 至少应等于最大光程差 Δ_c,才有可能观察到 $k_c=\frac{\lambda}{\Delta\lambda}$ 级以下的干涉条纹.如用白光进行实验,观察干涉条纹,其谱线宽度 $\Delta\lambda$ 约为150 nm,它的波列长度约与波长 $\lambda\approx10^{-7}$ m 为同一数量级;钠光灯发射的光波的波列长度约为 5.8×10^{-4} m;低压镉灯发射的光波的波列长度约为 3.2×10^{-1} m.激光的单色性和时间相干性比普通光源好得多,如氦氖激光器发射的激光的波列长度约为 10^3 m.因此,在干涉实验中采用激光可观测到干涉级较高、明亮清晰的干涉条纹.①

阅读材料　全息照相

全息照相(简称全息)的"全息"是指物体发出的光波的全部信息,即包括波长、振幅(或光强)和相位.与普通照相相比,全息照相的基本原理、拍摄过程和观察方法都有很大不同.

全息照相的原理是1948年英国科学家伽伯(Dennis Gabor)为了提高电子显微镜的分辨本领而提出的.他曾用汞灯作光源成功地拍摄了第一张全息照片.其后,由于缺乏强相干光源以及某些技术上的困难,直到1960年激光问世以后,全息术才获得了迅速发展,并成为一门应用广泛的重要新技术.

一、全息照片的拍摄和再现

普通照相是根据几何光学原理,将来自物体表面各点的光经透镜成像于感光底片上.底片所记录的仅是物体表面各点的光强,即振幅信息,彩色照相底片还记录了颜色,即光的波长信息,但都不能把相位信息记录下来.所以普通照相只能得到二维的平面图像,不能获得逼真的立体图像.如果将普通照相的底片撕去一角,则所记录的图像也就不完整了.

全息照相是以干涉、衍射等波动光学理论为基础的无透镜拍摄,底片上所记录的是物体所发光波的全部信息(包括振幅和相位),因而可以再现逼真的立体形象.同时全息照片中的每一个局部都包含了物体整体的光信息,因此,即使底片有缺损,也不会影响完整物像的再现.

---

① 由 $L=c\tau$ 知,若 $c=3.0\times10^8$ m/s,$\tau=10^{-8}$ s,则 $L=c\tau=3$ m.可是上述非激光光源的实际相干长度远小于此结果.这首先是由于原子间的相互碰撞,使原子发光的持续时间 τ 缩短,相应的发光时间间隔也随之缩短,从而增大了 $\Delta\lambda$;其次是因为发光的原子不可能是静止的,而运动着的原子所发的光会产生多普勒频移,当原子以不同速率向不同方向运动时,将产生不同的频率变化.因此,光源中大量原子发射的同一谱线的光波会因多普勒效应而不同,从而使谱线宽度 $\Delta\lambda$ 进一步增大.根据 $L=\frac{\lambda^2}{\Delta\lambda}$,当谱线实际宽度 $\Delta\lambda$ 增大后,实际的相干长度 L 就变小了.

全息照相过程有两个步骤:第一步是记录;第二步是再现和观察.下面分别予以介绍.

1. 全息记录

全息照相利用了光的干涉原理.其基本光路如图4.23所示.将激光器的输出光分为两束,一束直接投射到感光底片上,称为参考光;另一束先投射到物体上,然后再由物体反射(或透射)后到达感光底片,称为物光.参考光和物光在感光底片上相遇叠加,形成复杂的干涉条纹.因为从物体上各点反射的物光的振幅和相位各不相同,所以感光底片上各处的干涉条纹也不相同.振幅不同使条纹明暗程度不同,相位不同则使条纹的密度、形状各异.因此,感光底片上记录的是物光的振幅和相位的全部信息.但它不像普通照相底片能直接显示物体的形象,而是一张张形状迥异的干涉条纹图,简称**全息图**,如图4.24所示.

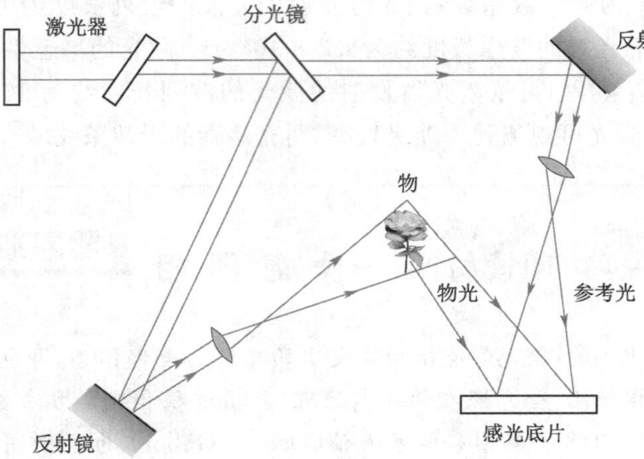

图4.23　全息照相的基本光路

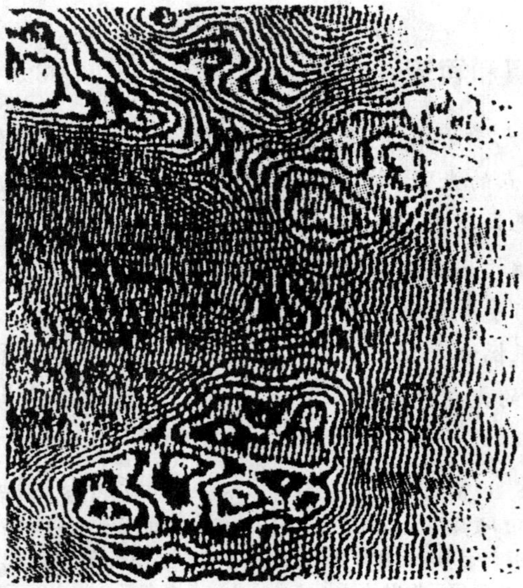

图4.24　全息图

全息图的干涉条纹是怎样记录相位信息的呢？如图4.25所示，设O为物体上某一发光点，它发出的光和参考光在底片上形成干涉条纹．设a、b为某相邻的两条暗纹（底片冲洗后变为透光缝）所在处，b与O点相距r．要形成暗纹，则a、b两处的物光和参考光必须反相．设参考光是垂直入射（也可以斜入射）的平行光波，则参考光在a、b两处的相位是相同的，所以到达a、b两处的物光的光程必须相差一个波长λ，才能保证a、b两处均为暗纹．由图4.25所示的几何关系知

$$\Delta = \lambda = \sin\theta \mathrm{d}x$$

即

$$\mathrm{d}x = \frac{\lambda}{\sin\theta} = \frac{\lambda r}{x} \quad ①$$

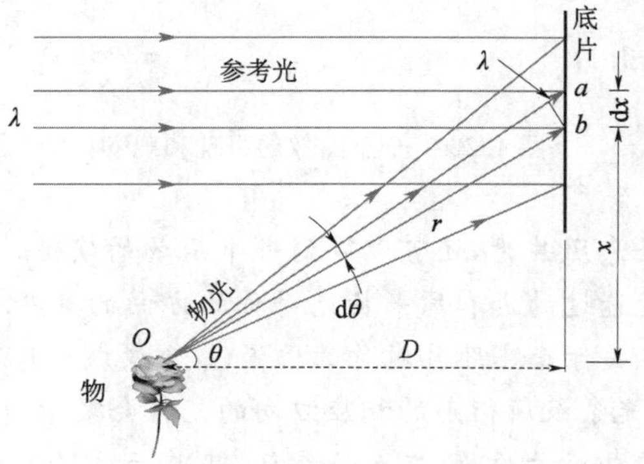

图4.25　相位记录说明

式①说明，在底片上同一处，由于来自物体上不同发光点的光所对应的θ或r不相同，与参考光形成的干涉条纹的间距就不同，因此底片上各处干涉条纹的间距及条纹走向就反映了物光相位的不同信息，实际上反映了物体上各发光点的位置差异．整个全息图上记录下来的干涉条纹，实际上是物体表面各发光点发出的物光与参考光所形成的许多干涉条纹的叠加．

2. 全息图像的再现和观察

全息照相的第二步是全息图像的再现和观察．这时，只需用拍摄该照片时所用的同一波长的照明光沿原参考光的方向照射底片即可，如图4.26所示．当在照片的背面看向照片时，就可看到在原位置处原物体完整的立体形象，而照片本身就像一个窗口一样．会产生这样的效果，是因为全息照片上各处的透射率不同，它就相当于一个透射光栅，照明光透过后将产生衍射，而衍射光将再现物光，因而获得栩栩如生的原物图像．仍以两相邻的条纹a和b为例，这时它们是两条透光缝，照明光透过它们将发生衍射．沿原方向前进的光不产生成像效果，只是其强度受到照片的调制而不再均匀．沿原来从物体上O点发来的物光方向的那两束衍射光，其光程差也一定是一个波长λ，这两束光被人眼会聚将叠加形成$+1$级极大，这一极大正对应发光点O．由发光点O在照片上各处造成的透光条纹透过的光，其衍射总效果会使人眼感到在原来O点处有一发光点O'．物体上所有发光点在照片上产生的透光条纹对入射照明光的衍射，会使人眼看到在原来位置处的一个完整的原物立体虚像．更有趣的是，当换一个位置观察时，会看到物体的侧面像，而且原来被其他物体挡住的地方这时也能显露出来．由于在拍摄时物体上任一发光点发出的物光在整个照片上各处都和参考光发生干涉，因而照片上各处都有该发光点的信息．所以，即使是取照片上的一小块残片来观察，也照样能看到整个物体的立体形象．这是普通照片所望尘莫及的．

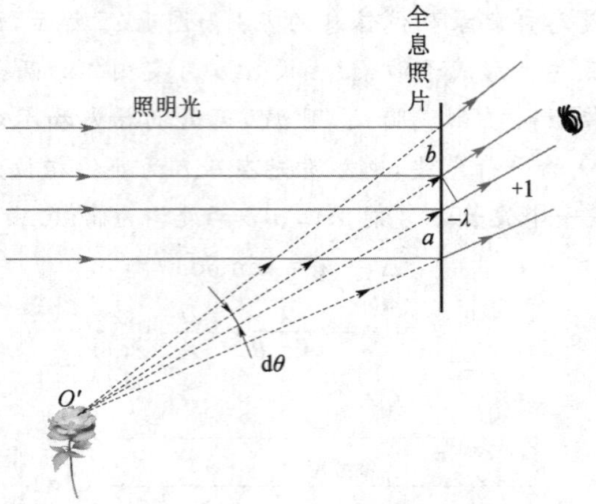

图 4.26　全息图像的再现和观察

此外,用照明光照射全息照片时,还可以得到一个原物的实像,如图 4.27 所示.与立体虚像的构成相似,从 a、b 两缝透过的沿和原来物光对称的方向的那两束衍射光的光程差也是一个波长 λ,它们将在和 O' 点关于全息照片对称的位置 O'' 会聚成 −1 级干涉极大.从照片上各处由 O 点发出的光形成的透光条纹所衍射的相应方向的光将会聚于 O'' 点而成为 O 点的实像(也是原物的实像).不过,实像相对于原物,在人眼看来,其前后位置对调,左右方向相反,里外结构也倒置,各维度都呈现出颠倒的空间位置关系.

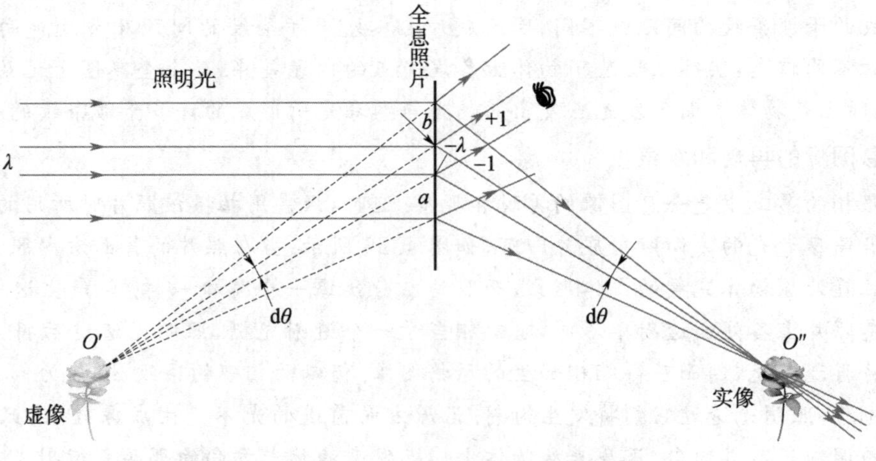

图 4.27　全息照片的实像

二、全息术的应用

由于全息照相有诸多特点,因而它的应用也极其广泛.

1. 全息显微术

普通高倍率显微镜无法同时观察有深度分布的悬浮粒子,尤其对不停运动的微生物极难跟踪测量.全息显微术则可克服这一困难,用短脉冲激光在一张底片上相继记录一系列全息图.再现时,可用显微镜对各全息图的三维再现像层层聚焦,按记录时的顺序逐次观察粒子的运动状态及瞬时分布.

2. 全息信息存储

在拍摄全息照片时,改变参考光的方向,可以将不同物体拍摄在同一张底片上.再现时,只要偏转照明光束,就能将各物体互不干扰地显现出来.一张底片可以存储许多信息,如文字、图表或其他资料等.全息照片正在发展成信息存储器,其存储量要比目前使用的其他存储器高一到两个数量级.

3. 全息干涉测量术

利用两次曝光或连续曝光,可以将物体的微小形变、高速运动,如风洞中流体的流动、容器内的爆炸过程等记录在同一张底片上.再现时,可以同时获得多个相互交叠而略有差异的物体的像.多个像的光波发生干涉,分析干涉条纹,便可推算出物体变化的具体信息.

此外,还有全息电影、全息电视、全息X射线显微镜、特征字符识别等,均使用了全息术.

除光全息术外,还发展了红外全息术、微波全息术、超声全息术,这些全息术在军事侦察或监视上具有重要意义.如对可见光不透明的物体,往往对超声波"透明",因而超声全息术可用于水下侦察和监视,也可用于医疗透视以及工业无损探伤等.

习题

4.1　选择题.

(1)在杨氏双缝干涉实验中,为使屏上的干涉条纹的间距变大,可以采取的办法是(　　).

A. 使屏靠近双缝

B. 使两缝的间距变小

C. 把两缝的宽度稍微调窄

D. 改用波长较小的单色光源

(2)由两块平板玻璃构成空气劈尖,左边为棱边,用平行单色光垂直入射.若上面的平板玻璃以棱边为轴,沿逆时针方向做微小转动,则干涉条纹的(　　).

A. 间隔变小,并向棱边方向平移

B. 间隔变大,并向远离棱边的方向平移

C. 间隔不变,向棱边方向平移

D. 间隔变小,并向远离棱边的方向平移

(3)一束波长为λ的单色光由空气垂直入射到折射率为n的透明薄膜上,透明薄膜放在空气中,要使反射光得到干涉加强,则薄膜的最小厚度为(　　).

A. $\lambda/4$　　B. $\lambda/(4n)$

C. $\lambda/2$　　D. $\lambda/(2n)$

(4)在迈克耳孙干涉仪的一条光路中放入一折射率为n、厚度为d的透明薄片,则这条光路的光程改变了(　　).

A. $2(n-1)d$　　B. $2nd$

C. $2(n-1)d+\lambda/2$　　D. nd

E. $(n-1)d$

(5)在迈克耳孙干涉仪的一条光路中放入一折射率为n的透明介质薄膜后,测出两束光的光程差的改变量为一个波长λ,则薄膜的厚度是(　　).

A. $\lambda/2$　　B. $\lambda/(2n)$

C. λ/n　　D. $\lambda/[2(n-1)]$

(6)用单色光垂直照射牛顿环装置,当平凸透镜垂直向上缓慢平移而远离平板玻璃时,可以观察到环形干涉条纹(　　).

A. 向中心收缩　　B. 向外扩张

C. 向右平移　　D. 静止不动

4.2　填空题.

(1)如题4.2(1)图所示,波长为λ的平行单色光斜入射到距离为d的双缝上,入射角为θ.在图中的屏幕中央O处($\overline{S_1O}=\overline{S_2O}$),两束相干光的相位差为________.

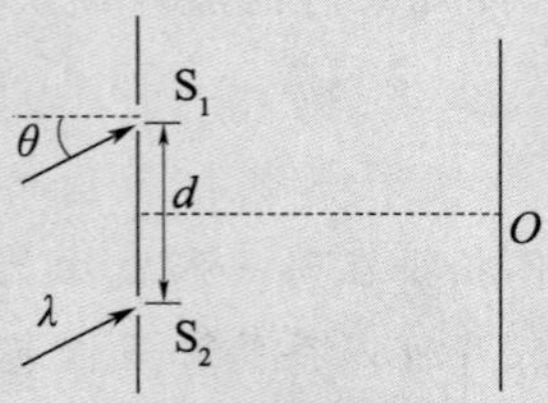

题 4.2(1)图

(2)在杨氏双缝干涉实验中,所用单色光的波长为$\lambda=562.5$ nm(1 nm$=10^{-9}$ m),双缝与观察屏的距离$D=1.2$ m,若测得屏上相邻明纹的间距为$\Delta x=1.5$ mm,则双缝的间距$d=$________.

(3)用波长$\lambda=600$ nm的单色光垂直照射牛顿环装置,第2级明纹与第5级明纹所对应的空气膜的厚度之差为________ nm.

(4)在杨氏双缝干涉实验中,整个装置的结构不变,将其全部由空气中浸入水中,则干涉条纹的间距将变________(填"疏"或"密").

(5)在杨氏双缝干涉实验中,光源沿平行于缝S_1、S_2连线方向向下做微小移动,则屏幕上的干涉条纹将向________方移动.

(6)在杨氏双缝干涉实验中,用一块透明的薄云母片盖住下面的一条缝,则屏幕上的干涉条纹将向________方移动.

(7)由两块平板玻璃构成空气劈尖,左边为棱边,用平行单色光垂直入射.若上面的平板玻璃沿垂直于下面的平板玻璃的方向向上平移,则干涉条纹将向________平移,并且条纹的间距将________.

4.3 某单色光从空气中射入水中,其频率、波速、波长是否变化?如果变化,分别怎样变化?

4.4 什么是光程?在不同的均匀介质中,若单色光通过的光程相等,其几何路程是否相同?所需时间是否相同?在光程差与相位差的关系式$\Delta\varphi=\frac{2\pi}{\lambda}\Delta$中,光波的波长要用真空中的波长,为什么?

4.5 用劈尖干涉来检测工件表面的平整度,当波长为λ的单色光垂直入射时,观察到的干涉条纹如题4.5图所示,每一条纹的弯曲部分的顶点恰与左邻的直线部分的连线相切.试说明工件缺陷是凸还是凹,并估算该缺陷的程度.

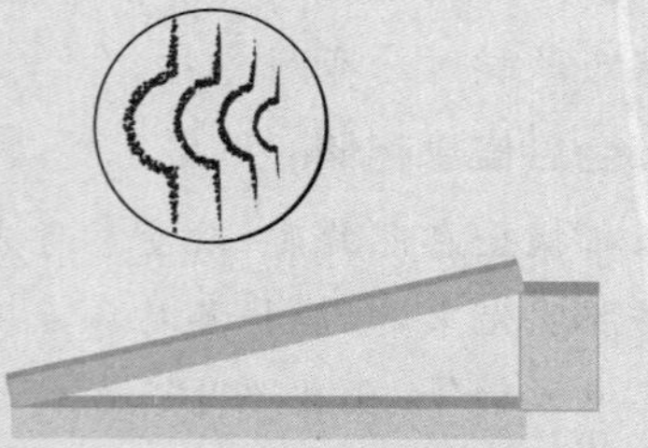
工件

题 4.5 图

4.6 在杨氏双缝干涉实验中,双缝间距$d=0.20$ mm,缝屏间距$D=1.0$ m.

(1)若第2级明纹与屏幕中心的距离为6.0 mm,计算此单色光的波长;

(2)求相邻两明纹间的距离.

4.7 在双缝装置中,用一很薄的云母片($n=1.58$)覆盖其中的一条缝,结果使屏幕上的第7级明纹恰好移到屏幕中央原零级明纹的位置.若入射光的波长为550 nm,求此云母片的厚度.

4.8 劳埃德镜干涉装置如题4.8图所示,镜长30 cm,狭缝光源S在离镜左边20 cm的平面内,与镜面的垂直距离为2.0 mm,光源的波长$\lambda=7.2\times10^{-7}$ m,试求位于镜右边缘的屏幕E上第1条明纹到镜边缘的距离.

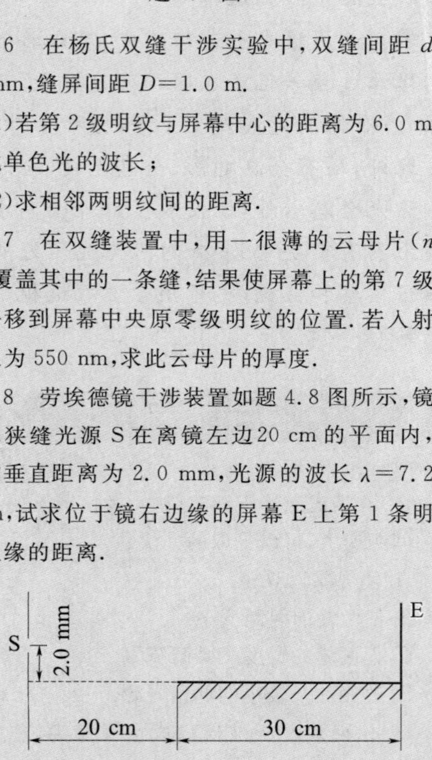

题 4.8 图

4.9 一平行单色光垂直照射在厚度均匀的薄油膜上,油膜覆盖在平板玻璃上.油的折射率为1.30,玻璃的折射率为1.50,若单色光的波长连续可调,可观察到500 nm与700 nm这两个波长的单色光在反射中消失.试求油膜层的厚度.

4.10 白光垂直照射到空气中一厚度为380 nm的肥皂膜上,设肥皂膜的折射率为1.33,试问该膜的正面呈现什么颜色?背面呈现什么颜色?

4.11 在折射率$n_1=1.52$的镜头表面涂有一层折射率$n_2=1.38$的MgF_2增透膜,如果此膜适用于波长$\lambda=550$ nm的光,问膜的厚度应取何值?

4.12　如题4.12图所示，波长为680 nm的平行光垂直照射到长 $L=0.12$ m的两块平板玻璃上，两块平板玻璃一边相互接触，另一边被直径 $d=0.048$ mm的细钢丝隔开.

(1)两块平板玻璃间的夹角 θ 是多少？

(2)相邻两明纹间空气膜的厚度差是多少？

(3)相邻两暗纹的间距是多少？

(4)在这0.12 m内呈现了多少条明纹？

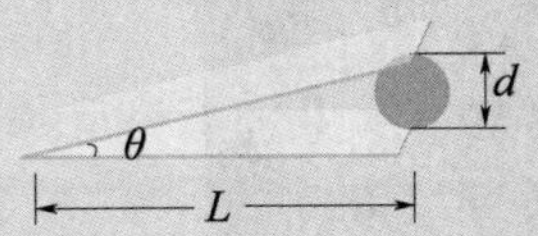

题4.12图

4.13　用波长 $\lambda=500$ nm的平行光垂直入射劈形薄膜的上表面，从反射光中观察，劈尖的棱边是暗纹. 若劈尖上面介质的折射率 n_1 大于薄膜的折射率 $n(n=1.50)$.

(1)求劈尖下面的介质的折射率 n_2 与 n 的大小关系；

(2)求第10条暗纹处薄膜的厚度；

(3)使薄膜的下表面向下平移一微小距离 Δe，干涉条纹有什么变化？若 $\Delta e=2.0\ \mu$m，则原来的第10条暗纹处将被哪级暗纹占据？

4.14　(1)若用不同波长的光观察牛顿环，如 $\lambda_1=600$ nm，$\lambda_2=450$ nm，观察到用 λ_1 时的第 k 级暗纹与用 λ_2 时的第 $k+1$ 级暗纹重合，已知透镜的曲率半径是190 cm. 求用 λ_1 时第 k 级暗纹的半径.

(2)又如在牛顿环中用波长为500 nm的光的第5级明纹与用波长为 λ_2 的光的第6级明纹重合，求未知波长 λ_2.

4.15　当牛顿环装置中的透镜与玻璃之间的空间充有液体时，第10级明纹的直径由 $d_1=1.40\times10^{-2}$ m变为 $d_2=1.27\times10^{-2}$ m，求液体的折射率.

4.16　利用迈克耳孙干涉仪可测量单色光的波长. 当 M_1 移动的距离为0.322 mm时，观察到干涉条纹移动了1 024条，求所用单色光的波长.

4.17　把折射率为 $n=1.632$ 的玻璃片放入迈克耳孙干涉仪的一条光路中，观察到有150条干涉条纹向一方移过. 若所用单色光的波长为 $\lambda=500$ nm，求此玻璃片的厚度.

第 5 章 光的衍射

上一章讨论了光的干涉，本章将讨论光的衍射. 光在传播过程中遇到障碍物时，能绕过障碍物的边缘继续前进，这种偏离直线传播的现象称为光的衍射. 和干涉一样，衍射也是波动的一个重要特征，它为光的波动说提供了有力的证据. 当激光问世以后，人们利用其衍射现象开辟了许多新的领域.

本章提要

5.1 光的衍射 惠更斯-菲涅耳原理

5.1.1 光的衍射现象及其分类

在讨论机械波时已经知道，衍射现象显著与否取决于孔隙(或障碍物)的线度与波长的比值，当孔隙(或障碍物)的线度与波长的数量级差不多时，才能观察到明显的衍射现象.然而，对于光波，由于其波长远小于一般孔隙(或障碍物)的线度，所以光的衍射现象通常不易观察到.而光的直线传播却给人们留下了深刻的印象.

在实验室中，采用高亮度的激光或普通的强点光源，并使屏幕的面积足够大，可将光的衍射现象演示出来.图5.1(a)是一个光通过单缝的实验，S为一单色点光源，K是一个可调节的狭缝，E为屏幕.实验发现，在S、K、E三者的位置固定的情况下，屏幕E上的光斑宽度取决于缝K的宽度.当缝K的宽度逐渐减小时，屏幕E上的光斑也随之缩小，这体现了光的直线传播特征.但缝K的宽度继续减小(小于10^{-4} m)时，屏幕E上的光斑不但不缩小，反而开始增大，这说明光波已“绕”到狭缝的几何阴影区，光斑的亮度也由原来的均匀分布变成一系列的明暗条纹(单色光源)或彩色条纹(白光光源)，条纹的边缘也失去了明显的界限，变得模糊不清，如图5.1(b)所示.

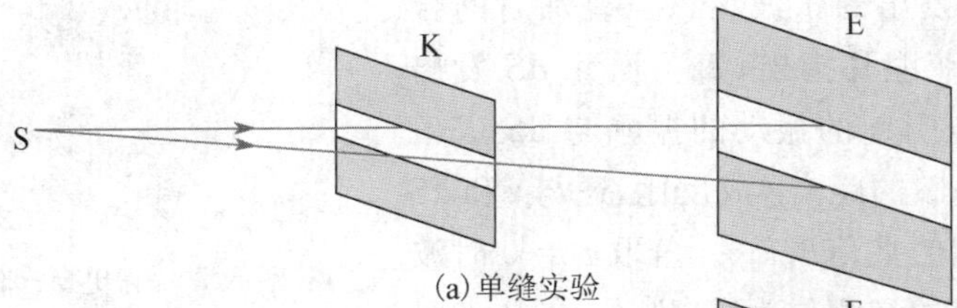

(a)单缝实验

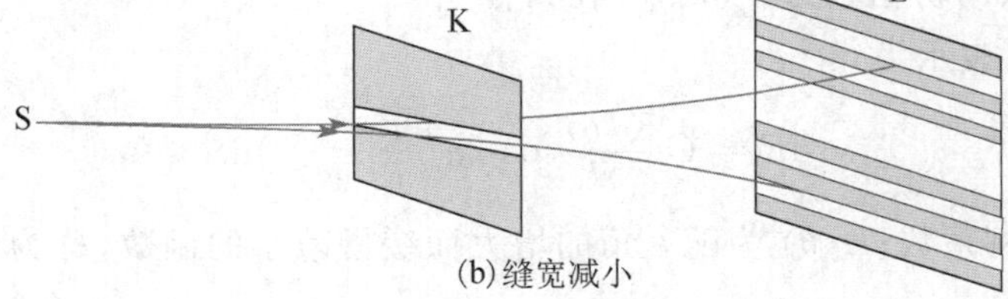

(b)缝宽减小

图5.1 光的衍射现象实验

衍射系统由光源、衍射屏和接收屏组成，通常根据三者相对位置的大小，把衍射现象分为两类:一类是光源和接收屏(或其中之一)与衍射屏的距离为有限远时的衍射，称为**菲涅耳衍射**，如图5.2(a)所示;另一类是光源和接收屏与衍射屏的距离都是无限远时的衍射，即入射到衍射屏和离开衍射屏的光都是平行光的衍射，称为**夫琅禾费衍射**，如图5.2(b)所示.本章着重讨论单缝和光栅的夫琅禾费衍射及其应用.

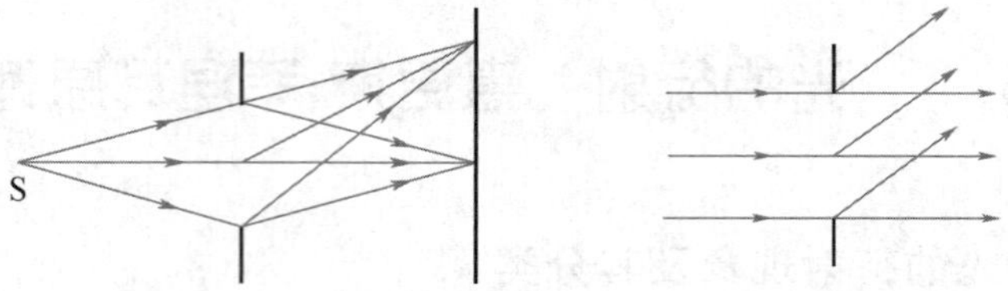

(a) 菲涅耳衍射　　(b) 夫琅禾费衍射

图 5.2　衍射现象的分类

5.1.2　惠更斯-菲涅耳原理

惠更斯

惠更斯原理指出:波阵面上的每一点都可看成发射子波的新波源,任意时刻子波的包迹即为新的波阵面.惠更斯原理可以解释光通过衍射屏时为什么传播方向会发生改变,但不能解释为什么会出现衍射条纹,更不能计算条纹的位置和光强的分布.在这一方面,菲涅耳用子波相干叠加的设想发展了惠更斯原理.菲涅耳认为:**从同一波阵面上各点发出的子波,在传播过程中相遇时,也能相互叠加而产生干涉现象,空间各点波的强度,由各子波在该点的相干叠加所确定**.这个发展了的惠更斯原理称为**惠更斯-菲涅耳原理**.

惠更斯-菲涅耳原理

根据菲涅耳的子波相干叠加的设想,如果已知光波在某时刻的波阵面 S,如图 5.3 所示,则空间任意点 P 的光振动可由波阵面 S 上各面元 $\mathrm{d}S$ 发出的子波在该点叠加后的合振动来表示.菲涅耳指出,每一面元 $\mathrm{d}S$ 发出的子波在 P 点引起的振动的振幅与 $\mathrm{d}S$ 成正比,与 P 点到 $\mathrm{d}S$ 的距离 r 成反比,还与 $\boldsymbol{r}$ 和 $\mathrm{d}S$ 的法线 $\boldsymbol{n}$ 之间的夹角 θ 有关.若取 $t=0$ 时波阵面 S 上各点的初相位为零,则 $\mathrm{d}S$ 在 P 点引起的光振动可表示为

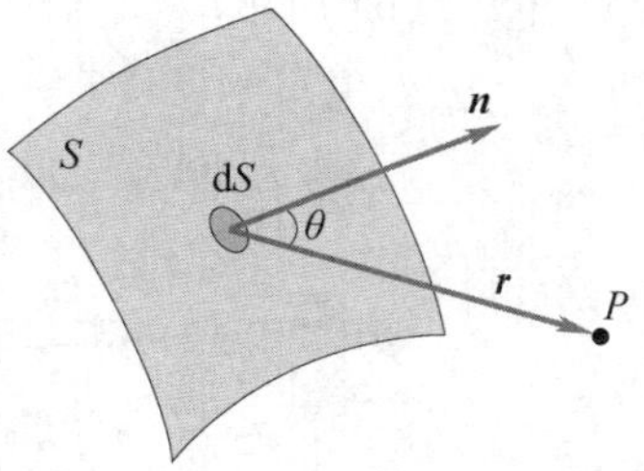

图 5.3　惠更斯-菲涅耳原理

$$\mathrm{d}E = C\frac{K(\theta)}{r}\cos 2\pi\left(\frac{t}{T}-\frac{r}{\lambda}\right)\mathrm{d}S \tag{5.1}$$

式中,C 为比例系数;$K(\theta)$ 为随 θ 角的增大而缓慢减小的函数,称为倾斜因子.当 $\theta=0$ 时,$K(\theta)$ 最大;当 $\theta \geqslant \frac{\pi}{2}$ 时,$K(\theta)=0$,因而子波叠加后的振幅为零.借此可以说明为什么子波不能向后传播.

波阵面上所有面元 $\mathrm{d}S$ 发出的子波在 P 点引起的合振动可表示为

$$E=\int \mathrm{d}E=\int C\frac{K(\theta)}{r}\cos 2\pi\left(\frac{t}{T}-\frac{r}{\lambda}\right)\mathrm{d}S \tag{5.2}$$

这便是惠更斯-菲涅耳原理的数学表达式.它是研究衍射问题的理论基础,可以解释并定量计算各种衍射场的分布,但计算相当复杂.下面采用菲涅耳提出的半波带法来讨论单缝夫琅禾费衍射现象,以避免繁杂的计算.

5.2 单缝夫琅禾费衍射

图5.4所示是单缝夫琅禾费衍射实验原理.在衍射屏K上开有一个细长狭缝,单色光源S发出的光经透镜L_1后变为平行光束,射向单缝后产生衍射,再经透镜L_2聚焦在焦平面处的屏幕E上,呈现出一系列平行于狭缝的衍射条纹.

单缝夫琅禾费衍射

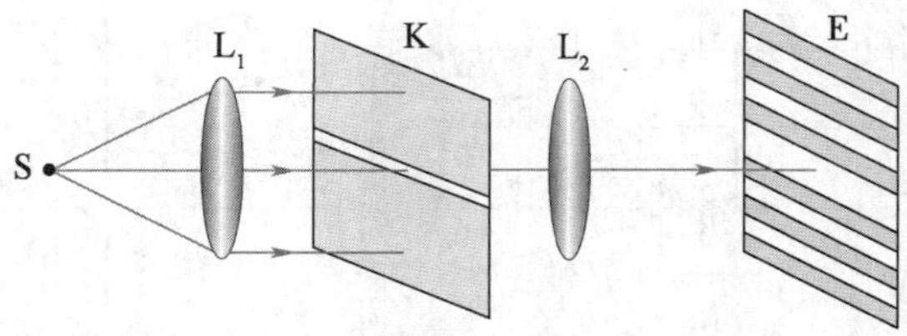

图5.4 单缝夫琅禾费衍射实验原理

现在用菲涅耳半波带法来分析产生明、暗纹的条件.

设单缝K的宽度为a(如图5.5所示的AB,为方便理解,特将缝放大),在平行单色光的垂直照射下,单缝所在处的平面AB也就是入射光束的一个波阵面(等相位面).按照惠更斯原理,波阵面上的每一点都可以发射子波,并以球面波的形式向各方向传播.显然,每一子波源发出的光线有无穷多条,每个可能的方向都有,这些光线都称为衍射光线.例如,图5.5中A点上的1、2、3光线就代表该点发出的任意3个传播方向的光线.而波阵面上各点发出的各条衍射光,则互相构成各方向的平行光束.如图5.5中,光线$1,1',1'',1''',\cdots$构成一个平行光束,光线$2,2',2'',2''',\cdots$构成另一个方向的平行光束,以此类推.每一个方向的平行光与原入射方向间的夹角用φ表示,φ就称为衍射角.按几何光学原理,各平行光束经过透镜L_2后,会聚于焦平面(屏幕E)上的不同位置处.由于每一束平行光中所包含的光线均来自同一光源S,根据惠更斯-菲涅耳原理,各平行光线间有干涉作用,因而在屏幕上形成明、暗纹.

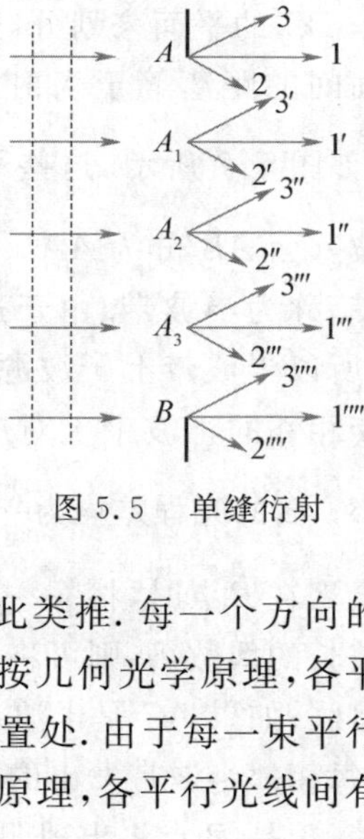

图5.5 单缝衍射

首先,考虑沿入射光方向传播的衍射光(1),如图5.6所示,这些衍射光线从AB面发出时其相位是相同的,而经过透镜又不会引起附加光程差,它们经透镜会聚于焦点P_0时,相位仍然相同,因此它们在P_0点处的光振动是相互加强的,于是在P_0点处出现明纹,为中央明纹中心.

夫琅禾费

其次,考虑一束与原入射方向成φ角的衍射光线(2),它们经过透镜后会聚于屏幕上的P点.显然,由单缝AB上各点发出的衍射光到达P点的光程各不相同,因而各子波在P点的相位也各不相同.其光程差可作这样的分析:过B点作平面BC与衍射光线(2)垂直,由透镜的等光程性可知,BC面上各点到达P点的光程都相等,因此各衍射光到达P点时的相位差就等于它们在BC面上的相位差,它取决

于各衍射光从 AB 面上相应位置到 BC 面的光程差. 例如，单缝边缘 A、B 两点衍射光间的光程差为 $AC = a\sin\varphi$，显然，这是沿 φ 角方向各衍射光线之间的最大光程差，其他各衍射光间的光程差连续变化. 衍射角 φ 不同，最大光程差 AC 不同，P 点的位置也不同. 由下文所述的菲涅耳半波带法的分析可知，屏幕上不同点的光强分布，正是取决于这最大光程差.

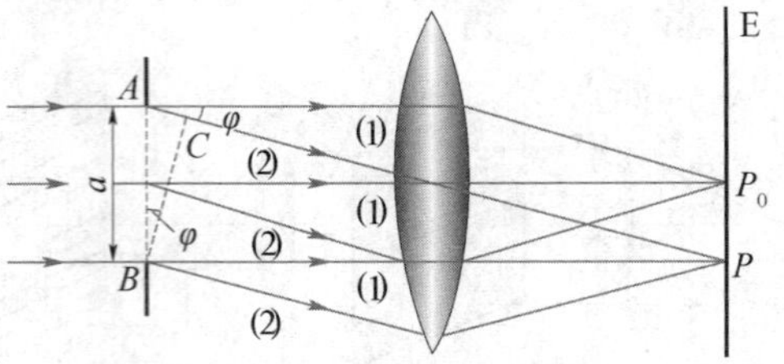

图 5.6　单缝衍射条纹的位置

菲涅耳将波阵面 AB 分割成许多面积相等的波带来研究. 其方法是：将 AC 用一系列平行于 BC 的平面来划分，这些平面中两个相邻平面间的距离等于入射单色光的半波长，即 $\frac{\lambda}{2}$，如图 5.7 所示. 这些平面同时也将单缝处的波阵面 AB 分为 AA_1、A_1A_2、A_2B 等整数个波带，称为**半波带**. 由于这些半波带的面积相等，所以半波带上子波源的数目也相等. 任何两个相邻的半波带上对应点所发出的光线到达 BC 面的光程差均为 $\frac{\lambda}{2}$，即相位差为 π，经透镜会聚在 P 点时，将一一相互抵消. 如果 AC 是半波长的偶数倍，则可将单缝上的波阵面 AB 分成偶数个半波带，于是在 P 点将出现暗纹；如果 AC 是半波长的奇数倍，则可将单缝上的波阵面 AB 分成奇数个半波带，每相邻半波带发出的衍射光都成对抵消，最后剩下一个半波带的光线没有被抵消，于是 P 点将出现明纹.

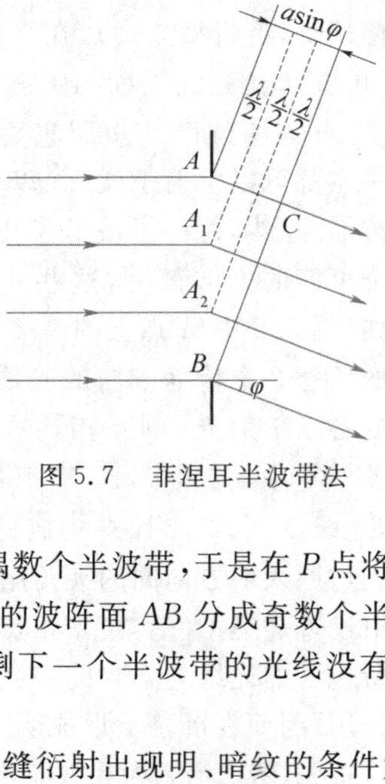

图 5.7　菲涅耳半波带法

综上所述，当平行单色光垂直于单缝入射时，单缝衍射出现明、暗纹的条件为

$$a\sin\varphi = \begin{cases} 0 & \text{中央明纹中心} \\ \pm k\lambda & \text{暗纹} \\ \pm(2k+1)\dfrac{\lambda}{2} & \text{明纹} \end{cases} \quad (k = 1,2,3,\cdots) \tag{5.3}$$

式中，k 为级次，正、负号表示衍射条纹对称分布于中央明纹的两侧.

单缝衍射的光强分布

必须指出，对于任意衍射角 φ 来说，AB 一般不能恰好分成整数个半波带，即 AC 不一定等于 $\frac{\lambda}{2}$ 的整数倍，对应这些衍射角的衍射光束，经透镜会聚后，在屏幕上的光强介于最大光强与最小光强之间. 因而在单缝衍射条纹中，光强的分布并不是均匀的. 如图 5.8 所示，中央明纹最亮，条纹也最宽(约为其他明纹宽度的两倍)，中央明纹的宽度是指两个第 1 级暗纹中心的间距，因此满足$a\sin\varphi_0=-\lambda$与$a\sin\varphi_0=\lambda$. 当φ_0很小时，$\varphi_0\approx\sin\varphi_0=\pm\dfrac{\lambda}{a}$，因此中央明纹的角宽度(两个第 1 级暗纹中心对凸透镜中心所张的角度) 即为$2\varphi_0\approx2\dfrac{\lambda}{a}$. 有时也用半角宽度描述，即

$$\varphi_0=\frac{\lambda}{a} \tag{5.4}$$

这一关系称为衍射的反比律. 以f表示透镜的焦距，则在屏幕上观察到的中央明纹的线宽度为

$$\Delta x_0=2f\tan\varphi_0=2\frac{\lambda}{a}f \tag{5.5}$$

显然，其他明纹的角宽度近似为

$$\Delta\varphi=(k+1)\frac{\lambda}{a}-k\frac{\lambda}{a}=\frac{\lambda}{a} \tag{5.6}$$

其线宽度为$\Delta x=\dfrac{\lambda}{a}f$. 实际上，各级明纹的亮度随着级次的增大而迅速减小. 这是因为φ角越大，AB 波面被分成的半波带数越多，每个半波带的面积减小，透过来的光通量也越小，因而未被抵消的半波带上发出的光在屏幕上产生的明纹的亮度越低.

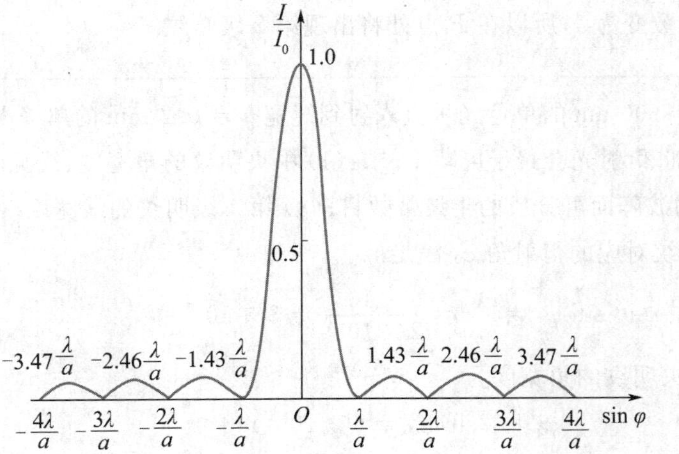

图 5.8　单缝衍射光强分布

当缝宽a一定时，对同一级衍射条纹，波长λ越大，衍射角φ越大，因此，若用白光入射，除中央明纹的中部仍是白色外，其两侧将出现一系列由紫到红的彩色条纹，称为衍射光谱.

由式(5.3) 和式(5.4) 可知，对波长λ一定的单色光来说，a 越小(a 不能小于λ)，各级条纹所对应的φ角就越大，即衍射越明显；a 越大，各级条纹所对应的φ角

就越小,这些条纹都密集于中央明纹附近而逐渐分辨不清,也就是衍射作用越不明显.如果 $a \gg \lambda$,各级衍射条纹将集中在 P_0 点附近,形成单一的明纹,这就是透镜所成的单缝的像.这个像相当于是 φ_0 趋于零时平行光束形成的,也就是说,它是由入射到 AB 面的平行光束沿直线传播所引起的.由此可见,中央明纹的中心就是几何光学的像点.这样,在衍射实验的实际操作中,可借助几何光学的成像规律,迅速找到中央明纹的位置.一般只能看到光的直线传播现象,是因为光的波长极短,而障碍物上缝的宽度比波长大很多,因而衍射现象极不明显.只有当缝较窄,以至其宽度可与波长相比拟时,衍射现象才较为显著.

例 5.1　用波长为 λ 的单色光照射狭缝,得到单缝夫琅禾费衍射图样,第 3 级暗纹位于屏幕上的 P 点处,问:

(1) 若将狭缝宽度减小到原来的一半,那么 P 点处是明纹还是暗纹?

(2) 若用波长为 1.5λ 的单色光照射狭缝,P 点处是明纹还是暗纹?

解　利用半波带法直接求解.与暗纹对应的半波带数为偶数 $2k$($k = 1,2,3,\cdots$,为暗纹级次);与除中央明纹外的明纹对应的半波带数为奇数 $2k+1$($k = 1,2,3,\cdots$,为明纹级次).

根据已知条件,在屏上 P 点处出现第 3 级暗纹,所以对于 P 点,狭缝处的波阵面可划分为 6 个半波带.

(1) 若缝宽减小到原来的一半,对于 P 点,狭缝处的波阵面可分为 3 个半波带,则在 P 点处出现第 1 级明纹.

(2) 若改用波长为 1.5λ 的单色光照射,则狭缝处的波阵面可划分的半波带数变为原来的 $\frac{1}{1.5}$,对于 P 点,半波带数变为 4,所以在 P 点处将出现第 2 级暗纹.

例 5.2　波长 $\lambda = 600$ nm 的单色光垂直入射到缝宽 $a = 0.2$ mm 的单缝上,缝后用焦距 $f = 50$ cm 的会聚透镜将衍射光会聚于屏幕上.求:(1) 中央明纹的角宽度、线宽度;(2) 第 1 级明纹的位置及单缝处的波阵面可分成的半波带数目;(3) 第 1 级明纹的线宽度.

解　(1) 第 1 级暗纹对应的衍射角 φ_0 满足

$$\sin\varphi_0 = \frac{\lambda}{a} = \frac{6\times10^{-7}}{2\times10^{-4}} = 3\times10^{-3}$$

因 $\sin\varphi_0$ 很小,可知中央明纹的角宽度为

$$2\varphi_0 \approx 2\sin\varphi_0 = 6\times10^{-3}\ \text{rad}$$

第 1 级暗纹中心到中央明纹中心的距离为

$$x_1 = f\tan\varphi_0 \approx f\varphi_0 = 0.5\times3\times10^{-3}\ \text{m} = 1.5\ \text{mm}$$

因此中央明纹的线宽度为

$$\Delta x_0 = 2x_1 = 2\times1.5\ \text{mm} = 3\ \text{mm}$$

(2) 第 1 级明纹对应的衍射角 φ 满足

$$\sin\varphi = (2k+1)\frac{\lambda}{2a} = \frac{3\times6\times10^{-7}}{2\times2\times10^{-4}} = 4.5\times10^{-3}$$

所以第 1 级明纹中心到中央明纹中心的距离为

$$x = f\tan\varphi \approx f\sin\varphi = 0.5\times 4.5\times 10^{-3}\ \text{m} = 2.25\ \text{mm}$$

对应该 φ 值，单缝处的波阵面可分成的半波带数目为

$$2k+1=3$$

(3) 设第 2 级暗纹中心到中央明纹中心的距离为 x_2，对应的衍射角为 φ_2，故第 1 级明纹的线宽度为

$$\Delta x = x_2 - x_1 = f\tan\varphi_2 - f\tan\varphi_1 \approx f\left(\frac{2\lambda}{a}-\frac{\lambda}{a}\right)=\frac{\lambda}{a}f$$

$$=\frac{6\times 10^{-7}\times 0.5}{2\times 10^{-4}}\ \text{m} = 1.5\ \text{mm}$$

由此可见，第 1 级明纹的线宽度约为中央明纹线宽度的一半.

5.3　衍射光栅

从上节的讨论可知，原则上可以利用单色光通过单缝时所产生的衍射条纹来测定该单色光的波长. 但为了保证测量的准确性，要求衍射条纹必须分得很开，条纹既细且明亮. 然而，对单缝衍射来说，这两个要求难以同时达到. 因为若要条纹分得开，单缝的宽度 a 就要很小，这样通过单缝的光的能量就少，以致条纹不够明亮且难以看清楚；反之，若加大缝宽 a，虽然观察到的条纹较明亮，但条纹间距变小，不容易分辨. 实际上，测定光波的波长时，往往不是使用单缝，而是采用能满足上述测量要求的衍射光栅.

衍射光栅

5.3.1　光栅衍射现象

由大量等间距、等宽度的平行狭缝所组成的光学元件称为**衍射光栅**. 用于透射光衍射的称为透射光栅，用于反射光衍射的称为反射光栅. 常用的透射光栅是在一块玻璃片上刻画许多等间距、等宽度的平行刻痕，刻痕处相当于毛玻璃而不易透光，刻痕之间的光滑部分可以透光，相当于一个单缝，如图 5.9 所示. 缝的宽度 a 和刻痕的宽度 b 之和，即 $a+b$，称为**光栅常量**. 现代用的衍射光栅，在 1 cm 内可刻上 $10^3\sim10^4$ 条缝，所以一般的光栅常量为 $10^{-6}\sim10^{-5}$ m.

为什么太阳光下的光盘表面会出现彩色光带？

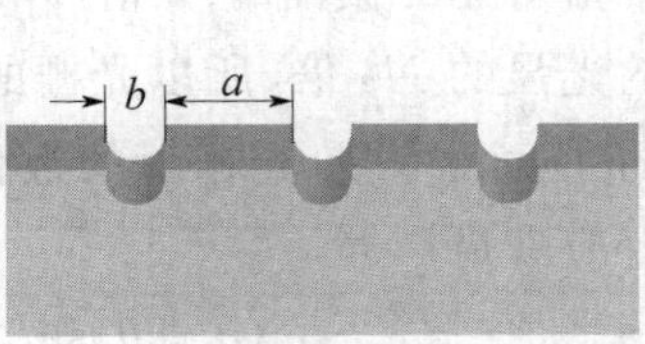

图 5.9　光栅

如图 5.10 所示，平行单色光垂直照射到光栅上，由光栅射出的光线经透镜 L 后会聚于屏幕 E 上，因而在屏幕上出现平行于狭缝的明暗相间的光栅衍射条纹. 这些条纹的特点是：明纹很亮很窄，相邻明纹间的暗区很宽，衍射图样十分清晰.

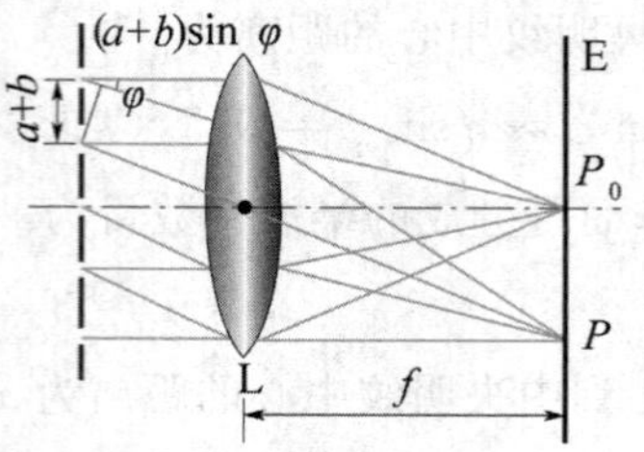

图 5.10　光栅衍射

5.3.2　光栅衍射规律

光栅是由许多单缝组成的,每条缝都在屏幕上各自形成单缝衍射图样,由于各缝的宽度均为 a,故它们形成的衍射图样都相同.各缝中 φ 为零的衍射光(垂直于透镜入射的平行光)经透镜 L 后,都会聚在透镜主光轴的焦点上,即图 5.10 中的 P_0 点,这就是各单缝衍射的中央明纹的中心位置.可见,由于透镜 L 的作用,各缝形成的衍射图样在屏幕上是完全重合的.另外,各缝的衍射光在屏幕上重叠时,由于它们都是相干光,缝与缝之间的衍射光将产生干涉,其干涉条纹的明暗分布取决于相邻两缝到会聚点的光程差.因此,分析屏幕上形成的光栅衍射条纹,既要考虑各缝的衍射,又要考虑各缝之间的干涉,即考虑单缝衍射与多缝干涉的总效果.

光栅与相控阵雷达

1. 光栅公式

下面讨论明纹的位置.当平行单色光垂直照射光栅时,每条缝均向各方向发出衍射光,发自各缝的具有相同衍射角 φ 的一组平行光都会聚于屏上同一点,如图 5.10 中的 P 点,这些光波彼此叠加发生干涉,称为**多光束干涉**.从图 5.10 中可以看出,任意相邻两缝射出的衍射角为 φ 的两衍射光到达 P 点处的光程差均为 $(a+b)\sin\varphi$,如果此值恰好是入射光波长 λ 的整数倍,则这两衍射光在 P 点将满足干涉加强条件.这时,其他任意两缝沿该衍射角 φ 方向射出的两衍射光,到达 P 点处的光程差也一定是 λ 的整数倍,于是所有各缝沿该衍射角 φ 方向射出的衍射光在屏上会聚时,均相互加强,形成明纹.这时在 P 点的衍射光合振幅应是来自一条缝的衍射光的振幅的 N 倍(N 表示光栅缝的总数),合光强则是来自一条缝的衍射光的光强的 N^2 倍,所以光栅的多光束干涉形成的明纹的亮度要比一条缝发出的光的亮度大得多.光栅缝的数目越多,明纹越明亮.由此可知,光栅衍射的明纹的位置应满足

$$(a+b)\sin\varphi = k\lambda \quad (k=0,\pm 1,\pm 2,\cdots) \tag{5.7}$$

上式称为**光栅公式**.式中,k 为明纹级次.这些明纹细窄而明亮,通常称为主极大条纹.$k=0$ 的明纹为零级主极大,$k=1$ 的明纹为第 1 级主极大,其余以此类推.正、负号表示各级主极大在零级主极大两侧对称分布.从光栅公式可以看出,在波长一定的单色光的照射下,光栅常量 $(a+b)$ 越小,各级明纹的 φ 角越大,因而相邻两条明纹分得越开.

以上讨论的是平行单色光垂直入射到光栅上的情况.如果平行单色光倾斜地

入射到光栅上，入射方向与光栅平面法线之间的夹角为 θ，那么相邻两缝的入射光在入射到光栅前已有光程差 $(a+b)\sin\theta$，所以光线斜入射时的光栅公式应为

$$(a+b)(\sin\varphi \pm \sin\theta) = k\lambda \qquad (k = 0, \pm 1, \pm 2, \cdots) \tag{5.8}$$

式中，φ 表示衍射方向与光栅平面法线间的夹角. φ 与 θ 均取正值，当 φ 与 θ 在法线同侧时，如图 5.11(a) 所示，式中左边括号中取加号，在异侧时取减号，如图 5.11(b) 所示.

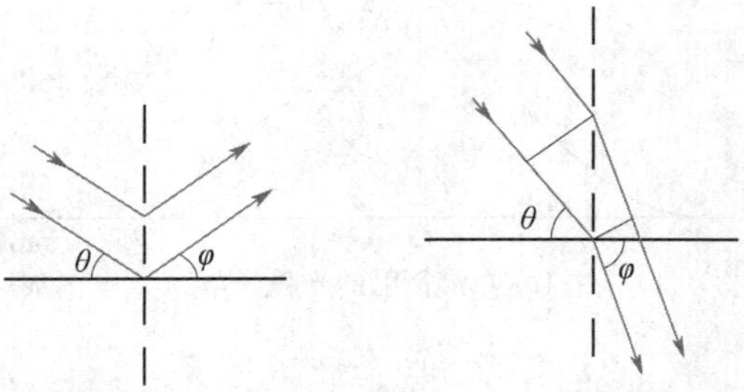

(a) φ 与 θ 在法线同侧　　(b) φ 与 θ 在法线异侧

图 5.11　平行单色光的倾斜入射

2. 暗纹条件

在光栅衍射中，相邻两主极大之间还分布着一些暗纹. 这些暗纹是由各缝射出的衍射光因干涉减弱而形成的. 可以证明，若 φ 满足

$$(a+b)\sin\varphi = \left(k + \frac{n}{N}\right)\lambda \qquad (k = 0, \pm 1, \pm 2, \cdots) \tag{5.9}$$

则出现暗纹. 式中，k 为主极大级次；N 为光栅缝总数；n 为正整数，取值为 $n = 1, 2, \cdots, N-1$. 由上式可知，在两个主极大之间，分布着 $N-1$ 条暗纹. 显然，在这 $N-1$ 条暗纹之间的位置光强不为零，但其光强比各级主极大的光强要小得多，称为次级明纹. 所以在相邻两主极大之间分布有 $N-1$ 条暗纹和 $N-2$ 条光强极弱的次级明纹，这些明纹几乎是观察不到的，因此实际上在两个主极大之间是一片连续的暗区. 从式(5.9) 可知，缝数 N 越多，暗纹也越多，因而暗区越宽，明纹越细.

3. 单缝衍射对光强分布的影响

以上讨论多光束干涉时，并没有考虑各缝(单缝) 衍射对屏上条纹光强分布的影响. 实际上，由于单缝衍射在不同的 φ 方向上，衍射光的光强是不同的，所以光栅衍射的不同位置的明纹，是来源于不同光强的衍射光的干涉加强. 也就是说，多光束干涉的各明纹要受单缝衍射的调制. 单缝衍射光强大的方向，明纹的光强也大；单缝衍射光强小的方向，明纹的光强也小. 图 5.12 是一个 $N = 5$ 的光栅衍射的光强分布示意图，图 5.12(a) 是只考虑多光束干涉的光强分布，图 5.12(b) 是各单缝衍射的光强分布，图 5.12(c) 是受单缝衍射调制的多光束干涉的光强分布，即光栅衍射的光强分布. 光栅衍射各级明纹的光强的包络线与单缝衍射的光强曲线相似.

光栅衍射的光强分布及缺级现象

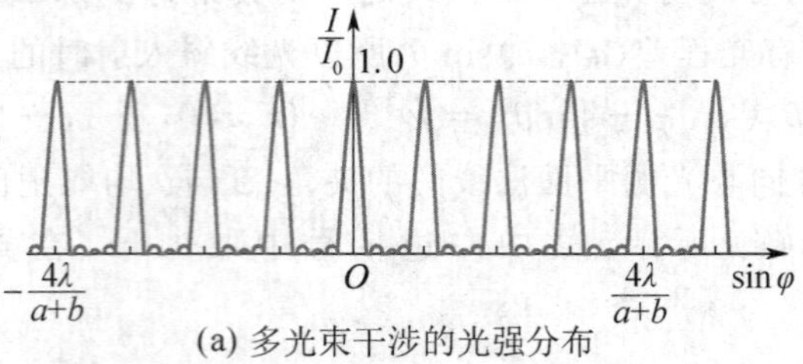

(a) 多光束干涉的光强分布

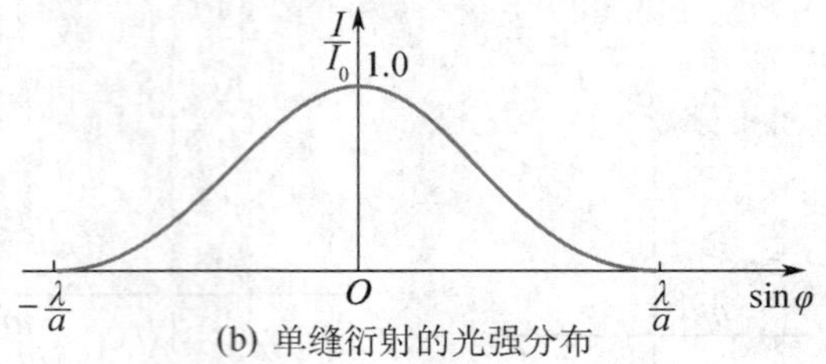

(b) 单缝衍射的光强分布

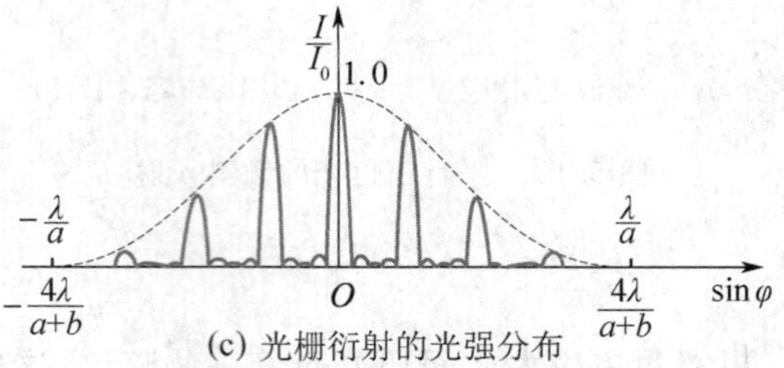

(c) 光栅衍射的光强分布

图 5.12　光栅衍射的光强分布示意图

4. 缺级现象

前面讨论光栅公式$(a+b)\sin\varphi = k\lambda$时，只是从多光束干涉的角度说明了叠加光强最大而产生明纹的必要条件，但当这一φ角位置同时也满足单缝衍射的暗纹条件$a\sin\varphi = k'\lambda$时，可将这一位置看成光强为零的“干涉加强”. 所以从光栅公式看来，应出现某k级明纹的位置，实际上却是暗纹，即k级明纹不出现，这种现象称为光栅的**缺级现象**. 将上述两式相比，可知缺级条件为

$$k = k'\frac{a+b}{a} \quad (k' = 1,2,3,\cdots) \tag{5.10}$$

一般地，只要$\frac{a+b}{a}$为整数，则对应的第k级明纹的位置一定出现缺级现象.

5.3.3　光栅光谱

由光栅公式可知，在光栅常量一定的情况下，衍射角φ的大小与入射光的波长有关. 因此当白光通过光栅后，各种不同波长的光将产生各自分开的主极大. 屏幕上除零级主极大由各种波长的光混合仍为白色外，其两侧将形成各级由紫到红对称排列的彩色光带，这些光带的整体称为**衍射光谱**，如图 5.13 所示. 对于同一级的条纹，由于波长短的光的衍射角小，波长长的光的衍射角大，所以光谱中紫光(图中以V表示）靠近零级主极大，红光（图中以R表示）则远离零级主极大.在第2级和第3级光谱中，发生了重叠，级次越大，重叠情况越复杂，实际上很难区分.

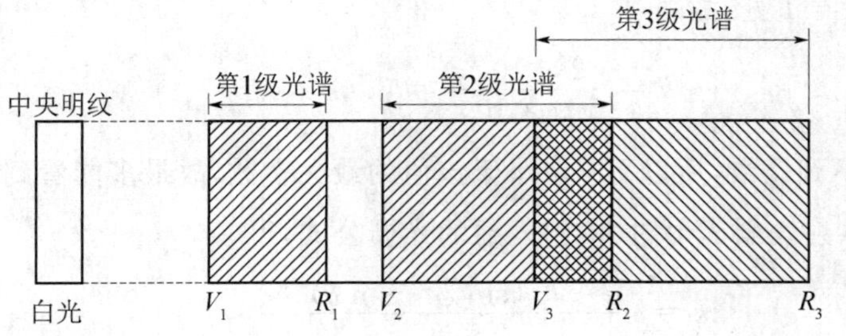

图5.13　光栅光谱

由于光栅可以把不同波长的光分隔开，且光栅衍射条纹的宽度窄，测量误差较小，因此常用它作为分光元件，其分光性能比棱镜优越得多.

2016年，中国科学院长春光学精密机械与物理研究所（以下简称"长春光机所"）成功研发出大面积、高精度中阶梯光栅，这种高精度光栅在高分辨率光谱仪、激光技术、精密测量以及天文观测等领域有着广泛的应用，天问一号火星探测器的火星表面成分探测仪就装备了长春光机所光栅技术研究中心研制的三款高精度光栅.

例5.3　用波长为590 nm的钠光垂直照射到每厘米刻有5 000条缝的光栅上，在光栅后放置一焦距为20 cm的会聚透镜，(1)求第1级与第3级明纹的距离；(2)最多能看到第几级明纹？(3)若光线以30°的入射角斜入射，最多能看到第几级明纹？请确定零级主极大中心的位置.

解　(1)光栅常量为

$$a+b=\frac{L}{N}=\frac{1\times10^{-2}}{5\ 000}\ \mathrm{m}=2\times10^{-6}\ \mathrm{m}$$

由光栅公式

$$(a+b)\sin\varphi=k\lambda$$

得第1级和第3级明纹对应的衍射角分别为

$$\sin\varphi_1=\frac{\lambda}{a+b}=0.295,\quad \varphi_1\approx17.2^\circ$$

$$\sin\varphi_3=\frac{3\lambda}{a+b}=0.885,\quad \varphi_3\approx62.3^\circ$$

值得注意的是，当衍射角φ较大时，$\tan\varphi$不能近似等于$\sin\varphi$.因为$\tan\varphi=\frac{x}{f}$，所以第1级与第3级明纹的距离为

$$\Delta x=x_3-x_1=f(\tan\varphi_3-\tan\varphi_1)=20\times10^{-2}(\tan 62.3^\circ-\tan 17.2^\circ)\ \mathrm{m}=0.32\ \mathrm{m}$$

(2) 由光栅公式$(a+b)\sin\varphi = k\lambda$,得

$$k=\frac{(a+b)\sin\varphi}{\lambda}$$

k 的最大值出现在 $\sin\varphi=1$ 处,故

$$k=\frac{2\times10^{-6}}{5.9\times10^{-7}}=3.4$$

因为 $\varphi=90^\circ$ 时实际看不到条纹,所以 k 应取小于该值的最大整数,故最多能看到第 3 级明纹.

(3) 光线以 30° 的入射角斜入射时,由斜入射的光栅公式,得

$$k=\frac{(a+b)(\sin\varphi+\sin\theta)}{\lambda}$$

由题意知 $\theta=30^\circ$,$\varphi=90^\circ$,代入上式,得

$$k=\frac{2\times10^{-6}}{5.9\times10^{-7}}(1+\sin 30^\circ)=5.1$$

取 $k=5$,即斜入射时,最多能看到第 5 级明纹.

此时零级主极大的位置可由光栅公式 $k=0$ 求得,即

$$(a+b)(\sin\varphi-\sin\theta)=k\lambda=0$$

可得

$$\varphi=\theta=30^\circ$$

即零级主极大中心在平行于入射光方向的副光轴与透镜焦平面的交点上,它到屏幕中心的距离为

$$x=f\tan 30^\circ=0.2\times\frac{1}{\sqrt{3}}\ \text{m}=0.115\ \text{m}$$

例 5.4 在垂直入射于光栅的平行光中,有 λ_1 和 λ_2 两种波长.已知波长为 λ_1 的光的第 3 级光谱线(第 3 级明纹)与波长为 λ_2 的光的第 4 级光谱线恰好重合在距中央明纹 5 mm 处,而 $\lambda_2=486.1$ nm,并发现波长为 λ_1 的光的第 5 级光谱线缺级.透镜的焦距为 0.5 m.试求:(1)λ_1 及光栅常量$(a+b)$;(2) 光栅的最小缝宽 $a_{\min}$.

解 利用光栅公式、缺级条件,结合衍射光路直接求解.

(1) 由光栅公式

$$(a+b)\sin\varphi=k\lambda$$

并结合题意可知

$$(a+b)\sin\varphi=k_1\lambda_1=k_2\lambda_2$$

所以

$$\lambda_1=\frac{k_2}{k_1}\lambda_2=\frac{4}{3}\times486.1\ \text{nm}=648.1\ \text{nm}$$

又因为 $\tan\varphi=\dfrac{x}{f}=0.01$,故 φ 很小,有

$$\sin\varphi\approx\tan\varphi=0.01$$

所以
$$a+b=\frac{k_2\lambda_2}{\sin\varphi}=\frac{4\times 486.1\times 10^{-9}}{0.01}\text{ m}$$
$$=1.94\times 10^{-4}\text{ m}$$

(2) 当第 k 级光谱线缺级时，满足

$$(a+b)\sin\varphi=k\lambda$$
$$a\sin\varphi=k'\lambda$$

两式相除，得
$$a=\frac{k'}{k}(a+b)$$

最小缝宽对应 $k'=1$，即第 k 级因落在单缝衍射第1级暗纹上而缺级. 所以，缝的最小宽度为

$$a_{\min}=\frac{1\times 1.94\times 10^{-4}}{5}\text{ m}=3.88\times 10^{-5}\text{ cm}$$

例 5.5 一个每厘米均匀刻有200条刻线的光栅，用白光照射，在光栅后放一焦距 $f=500$ cm 的凸透镜，在凸透镜的焦平面处有一个屏幕，如果在屏幕上开一条宽 $\Delta x=1$ mm 的细缝，细缝的内侧边缘离中央主极大中心5.0 cm，如图5.14所示. 试求什么波长范围的可见光可通过细缝.

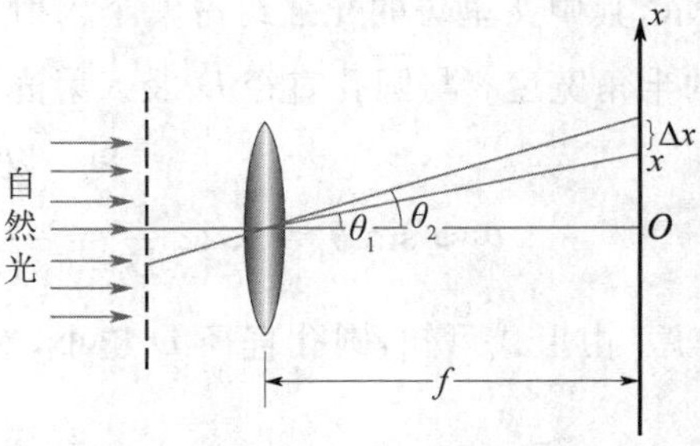

图 5.14 例 5.5 图

解 利用光栅公式和衍射光路图求出在 Δx 范围内的衍射光的波长范围. 此例给出了一种选择和获得准单色光的方法.

按题意，光栅常量为

$$a+b=\frac{1\times 10^{-2}}{200}\text{ m}=5.0\times 10^{-5}\text{ m}$$

由于 $\tan\theta_1=\frac{x}{f}=\frac{5}{500}=0.01$，$\tan\theta_2=\frac{x+\Delta x}{f}=\frac{5.1}{500}=0.010\,2$，$\theta_1$ 和 θ_2 都很小，所以 $\sin\theta\approx\tan\theta$，根据光栅公式，有

$$\sin\theta_1=\frac{k_1\lambda_1}{a+b}\approx\tan\theta_1$$
$$\sin\theta_2=\frac{k_2\lambda_2}{a+b}\approx\tan\theta_2$$

因此

$$k_1\lambda_1 = \tan\theta_1(a+b) = 0.01\times5.0\times10^{-5}\ \mathrm{m} = 500\ \mathrm{nm}$$

$$k_2\lambda_2 = \tan\theta_2(a+b) = 0.010\,2\times5.0\times10^{-5}\ \mathrm{m} = 510\ \mathrm{nm}$$

显然,在可见光范围内,k_1 和 k_2 都只能取1,所以可通过细缝的可见光的波长范围为

$$500\ \mathrm{nm}\leqslant\lambda\leqslant510\ \mathrm{nm}$$

5.4 圆孔衍射 光学仪器的分辨率

圆孔衍射 光学仪器的分辨率

5.4.1 圆孔衍射

在单缝夫琅禾费实验装置中,若用一小圆孔代替狭缝,也会产生衍射现象.如图5.15(a)所示,当平行单色光垂直照射小圆孔K时,在透镜L的焦平面处的屏幕E上可以观察到圆孔夫琅禾费衍射图样,其中央是一明亮圆斑,周围为一组明暗相间的同心圆环,由第1级暗环所围成的中央光斑称为**艾里斑**,艾里斑的直径为 d,其半径对透镜L的光心的张角 θ 称为艾里斑的**半角宽度**.圆孔夫琅禾费衍射图样如图5.15(b)所示,其中艾里斑的光强约占整个入射光光强的80%以上.根据理论计算,艾里斑的半角宽度 θ 与圆孔直径 D 及入射光的波长 λ 的关系为

$$\theta\approx\sin\theta = 1.22\frac{\lambda}{D} = \frac{\frac{d}{2}}{f} \tag{5.11}$$

科研成果介绍

式中,f 为透镜焦距.由上式可知,圆孔直径 D 越小,或 λ 越大,衍射现象越明显.

郭守敬望远镜

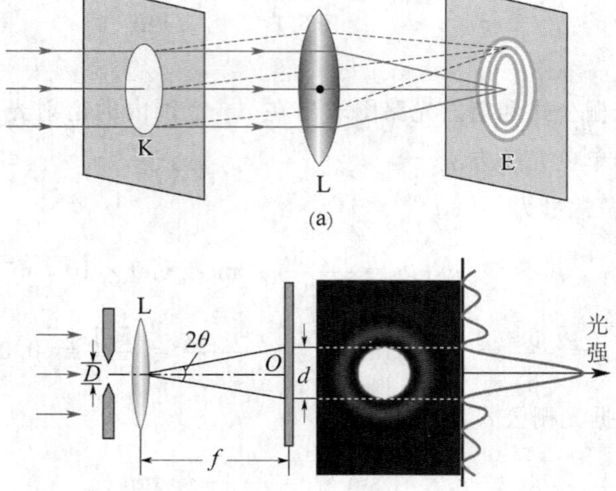

图5.15 圆孔夫琅禾费衍射

5.4.2　光学仪器的分辨率

从几何光学来看，物体通过透镜成像时，每一物点都有一个对应的像点. 只要适当选择透镜的焦距，任何微小物体都可成清晰的像. 然而，从波动光学来看，组成各种光学仪器的透镜等部件，均相当于一个透光小孔，因此，在屏幕上看到的像是圆孔夫琅禾费衍射图样，粗略地说，看到的是一个具有一定大小的艾里斑. 如果两个物点距离很近，则对应的两个艾里斑很可能部分重叠而不易分辨，以致被看成一个像点. 也就是说，光的衍射现象限制了光学仪器的分辨能力.

例如，用显微镜观察一个物体上的两点时，从两点发出的光，经显微镜的物镜成像时，将形成两个艾里斑，分别为两点的像. 如果这两个艾里斑分得较开，相互间没有重叠，或重叠较小，就能够分辨出两点的像，从而可判断出物点是两个点，如图 5.16(a) 所示. 如果两点靠得很近，以致两个艾里斑的大部分重叠，这时将不能分辨出是两个物点的像，即原有的两个物点不能被分辨，如图 5.16(c) 所示. 那么可分辨和不可分辨的标准是什么呢？瑞利指出，**对于任何一个光学仪器，如果一个物点的衍射图样的艾里斑中央最亮处恰好与另一个物点的衍射图样的第一个最暗处重合，则认为这两个物点刚好可以被光学仪器所分辨**，如图 5.16(b) 所示.

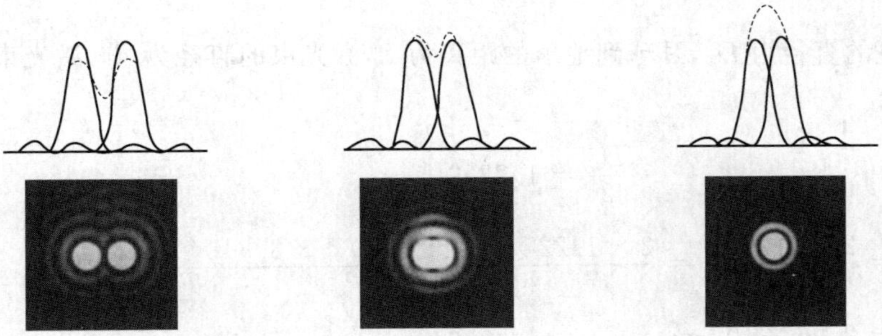

(a) 能分辨　　(b) 刚好能分辨　　(c) 不能分辨

图 5.16　光学仪器的分辨能力

屏幕上的总光强分布可由两衍射图样的光强直接相加(因为两发光点是不相干的)，其重叠部分中心的光强约为每一艾里斑最大光强的 80%，一般人的眼睛刚好能分辨出这种光强差别，因而可判断这是两个物点的像. 这时的两物点对透镜光心的张角称为光学仪器的**最小分辨角**，用 θ_0 表示. 它正好等于每个艾里斑的半角宽度，即

$$\theta_0 = 1.22\frac{\lambda}{D} \tag{5.12}$$

最小分辨角的倒数 $1/\theta_0$ 称为光学仪器的**分辨率**. 由式(5.12) 可知，光学仪器的分辨率与仪器的孔径 D 成正比，与光波的波长 λ 成反比. 所以，在天文观测中，为了分清远处靠得很近的几个星体，需要采用孔径很大的望远镜. 而对于显微镜，为了提高分辨率，则尽量采用波长短的紫光. 近代物理实验证实，电子也具有波动性，而且其波长可与固体中原子间距(0.01 ～ 0.1 nm) 相比拟，因此电子显微镜的分辨率要比普通光学显微镜的分辨率高数千倍.

例 5.6 在通常的亮度下,人眼瞳孔的直径约为 3 mm,在可见光中,人眼感受最灵敏的是波长为 550 nm 的黄绿光.问:(1) 人眼的最小分辨角是多大?(2) 如果在黑板上画两条平行直线,相距 2 mm,坐在距黑板多远处的学生恰能分辨这两条直线?

解 (1) 根据式(5.12),可得人眼的最小分辨角为

$$\theta_0 = 1.22\frac{\lambda}{D} = 1.22\times\frac{5.5\times10^{-7}}{3\times10^{-3}}\ \mathrm{rad} = 2.2\times10^{-4}\ \mathrm{rad}$$

(2) 设学生到黑板的距离为 x,两条平行直线的间距为 l,两条平行直线对人眼的张角为

$$\theta\approx\frac{l}{x}$$

若恰能分辨,则应有 $\theta=\theta_0$,所以

$$x=\frac{l}{\theta_0}=\frac{2\times10^{-3}}{2.2\times10^{-4}}\ \mathrm{m}=9.1\ \mathrm{m}$$

例 5.7 一直径为 2 mm 的氦氖激光束射向月球表面,其波长为 632.8 nm,已知月球和地面的距离为 3.84×10^5 km.(1) 在月球上得到的光斑的直径有多大?(2) 如果此激光束经扩束器扩展成直径为 2 m,则在月球表面上得到的光斑的直径为多大?在激光测距仪中,通常采用激光扩束器,这是为什么?

解 (1) 设光斑的直径为 D_1,月球到地球的距离为 L,激光束的直径为 d_1,激光束的波长为 λ,则

$$\frac{D_1}{2}=1.22\frac{\lambda}{d_1}L$$

于是有

$$D_1=\frac{2\times1.22\lambda L}{d_1}=\frac{2\times1.22\times632.8\times10^{-9}\times3.84\times10^{8}}{2\times10^{-3}}\ \mathrm{m}=2.96\times10^{5}\ \mathrm{m}$$

(2) 由(1) 中所述可知

$$D_2=\frac{d_1}{d_2}D_1=\frac{2\times10^{-3}\times2.96\times10^{5}}{2}\ \mathrm{m}=296\ \mathrm{m}$$

由此可知,激光通过扩束器后,其方向性大为改善,光强大大提高.

5.5 X射线衍射

伦琴

X 射线又称为伦琴射线,是伦琴于 1895 年发现的.它是一种人眼看不见的、具有很强的穿透能力的电磁波,波长为 0.01 ~ 10 nm.图 5.17 所示为 X 射线管的结构示意图.K 是发射电子的热阴极,A 是阳极.两极间加数万伏高压,阴极发射的电子在强电场的作用下加速,高速电子撞击阳极(靶)而产生 X 射线.

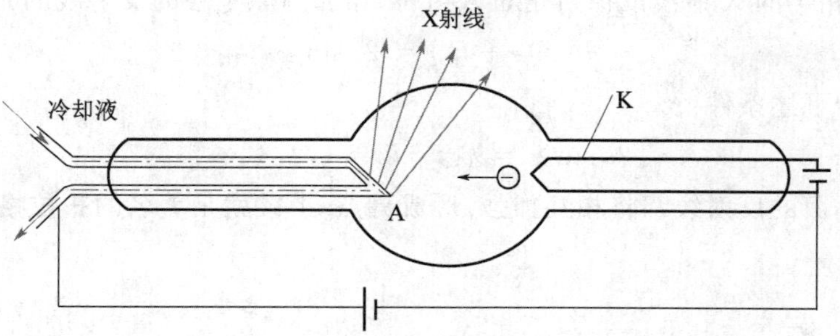

图 5.17 X射线管的结构示意图

X射线既然是一种电磁波，就应该与可见光一样有干涉和衍射现象. 但由于它的波长太短，用普通光栅观察不到X射线的衍射现象，而且也无法用机械方法制造出光栅常量与X射线的波长相近的光栅. 1912年，德国物理学家劳厄想到晶体内的原子是规则排列的，天然晶体实际上就是光栅常量很小的天然三维空间光栅. 将晶体作为光栅，劳厄成功地进行了X射线衍射实验. 他让一束X射线穿过铅挡板上的小孔照射到晶体上，如图5.18(a)所示，结果晶体后面的感光胶片上形成按一定规律分布的斑点，称为**劳厄斑点**[见图5.18(b)]. 实验的成功既证明了X射线的波动性质，也证明了晶体内的原子是按一定的间隔规则排列的. 从此，人们开始广泛利用X射线进行晶体结构分析.

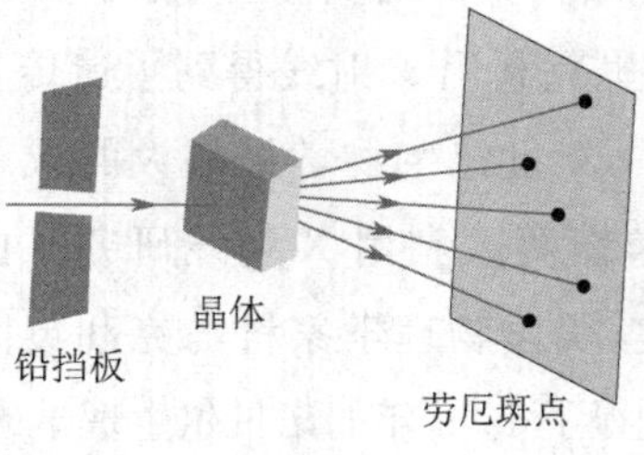

(a)

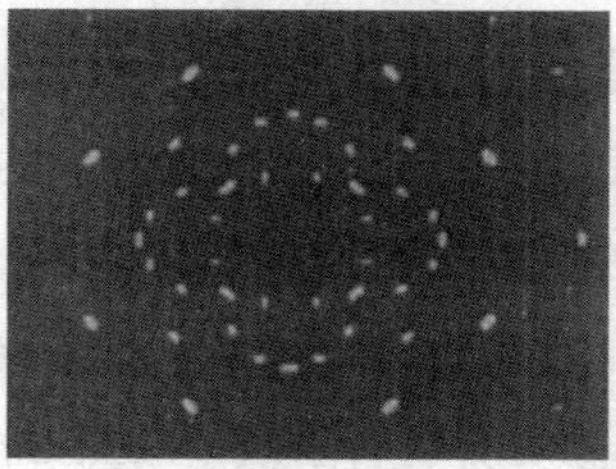

(b)

图 5.18 劳厄实验

1913年，英国的布拉格父子提出了另一种研究X射线衍射的方法. 他们认为，晶体是由一系列彼此相互平行的原子层构成的. 当用X射线照射晶体时，晶体点阵中的原子(或离子)便成为发射子波的波源，向各个方向发出衍射波(也称为散射波)，这些衍射波都是相干波，它们的叠加可分两种情况来研究：一是从同一原子层中各原子发出衍射波的相干叠加(称为点间干涉)；二是从不同原子层中各原子发出衍射波的相干叠加(称为面间干涉). 布拉格父子证明：只有在以晶面为镜面并满足反射定律的方向上，点间干涉和面间干涉才能同时满足衍射主极大的条件.

如图5.19所示，设两原子层之间的距离为d，称为晶格常数(或晶面间距)，当

一束平行相干的X射线以掠射角φ入射时,相邻两原子层的反射线的光程差为

$$AC + BC = 2d\sin\varphi$$

显然,符合下述条件:

$$2d\sin\varphi = k\lambda,\quad k = 1,2,3,\cdots \tag{5.13}$$

时,各层晶面的反射线都将相互加强,形成亮点.上式就是著名的**布拉格公式**.

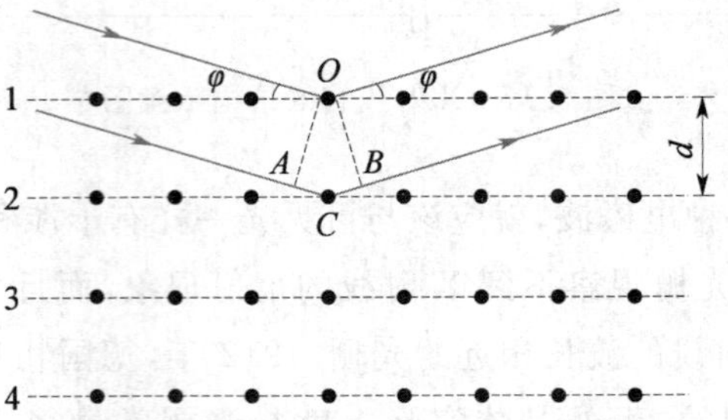

图 5.19 布拉格方法

从式(5.13)可知,如果已知d和φ,则可算出X射线的波长λ;同理,若已知X射线的波长λ和φ,则可推算出晶体的晶格常数d.沿这两方面分别发展起来的X射线光谱分析法和X射线晶体结构分析法,无论在物质结构的研究中,还是在工程技术上,都有极大的应用价值.

布拉格父子由于在应用X射线研究晶体结构方面的贡献,获得了1915年的诺贝尔物理学奖.1953年,威尔金斯、沃森和克里克利用X射线得到了遗传基因脱氧核糖核酸(DNA)的双螺旋结构,他们因这项20世纪生物学最伟大的成就获得了1962年的诺贝尔生理学或医学奖.此外,佩鲁茨等人利用X射线研究了血红蛋白的分子结构,获得了1962年的诺贝尔化学奖;美国物理学家科马克和英国工程师豪斯费尔德发明了X射线断层扫描仪(CT),获得了1979年的诺贝尔生理学或医学奖.

X射线对科学技术的发展和人类社会的进步产生了深刻的影响,它为人们提供了一个强有力的武器,促进了医学、化学、生物学及其他相关学科领域的不断发展.

例 5.8 用方解石分析X射线谱,已知方解石的晶格常数为3.029×10^{-10} m,今在$43°20'$和$40°42'$的掠射方向上观察到两条最大谱线,求这两条谱线的波长.

解 根据布拉格公式

$$2d\sin\varphi = k\lambda$$

对于主极大($k = 1$)谱线,其波长为

$$\lambda = 2d\sin\varphi$$

对于$\varphi_1 = 43°20'$,相应的波长为

$$\lambda_1 = 2\times3.029\times10^{-10}\times\sin 43°20'\ \text{m} = 0.416\ \text{nm}$$

对于 $\varphi_2 = 40°42'$，相应的波长为

$$\lambda_2 = 2 \times 3.029 \times 10^{-10} \times \sin 40°42' \text{ m} = 0.395 \text{ nm}$$

例 5.9 比较两条单色的 X 射线的谱线时注意到，谱线 A 在与一个晶体的光滑面成 30° 的掠射角处给出第 1 级反射极大. 已知谱线 B 的波长为 0.097 nm，谱线 B 在与同一晶体的同一光滑面成 60° 的掠射角处给出第 3 级反射极大. 试求谱线 A 的波长.

解 根据布拉格公式

$$2d\sin\varphi = k\lambda$$

对波长为 λ_A 的 X 射线，有

$$2d\sin 30° = \lambda_A$$

对波长为 λ_B 的 X 射线，有

$$2d\sin 60° = 3\lambda_B$$

因此

$$\frac{\lambda_A}{3\lambda_B} = \frac{\sin 30°}{\sin 60°}$$

$$\lambda_A = \frac{3\lambda_B \sin 30°}{\sin 60°} = \frac{3 \times 0.097 \times \sin 30°}{\sin 60°} \text{ nm} = 0.168 \text{ nm}$$

阅读材料 光纤通信

通信是指将信息从一处传到另一处. 近代发展的无线电通信，传递信息的载体是无线电波. 而激光通信是将声音、图像或其他信息调制到激光载波上发送出去，载波频率为 $10^{13} \sim 10^{15}$ Hz，比无线电载波频率 $10^8 \sim 10^{10}$ Hz 要高几个数量级. 激光通信可分为地面大气通信、宇宙空间通信和光纤(缆)通信. 光纤通信是指使用光纤作为传输介质，以光波为信息载体的通信方式. 在激光问世以前，光纤通信一直未发展到实用阶段，原因是没有可靠的、高强度的光源以及稳定的、低损耗的传输介质. 1960 年，激光器的发明解决了第一个问题. 1966 年，华裔科学家高锟证明了用玻璃纤维可长距离传递信息. 这一研究被认为代表了光纤通信的诞生. 高锟于 2009 年获得诺贝尔物理学奖，被尊称为“光纤通信之父”. 1970 年，美国康宁公司研制出损耗为 20 dB/km 的石英玻璃纤维，光纤通信开始步入实用阶段. 光纤通信的大规模推广应用是在 20 世纪 70 年代末 80 年代初. 现在，光纤通信技术的发展状况被看成衡量一个国家技术水平的重要标志之一. 光纤通信已被誉为信息社会的支柱，它在信息社会中发挥着巨大的作用，产生着日渐深远的影响.

一、光纤

光纤是光导纤维的简称. 它是用石英、玻璃或特制塑料拉成的柔软细丝，直径在几微米到 120 μm. 像水流经导管一样，光能沿着这种细丝在其内部传播，因此把这种细丝称作光纤.

光纤通信的基本原理基于几何光学和波动光学. 普通光纤的直径较大，可用几何光学方法

近似描述;特制光纤的直径较小(与光波的波长同数量级),需要用波动光学理论分析.下面以普通光纤为例进行简要讨论.

1. 光纤的结构及传光原理

简单的光纤由圆柱形的二氧化硅玻璃纤芯、包层和护套三部分组成,如图5.20所示.护套用尼龙或塑料制成,起保护光纤的作用.纤芯和包层同时参与传光,但纤芯的折射率 n_1 大于包层的折射率 n_2.这是因为光纤传光要利用光从光密介质(n_1)入射到光疏介质(n_2)表面上反射时,若入射角大于临界角 $i_0\left(\sin i_0=\dfrac{n_2}{n_1}\right)$,就会发生光的全反射的原理.

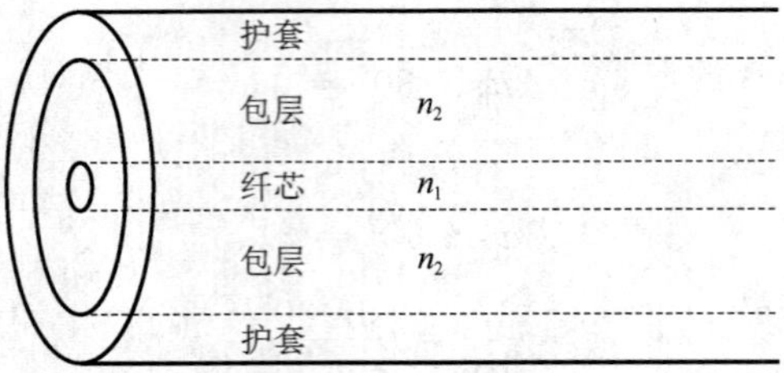

图5.20 光纤的结构

现讨论一种简单的情况,即光纤的端面与光纤的轴心线垂直且光纤为直圆柱体.

当光线以某一角度进入光纤端面时,把入射光线与光纤轴心线间的夹角 θ_0 称为光纤**端面入射角**;光线进入光纤后又射到纤芯和包层之间的界面上,这时的入射线与包层界面的法线间的夹角 φ 称为**包层界面入射角**.如图5.21所示,由于 $n_1>n_2$,所以包层界面有一个发生全反射的临界角 φ_c,与其相对应,在光纤端面就有一个端面临界入射角 θ_a.如果端面入射角 $\theta_0\leqslant\theta_a$,光线将在纤芯和包层的界面上不断地发生全反射而向前传播.一般地,这种光线在光纤内需经过几千、几万,甚至更多次的全反射才能从光纤的一端传到另一端.

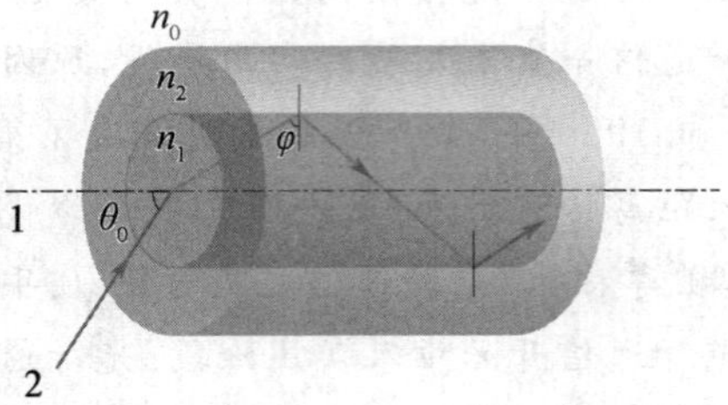

图5.21 光纤的传光原理

2. 光纤的分类

光纤的折射率分布通常用折射率沿光纤径向的分布函数来表征,这种分布函数称为光纤的折射率剖面 $n(r)$.

为了简略地表示出光纤的剖面特征,引入纤芯、包层**相对折射率差**Δ 作为剖面参数,其定义为

$$\Delta=\frac{n_1^2-n_2^2}{2n_1^2}\approx\frac{n_1-n_2}{n_1}\qquad①$$

式中，n_1 为纤芯的折射率，n_2 为包层的折射率.

普通光纤的折射率分布一般有两种，即阶跃折射率型和梯度折射率型.

阶跃型光纤(简称阶跃光纤)的纤芯与包层间折射率的变化是阶梯状的(是突变的)，如图 5.22(a) 所示，n_1 是纤芯的折射率，n_2 是包层的折射率，$n_1>n_2$.

梯度型光纤(简称梯度光纤)，其折射率是由纤芯处的折射率 n_1 沿光纤径向递减至包层处的折射率 n_2(是渐变的)，如图 5.22(b) 所示.

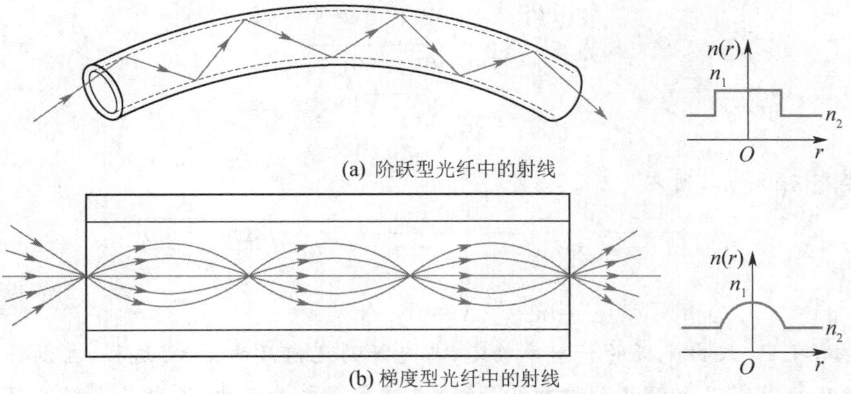

(a) 阶跃型光纤中的射线

(b) 梯度型光纤中的射线

图 5.22　阶跃型光纤和梯度型光纤

在梯度型光纤中，若它的折射率分布呈光滑的抛物线状，则当一束平行光线垂直于光纤的正端面入射时，在光纤内光线会自动地聚焦，因而这种梯度型光纤又称为**自聚焦光纤**.

按光纤传输的模数分，光纤还可分为单模光纤和多模光纤.

3. 光纤的数值孔径

所谓**数值孔径**(Numerical Aperture，N. A.)，是一个反映光纤集光本领的物理量. 数值孔径越大，光纤的集光本领越强.

如前所说，对于每一种给定的光纤(纤芯和包层的折射率 n_1、n_2 已知)，都存在一个相应的端面临界入射角 θ_a(只有入射角 $\theta<\theta_a$ 的光线才能在纤芯中传输). 通常把光纤的端面临界入射角 $2\theta_a$ 称为光纤的孔径角. 实际上这是一个圆锥角(见图 5.23). $2\theta_a$ 越大，光纤入射端的端面上接受光的范围越大，进入纤芯的光线越多. 所以孔径角越大，光纤端面接收光的能力越强，在实用中，光纤与光源之间的耦合也就越方便.

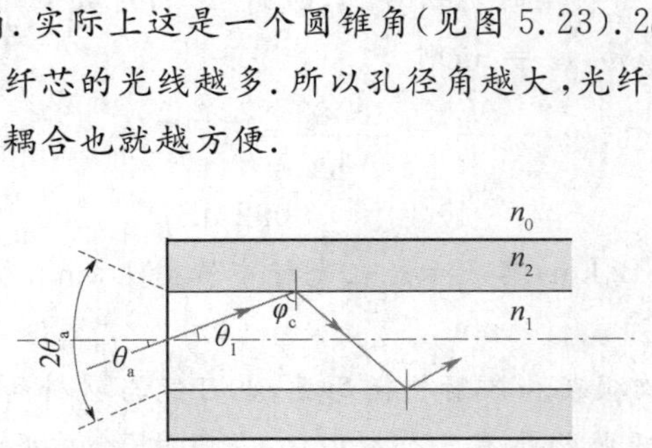

图 5.23　光纤的数值孔径计算用图

在图 5.23 中,对光纤端面应用折射定律可以证明

$$\sin\theta_a \approx n_1\sqrt{2\Delta} = \text{N. A.} \qquad ②$$

式 ② 的证明如下.

由全反射临界角 φ_c 的定义式

$$\sin\varphi_c = \frac{n_2}{n_1} \qquad ③$$

和折射定律

$$n_0\sin\theta_a = n_1\sin\theta_r \qquad ④$$

因为 $n_0 = 1$,所以

$$\begin{aligned}\sin\theta_a &= n_1\sin\theta_r = n_1\cos\varphi_c\\ &= n_1\sqrt{1-\sin^2\varphi_c}\\ &= n_1\sqrt{1-\frac{n_2^2}{n_1^2}} = \sqrt{n_1^2-n_2^2}\end{aligned} \qquad ⑤$$

又因为一般有 $n_1 \approx n_2$,所以

$$\begin{aligned}\sqrt{n_1^2-n_2^2} &\approx \sqrt{2n_1(n_1-n_2)} = n_1\sqrt{\frac{2(n_1-n_2)}{n_1}}\\ &= n_1\sqrt{2\Delta} = \text{N. A.}\end{aligned} \qquad ⑥$$

由式 ⑥ 可知,N. A. 仅由光纤的折射率确定,与光纤的几何尺寸无关. 这样,在制作光纤时可将光纤的数值孔径做得很大而截面积却很小,使光纤变得柔软可曲. 这也是光纤能开辟一个新应用领域的原因之一,这是一般光学系统所不能比拟的.

式 ② 所定义的数值孔径只对端面与光纤轴心线垂直的直光纤成立. 进一步的研究指出,当光纤弯曲、端面倾斜时,其数值孔径均将受到影响. 因此在长距离传输时要尽量避免不必要的弯曲,同时要尽可能使端面与轴心线垂直.

4. 光纤的传输特性

光纤的特性很多,但最基本的特性是它的传输特性. 这是因为光纤材料无论用于通信、光能量的传递,还是应用于传感技术,都离不开它对光信号或光能的载体作用.

所谓传输特性,主要是指光纤的**损耗特性**和**色散特性**.

1) 光纤的损耗特性

光纤的损耗是指光纤每单位长度的衰减,采用分贝每千米(dB/km) 这一单位描述. 设光纤入射端的光强为 I_1,光纤出射端的光强为 I_2,则 I_1/I_2 的对数值的10倍就是分贝数. 例如,在 1 km 长的光纤中 $I_1 = 1.585$,$I_2 = 1$,则

$$\frac{I_1}{I_2} = \frac{1.585}{1} = 10^{0.2}$$

$$\lg 10^{0.2} = 0.2\ \text{dB}$$

则该光纤的传输损耗为 2 dB/km,其表示光在光纤中传播 1 km 的距离后,还约有原光强 80% 的光仍可利用.

光纤损耗大致分为吸收损耗和散射损耗两类,也可能与材料和波导结构有关.

(1) **吸收损耗**. 光纤的吸收损耗有三个原因:本征吸收、杂质吸收和原子缺陷吸收.

a. **本征吸收**. 这是物质固有的吸收,并不是由杂质或者缺陷所引起的. 物质本征吸收有两

个频带：一个在近红外的 8 ～ 12 μm 区域里，该波段的本征吸收是由于分子振动引起的；另一个在紫外波段，吸收很强时，其吸收峰在光谱上会延伸至 0.7 ～ 1.1 μm 波段. 该波段的本征吸收的原因，有一种理论认为是电子的跃迁. 研究表明，在某些波长附近，光纤的损耗最低. 这些波段称为光纤的低损耗窗口或工作窗口. 典型的窗口数值有 0.65 ～ 0.73 μm、0.75 ～ 0.85 μm、1.1 ～ 1.6 μm 等. 对应这些窗口波长，可以选用适当的激光光源，这将大大降低光能的损耗.

b. **杂质吸收**. 玻璃中的金属离子被认为是杂质吸收的主要来源. 在光纤制造的过程中，如果混进了氢氧根杂质，也会引起杂质吸收，光纤中的氢氧根主要来源于原料中含有的水分及含氢化合物. 这些化合物在合成石英玻璃时能和氧作用生成水蒸气，在玻璃中扩散成氢氧根，人们已经想出了一些办法来消除氢氧根.

c. **原子缺陷吸收**. 由于加热过程或者强烈的辐射，玻璃材料会受激而出现原子缺陷，从而产生损耗. 适当选择玻璃材料，可使光纤不受射线的辐射影响.

(2) **散射损耗**. 散射损耗包括本征散射和非线性效应引起的散射.

a. **本征散射**. 在加热过程中，热运动会使玻璃原子得到压缩性的不均匀或是压缩性的起伏. 这种物质密度的不均匀，使折射率不均匀，并且不均匀的状态在冷却过程中被固定. 折射率的不均匀性将引起光的散射.

光纤的玻璃掺入杂质后，会产生氧化物，而氧化物中浓度的起伏也会导致折射率的变化，因此也将产生本征散射.

b. **非线性效应引起的散射**. 物质在强大的电场作用下呈现非线性，出现新的频率或使输入的频率发生改变，即诱发出物质对入射波的散射，如受激的拉曼散射和受激的布里渊散射. 这种散射很复杂，还有许多问题值得研究.

(3) **其他方面的损耗**. 除了上述两种损耗外，还有波导结构不规则引起的辐射损耗. 如光纤制造时纤芯与包层界面的不规则，成缆时造成的许多微弯曲等都会引起辐射损耗. 在安装和使用光纤时，如果光纤轴心弯曲到一定程度，也将引起辐射损耗.

2) 光纤的色散特性与光孤子通信

当一个光脉冲信号通过光纤时，由于光的色散特性，在输出端光脉冲的响应会被拉长，或者说光脉冲被展宽，出现明显的脉冲失真. 这种物理现象叫作脉冲信号的延时失真(其单位是 ns/km). 这种延时失真在数学编码通信中危害很大. 在脉冲频率很高时，如果输入的光脉冲信号经过光纤传输后，脉冲严重变宽，则传递信息的脉冲之间就会重叠起来，以致分辨不清，产生误码，使得通信难以正常进行，从而迫使人们降低脉冲频率. 这就意味着光纤的传输频带变窄(即传递的信息容量降低). 因此光纤的频带宽度(或脉冲展宽、色散特性) 是光纤通信中的第二个重要问题. 这一问题可用光孤子通信解决. 在单模光纤中，当光强增加到一定程度时，将出现非线性效应. 但在一定条件下，非线性效应可与光纤中的色散相互补偿，从而得到无畸变的光脉冲传输. 此时光脉冲的形状、宽度和传输速度将不再改变，犹如孤立的粒子，称为**孤立子**. 孤立子脉冲极窄，可达到 0.2 ps，因而可用来实现超大容量、超长距离的光孤子通信.

二、光纤通信的工作原理

目前实用的光纤通信系统都采用直接检波系统. 直接检波系统就是在发送端直接把信号调制到光波上，而在接收端用光电检波管直接把调制光波检波为原信号的系统. 这种系统的示意图如图 5.24 所示. 图中电端机就是一般的电信号设备，如载波机或电视图像发送与接收设备等.光端机则是把电信号转变为光信号(发送光端机)或把光信息转变为电信号(接收光端机)的设备.发送光端机的作用是将待发送的电信号进行处理,加在半导体激光器上,用电信号调制光波,然后将调制后的光波送入光纤.光纤将调制光波送到接收光端机的半导体光电管上检波.检波后得到的电信号经适当处理被送到接收电端机,然后按一般电信号处理.这就是光纤通信的全过程.直接检波系统的优点是结构简单,可传输的信息量大.

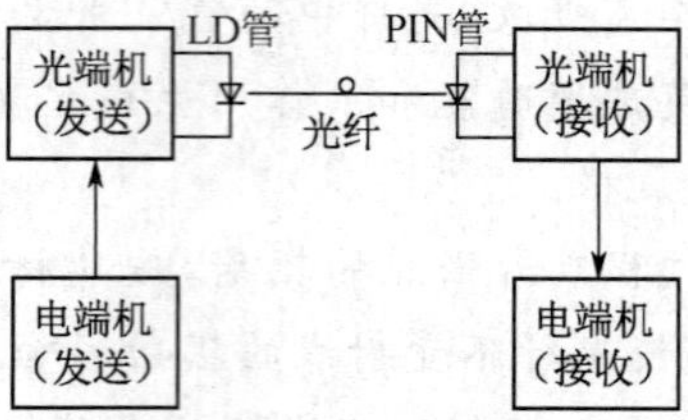

图 5.24　光纤通信直接检波系统示意图

三、光纤通信的优势

1. 通信容量大

光纤通信最突出的优点是通信容量大,是通常无线电通信容量的$10^4 \sim 10^5$倍.从理论上计算,一个光学通道即一对光纤可同时开通100亿路电话或传送1 000万套电视节目.实际应用是将数十根、数百根光纤合并为一根光缆,其通信容量更是通常无线电通信无法比拟的.有人预料,以后一根光纤可传输2 500 Gb/s的信息,10根这样的光纤在1 s内可传输世界上已经记录下来的全部知识.

2. 传输距离远,能量损耗低

光波在光纤中传播时,能量损耗极低.2024年,中国移动研究院、领先科技、暨南大学联合团队实现了低于0.1 dB/km的超低传输损耗,这就意味着传输很长的距离都不必设中继站去补充能量.用强度调制直接检测的光纤通信系统无中继传输距离在几十到上百千米之间,而利用相干光纤通信,可在$200 \sim 300$ km不设中继站.这就大大降低了通信成本和出现故障的可能性.未来的光纤损耗一定会更低,这对洲际通信和越洋通信的意义无疑是巨大的.

3. 重量轻,原材料丰富,铺设简便

制造光纤的材料主要是二氧化硅(SiO_2),这种物质随处可见,含量极为丰富.另外,光纤的尺寸很小,一根直径为125 μm、长度为1 km的光纤,重量只有27 g,制造100 km长的光缆,只需要几千克二氧化硅.此外,由于光缆的重量轻,体积小,铺设线路也更加容易,因此可架空,可直埋,甚至可插入已有的电缆管道等.在人造卫星和宇宙飞船上使用光纤也很方便.

4. 抗干扰能力强,使用安全

光纤通信不受外界电磁场的干扰,这确保了信号在传输过程中不会被扭曲或破坏,且不易被窃听,保密性能好.有些通信光纤线与电力电缆平行铺设,甚至还可以和电场线一起制成复合光缆.由于光纤是靠石英介质导光,不打火花,并且抗高温、耐腐蚀,因此可抵御恶劣环境的影响.

四、光纤的其他应用

光纤除用于通信领域外，在工业、科技、医疗、军事及商业部门的应用也很广泛.

1. 照明

从光源发出的光通过透镜聚光后输入光纤束，传输到需要照明的地方再从光纤束中引出，从光纤中发射出的是相对于光的入射角分散开的光. 这种照明的优点是只用一个光源即可照射许多地方，光源和照明处可以分开，等等. 因此这种照明特别适用于要求电绝缘的水下及不允许有火花的易燃易爆的场合.

2. 光合成

众所周知，植物是靠叶绿素利用接收的光合成糖分等养料的，因此太阳光照不到的地方植物就难以存活. 如果用光纤把阳光导入太阳照不到的地方，就能使那里的植物正常生长. 如坑道栽培、室内种植等. 甚至有人设想将来用光纤将太阳能导入海底，在海中引起人工对流，促进浮游生物和鱼类的繁殖，发展海底渔场.

3. 加工

用光纤进行加工的优点是光纤的线径细和可绕性好，能用于微细加工；可对光不易进入的地方加工；可对远离光源的地方加工，而且不存在触电的危险；由于不产生火花，因此在含有爆炸气体的场合也可安全使用.

4. 供电

用光纤传输光能，从光纤获取的光能经光电器件转换成电能，这种电能不论是直接使用还是存储起来都很方便.

5. 手术

人们早已熟知的激光纤维内窥镜和激光刀均为光纤应用的具体实例.

激光纤维内窥镜由两根石英玻璃光纤束组成：一根是传像束，它能把人体内部器官的情况逼真地传到体外；另一根是传光束，这是因为人体内部是漆黑的，只有利用光纤传入的光，传像束才能发挥作用. 如果再配上一架彩色电视摄像机，还可把脏器的病变情况如实地显示在电视机的屏幕上，可供医生会诊或教学示范使用. 在这里，光纤既能传输能量又能传输信息的特点得到了充分发挥.

大功率激光器发出的激光都是红外光. 例如，二氧化碳激光器发出的激光的波长为 $9.6 \sim 10.6\ \mu m$. 对于这种波长的激光，普通光纤无法传递. 现在已研制出可传输远红外光的光纤，利用它可做成柔软可弯曲的激光刀，医生使用起来得心应手. 据报道，上海第一医院附属中山医院在20世纪80年代中期就运用光纤传输大功率激光，切割和气化肝癌，并取得了显著的效果. 激光刀手术出血少，并能多处气化肝癌结节，又可保留较多的正常肝组织，提高了早中期肝癌手术的安全性.

习题

5.1　选择题.

(1)在单缝夫琅禾费衍射实验中,对于给定的入射单色光,当缝宽变小时,除中央明纹的中心位置不变外,各级衍射条纹(　　).

A. 对应的衍射角变小

B. 对应的衍射角变大

C. 对应的衍射角也不变

D. 光强也不变

(2)一波长 $\lambda=500$ nm 的单色光垂直照射到宽度 $a=0.25$ mm 的单缝上,单缝后面放一凸透镜,在凸透镜的焦平面上放置一屏幕,用以观测衍射条纹.今测得屏幕上中央明纹一侧第 3 级暗纹和另一侧第 3 级暗纹之间的距离为 $d=12$ mm,则凸透镜的焦距是(　　).

A. 2 m　　B. 1 m

C. 0.5 m　　D. 0.2 m

E. 0.1 m

(3)一波长为 λ 的单色光垂直入射于光栅常量为 d、缝宽为 a、总缝数为 N 的光栅上.取 $k=0,\pm1,\pm2,\cdots$,则决定出现主极大的衍射角 θ 的公式可写成(　　).

A. $Na\sin\theta=k\lambda$　　B. $a\sin\theta=k\lambda$

C. $Nd\sin\theta=k\lambda$　　D. $d\sin\theta=k\lambda$

(4)设光栅平面、透镜均与屏幕平行,则当入射的平行单色光从垂直于光栅平面入射变为斜入射时,能观察到的光谱线的最高级次 k(　　).

A. 变小　　B. 变大

C. 不变　　D. 的改变无法确定

(5)在光栅光谱中,假如所有偶数级次的主极大都恰好在单缝衍射的暗纹方向上,因而实际上不出现,那么此光栅每条透光缝的宽度 a 和相邻两缝间不透光部分的宽度 b 的关系为(　　).

A. $a=0.5b$　　B. $a=b$

C. $a=2b$　　D. $a=3b$

(6)在单缝夫琅禾费衍射实验中,第 3 级暗纹位于屏幕上的 P 点.若将缝宽缩小一半,则 P 点处将是(　　).

A. 明纹,且条纹间距增大

B. 明纹,且条纹间距减小

C. 暗纹,且条纹间距增大

D. 暗纹,且条纹间距减小

(7)用白光(波长范围为 400～760 nm)垂直照射光栅常量为 2.4×10^{-4} cm 的光栅,则第 1 级光谱线的张角为(　　).

A. 9.2°　　B. 18.3°

C. 8.9°　　D. 13.99°

(8)一波长为 600 nm 的单色光垂直入射到光栅常量为 2.5×10^{-3} mm 的光栅上,光栅的刻痕宽度与缝宽相等,则光谱上呈现的全部级次为(　　).

A. $0,\pm1,\pm2,\pm3,\pm4$　　B. $0,\pm1,\pm3$

C. $\pm1,\pm3$　　D. $0,\pm2,\pm4$

5.2　填空题.

(1)将波长为 λ 的平行单色光垂直照射于一狭缝上,若对应于衍射图样的第 1 级暗纹位置的衍射角的绝对值为 θ,则缝的宽度等于________.

(2)一波长为 λ 的单色光垂直入射在缝宽 $a=4\lambda$ 的单缝上.对应于衍射角 $\varphi=30°$,单缝处的波面可划分为________个半波带.

(3)在单缝夫琅禾费衍射实验中,当缝宽变窄时,衍射条纹变________;当入射光的波长变大时,衍射条纹变________(填"疏"或"密").

(4)在单缝夫琅禾费衍射实验中,设第 1 级暗纹的衍射角很小,若钠黄光($\lambda_1=589$ nm)的中央明纹的宽度为 4.0 nm,则 $\lambda_2=442$ nm 的蓝紫光的中央明纹的宽度为________ nm.

(5)在透光缝数为 N 的平面光栅的衍射实验中,中央主极大的光强是单缝衍射中央主极大光强的________倍,通过 N 条缝的总能量是通过单缝的能量的________倍.

(6)一波长为 510 nm 的光照射到直径为 1.22 cm 的圆孔上,经焦距为 5 cm 的透镜产生的夫琅禾费衍射图样的第 1 级暗环的半径是________.

(7)一宇航员在 160 km 的高空恰能分辨地面上发射波长为 550 nm 的两个点光源,假定宇航员的瞳孔直径为 5.0 mm,则这两个点光源的间距为________.

5.3　衍射的本质是什么?衍射和干涉有什么联系和区别?

5.4　在单缝夫琅禾费衍射实验中,如果把单缝沿透镜光轴方向平移,衍射图样是否会跟着移动?如果把单缝沿垂直于光轴的方向平移,衍射图样是否会跟着移动?

5.5　什么叫半波带？单缝衍射中怎样划分半波带？对应于单缝衍射第3级明纹和第4级暗纹，单缝处的波阵面各可分成几个半波带？

5.6　在单缝衍射中，为什么衍射角 φ 越大(级次越大)的那些明纹的亮度越小？

5.7　单缝衍射暗纹条件与双缝干涉明纹条件在形式上类似，两者是否矛盾？怎样说明？

5.8　题5.8图所示为多缝衍射的条纹分布，由图分析光栅衍射与单缝衍射有何区别？为何光栅衍射的明纹特别明亮而暗区很宽？

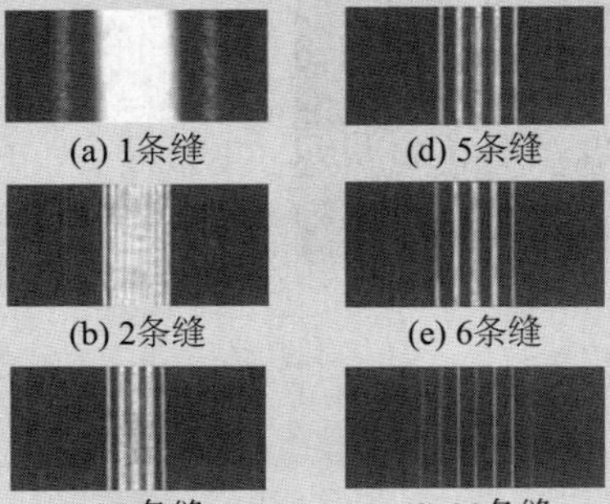
(a) 1条缝　(b) 2条缝　(c) 3条缝　(d) 5条缝　(e) 6条缝　(f) 20条缝

题5.8图

5.9　当衍射光栅的光栅常量为下述三种情况时，哪些级次的衍射明纹缺级？(1) $a+b=2a$；(2) $a+b=3a$；(3) $a+b=4a$.

5.10　若以白光垂直入射光栅，不同波长的光将会有不同的衍射角. 问：(1)零级明纹能否分开不同波长的光？(2)在可见光中，哪种颜色的光的衍射角最大？不同波长的光的分开程度与什么因素有关？

5.11　一平行单色光垂直照射一单缝，若其第3级明纹的位置正好与波长为600 nm的平行单色光的第2级明纹的位置重合，求前一种单色光的波长.

5.12　用橙黄色的平行光垂直照射一宽 $a=0.60$ mm的单缝，缝后凸透镜的焦距 $f=40.0$ cm，观察屏幕上形成的衍射条纹. 若屏幕上距中央明纹中心1.40 mm的 P 点处为一明纹. (1)求入射光的波长；(2)求 P 点处条纹的级次；(3)从 P 点看，对该光波而言，狭缝处的波阵面可分成几个半波带？

5.13　用 $\lambda=590$ nm的钠黄光垂直入射每毫米有500条刻痕的光栅，问最多能看到第几级明纹？

5.14　波长 $\lambda=600$ nm的单色光垂直入射到一光栅上，第2、3级明纹分别出现在 $\sin\varphi_2=0.20$ 与 $\sin\varphi_3=0.30$ 处，第4级缺级. 求：(1)光栅常量；(2)光栅上狭缝的宽度；(3)在 $-90°<\varphi<90°$ 范围内，实际呈现的全部级次.

5.15　一双缝装置的两缝间距为0.1 mm，缝宽均为0.02 mm，用波长为480 nm的平行单色光垂直入射双缝，双缝后放一焦距为50 cm的透镜. (1)求透镜焦平面上单缝衍射中央明纹的宽度；(2)单缝衍射的中央明纹包迹内有多少条双缝衍射明纹？

5.16　在圆孔夫琅禾费衍射中，设圆孔半径为0.10 mm，透镜焦距为50 cm，所用单色光的波长为500 nm，求在透镜焦平面处屏幕上呈现的艾里斑的半径.

5.17　已知天空中两颗星相对于一望远镜的角距离为 4.84×10^{-6} rad，它们都发出波长为550 nm的光，试问望远镜的口径至少要多大，才能分辨出这两颗星？

*5.18　已知入射的X射线束含有0.095～0.13 nm的各种波长，晶体的晶格常数为0.275 nm，当X射线以45°角入射到晶体上时，问对哪些波长的X射线能产生强反射？

第 6 章
光的偏振

光的干涉和衍射现象揭示了光的波动性，但通过这些现象还不能知道光是纵波还是横波. 光的偏振现象清楚地显示出光具有横波的性质，这一点与光的电磁理论的预言完全一致. 可以说，光的偏振现象为光是电磁波提供了进一步的证明.

光的偏振现象在自然界中普遍存在. 光的反射、折射以及光在晶体中传播时的双折射都与光的偏振现象有关. 利用光的这种性质可以研究晶体的结构，也可以测定机械结构内部的应力分布情况. 此外，糖量计、偏振光立体电影、袖珍计算器及电子手表的液晶显示等都属于偏振光的应用.

本章提要

6.1　自然光和偏振光

6.1.1　横波的偏振性

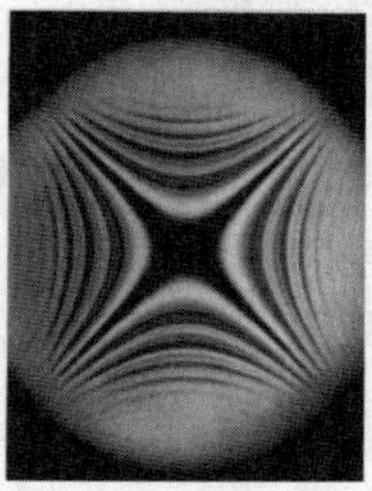

光的偏振

波可以分为纵波和横波. 纵波的传播方向和质点的振动方向平行，而横波的传播方向和质点的振动方向垂直. 通过波的传播方向且包含振动矢量的那个平面称为**振动面**. 显然，振动面与包含传播方向在内的其他平面不同，这称为波的振动方向相对于传播方向没有对称性，这种不对称性叫作**偏振**. 实验表明，只有横波才有偏振现象. 如图 6.1 所示，将橡皮绳一端固定，用手拉着穿过缝隙的橡皮绳的另一端上下抖动，于是就有横波沿绳传播. 如果 G_1、G_2 两者的缝隙方向垂直，那么通过 G_1 的振动传到 G_2 处就被挡住，在 G_2 之后不再有波动. 如果以波动的传播方向为轴转动 G_2，使两缝的方向一致，则通过 G_1 的振动可以无阻碍地通过 G_2. 显然，这种现象只可能在横波的情况下发生. 而对于纵波，由于其振动方向与传播方向一致，因而转动 G_2，不论缝的取向如何，对纵波的传播都没有任何影响，因此，纵波不具有偏振性.

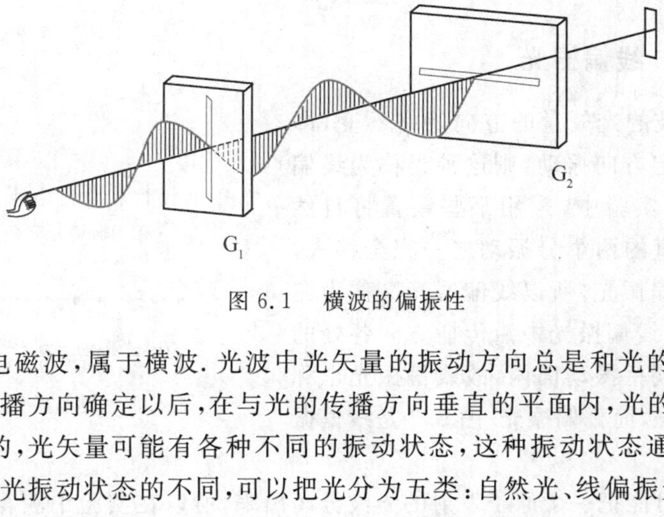

图 6.1　横波的偏振性

光波是电磁波，属于横波. 光波中光矢量的振动方向总是和光的传播方向垂直. 当光的传播方向确定以后，在与光的传播方向垂直的平面内，光的振动方向仍然是不确定的，光矢量可能有各种不同的振动状态，这种振动状态通常称为光的**偏振态**. 按照光振动状态的不同，可以把光分为五类：自然光、线偏振光、部分偏振光、椭圆偏振光和圆偏振光. 下面仅对前三种光分别予以说明.

偏振光

6.1.2　自然光

普通光源发出的光是大量原子或分子发光的总和，不同原子或同一原子不同时刻发出的光波不仅初相位彼此毫无关联，其振动方向也彼此互不相关，随机分布. 从宏观上看，光源发出的光中包含了所有方向上的光振动，没有哪一个方向上的光振动比其他方向占优势. 在垂直于光传播方向的平面内，存在沿各个方向振动的光矢量，平均来说，光振动对光的传播方向是轴对称且均匀分布的. 在各个方向上,光矢量对时间的平均值是相等的.也就是说,光振动的振幅在垂直于光波的传播方向上,既有时间分布的均匀性,又有空间分布的均匀性,具有这种特性的光称为**自然光**,如图 6.2(a) 所示.为研究问题方便起见,常把自然光中各个方向上的光振动分解为方向确定的两个相互垂直的分振动.这样就可将自然光表示成两个相互垂直的、振幅相等的、独立的光振动,如图6.2(b) 所示.这种分解不论在哪两个相互垂直的方向上进行,其结果都是相同的,显然,每一独立光振动的光强都等于自然光光强的一半.但应注意,由于自然光光振动的随机性,这两个相互垂直的光矢量之间没有恒定的相位差,因而它们不能相干.图 6.2(c) 是自然光的表示法,图中用短线和点分别表示在纸面内和垂直于纸面的光振动,点和短线交替均匀画出,表示光矢量对称且均匀分布.

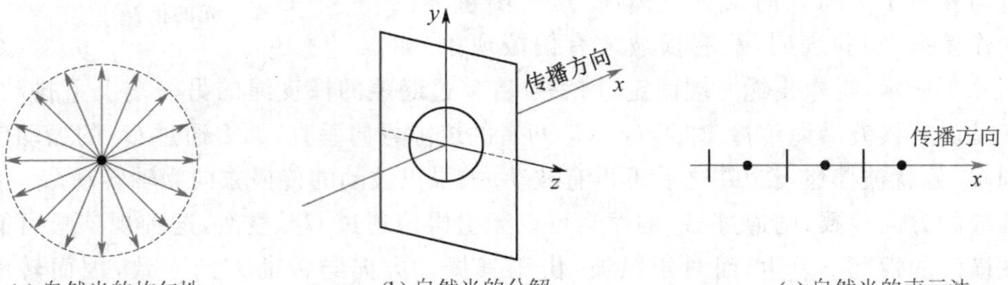

(a) 自然光的均匀性　(b) 自然光的分解　(c) 自然光的表示法

图 6.2　自然光

6.1.3　线偏振光

如果光波的光矢量的方向始终不变,即只沿一个固定方向振动,则这种光称为**线偏振光**.在光学实验中,采用某些装置将自然光中相互垂直的两个分振动之一完全移去,就可获得线偏振光,所以线偏振光又称为完全偏振光.因线偏振光中沿传播方向各处的光矢量都在同一振动面内,故线偏振光也称为**平面偏振光**,简称**偏振光**.图 6.3 是线偏振光的表示法.

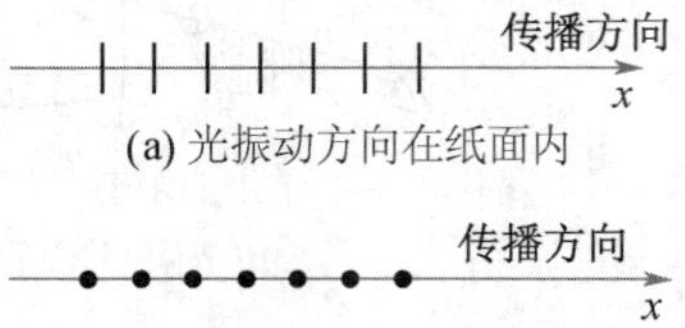

(a) 光振动方向在纸面内

(b) 光振动方向垂直于纸面

图 6.3　线偏振光的表示法

因为不可能把一个原子发射的光波分离出来,所以在实验中获得的线偏振光是众多原子的光波中光振动方向都已相互平行的成分.

6.1.4　部分偏振光

除了上述讨论的自然光和线偏振光,还有一种介于两者之间的偏振光,这种光在垂直于光的传播方向的平面内,各方向上的振动都有,但它们的振幅大小不相等,称为**部分偏振光**.部分偏振光可以看作偏振光与自然光的混合.常将其表示成某一确定方向上的光振动较强,与之垂直的方向上的光振动较弱.这两个方向上光振动的强弱对比度越高，表明其越接近完全偏振光. 图 6.4 是部分偏振光的表示法.

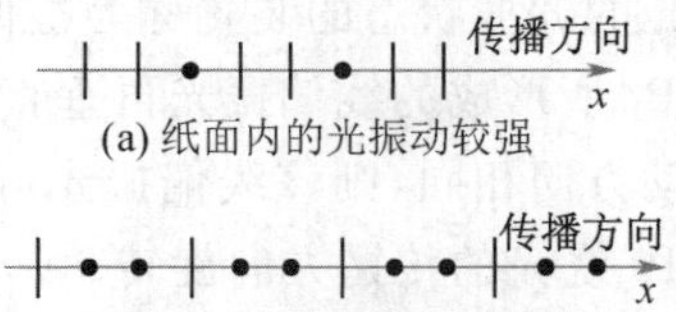

(a) 纸面内的光振动较强

(b) 垂直于纸面的光振动较强

图 6.4 部分偏振光的表示法

在同一方向上传播的两列频率相同的线偏振光，如果它们的振动方向相互垂直，且具有固定的相位差 $\Delta\varphi$，则当 $\Delta\varphi = k\pi(k = 0, \pm 1, \cdots)$ 时，它们合成的光矢量末端的轨迹是一条直线，这时两列线偏振光合成后仍为线偏振光；当它们的振幅不相等，$\Delta\varphi \neq k\pi$，或振幅相等，$\Delta\varphi \neq k\pi$ 且 $\Delta\varphi \neq (2k+1)\dfrac{\pi}{2}$ 时，合成光矢量末端的轨迹是椭圆，这时两列线偏振光合成**椭圆偏振光**；当它们的振幅相等，$\Delta\varphi = (2k+1)\dfrac{\pi}{2}$ 时，合成光矢量末端的轨迹是圆，这时两列线偏振光合成**圆偏振光**. 规定，如果迎着光源看，光矢量顺时针旋转，则称为右旋椭圆偏振光或右旋圆偏振光；如果光矢量逆时针旋转，则称为左旋椭圆偏振光或左旋圆偏振光.

6.2 起偏和检偏 马吕斯定律

普通光源发出的光都是自然光. 从自然光中获得线偏振光的装置叫作**起偏器**，利用偏振片是从自然光中获取线偏振光最简便的方法. 除此之外，利用光的反射和折射或晶体棱镜也可以获取线偏振光.

6.2.1 偏振片的起偏和检偏

起偏和检偏

偏振片是在透明的基片上蒸镀一层特殊的物质（如硫酸奎宁、碘化硫酸奎宁等）晶粒制成的. 这种晶粒对相互垂直的两个分振动光矢量具有选择性吸收的性能，即对某一方向上的光振动有强烈的吸收，而对与之垂直的光振动则吸收很少，晶粒的这种性质称为**二向色性**. 因此偏振片基本上只允许某一特定方向上的光振动通过，这一方向称为偏振片的**偏振化方向**，也叫作**透光轴**. 如图 6.5 所示，当自然光垂直照射偏振片 P_1 时，透过 P_1 的光就成为光振动方向平行于该透光轴方向的线偏振光，这一过程称为**起偏**. 透过的线偏振光的光强只有入射自然光光强的一半.

怎样选择夏天戴的偏光太阳镜？

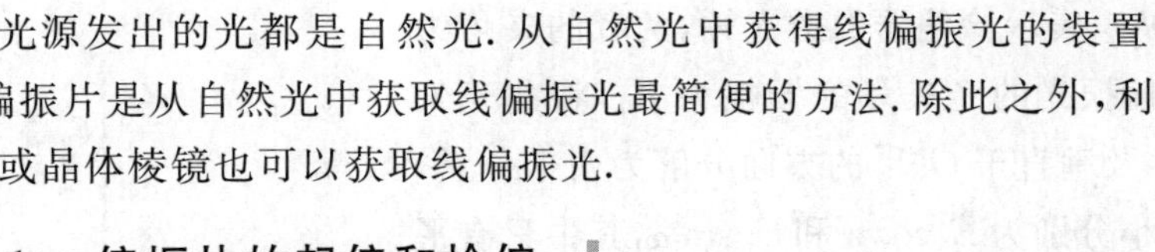

图 6.5 起偏与检偏

偏振片也可用来检验某一光束是不是线偏振光，这一过程称为**检偏**. 用于检验光的偏振状态的装置称为检偏器.图6.5中的偏振片P_2就是一种检偏器.当透过P_1所形成的线偏振光再垂直入射偏振片P_2时,如果P_2的透光轴与线偏振光的振动方向相同,则该线偏振光可全部继续透过P_2,在P_2的后面能观察到光;如果把P_2绕光的传播方向旋转90°,即当P_2的透光轴与线偏振光的振动方向相互垂直时,由于线偏振光全部被P_2吸收,在P_2的后面就观察不到光,这一现象俗称消光现象.如果让P_2绕入射线偏振光的传播方向缓慢转动一周,就会发现透过P_2的光强不断改变,并经历两次光强最大和两次光强为零.如果入射到P_2上的是自然光,上述过程就不会出现;如果入射到P_2上的是部分偏振光,则只能观察到两次光强最大和两次光强最小,但不会出现光强为零的消光现象.线偏振光透过P_2后,光强的变化遵循马吕斯定律.

6.2.2 马吕斯定律

马吕斯定律

1809年,马吕斯在研究线偏振光通过检偏器后的透射光的光强时发现:**如果入射线偏振光的光强为I_0,则透过检偏器后,透射光的光强I为**

$$I = I_0\cos^2\alpha \tag{6.1}$$

式中,α是线偏振光的振动方向与检偏器的透光轴之间的夹角.上式称为**马吕斯定律**,现证明如下.

如图6.6所示,ON_1表示入射线偏振光的振动方向,ON_2表示检偏器的透光轴,两者的夹角为α.入射线偏振光的光矢量的振幅为E_0,将此光矢量沿ON_2及垂直于ON_2的方向分解为两个分量,它们的大小分别为$E_0\cos\alpha$和$E_0\sin\alpha$,其中只有平行于检偏器透光轴ON_2的分量可以透过检偏器.由于光强和振幅的平方成正比,所以透过检偏器的透射光的光强I和入射线偏振光的光强I_0之比为

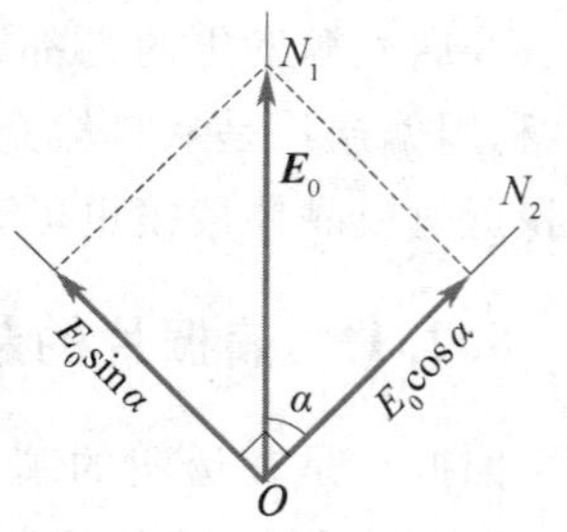

图6.6　马吕斯定律的证明

$$\frac{I}{I_0} = \frac{(E_0\cos\alpha)^2}{E_0^2} = \cos^2\alpha$$

即
$$I = I_0\cos^2\alpha$$

如果入射到检偏器上的线偏振光是起偏器产生的透射光,如图6.5所示,那么上式中的α就等于起偏器的透光轴与检偏器的透光轴之间的夹角.

从马吕斯定律可以看出,线偏振光透过偏振片后,光强随入射线偏振光的振动方向和偏振片的透光轴之间的夹角α的改变而改变.当$\alpha = 0$时,$I = I_0$,透过偏振片的光强最大;当$\alpha = 90°$时,$I = 0$,没有光透过偏振片,即出现消光现象.

例6.1　一光束由线偏振光和自然光混合而成,当它透过偏振片时,改变偏振片的透光轴方向,发现透射光的光强随其变化的最大值是最小值的5倍.求入射光束中两种成分的光的相对强度.

解　设光束的总光强为I,其中线偏振光的光强为I_1,自然光的光强为I_0,则$I=I_1+I_0$.透过偏振片后,自然光的光强为$\frac{I_0}{2}$,且与偏振片的透光轴取向无关.线偏振光的最大光强出现在偏振片的透光轴平行于线偏振光的振动方向上时,大小为I_1;线偏振光的最小光强出现在偏振片的透光轴垂直于线偏振光的振动方向上时,大小为零.故透过偏振片的混合光强最大为$\frac{I_0}{2}+I_1$,最小为$\frac{I_0}{2}$,所以有

$$\frac{\frac{I_0}{2}+I_1}{\frac{I_0}{2}}=5$$

由此得到

$$I_1 : I_0 = 2 : 1$$

即线偏振光的光强$I_1=\frac{2}{3}I$,自然光的光强$I_0=\frac{1}{3}I$.

例6.2　要使一束线偏振光透过偏振片后其振动方向转过$90°$,至少需要让这束光透过几块偏振片?在此情况下,透射光的最大光强是入射光光强的多少倍?

解　至少需要两块偏振片(见图6.7).其中第一块偏振片P_1的透光轴与线偏振光的振动方向的夹角为α,第二块偏振片P_2的透光轴与P_1的透光轴的夹角为$90°-\alpha$.设入射线偏振光的光强为I_0,则透射光的光强为

$$I=I_0\cos^2\alpha\cos^2(90°-\alpha)=I_0\cos^2\alpha\sin^2\alpha=\frac{I_0}{4}\sin^2 2\alpha$$

当$2\alpha=90°$,即$\alpha=45°$时,$I=I_{\max}=\frac{I_0}{4}$.所以,透射光的光强是入射光光强的$\frac{1}{4}$.

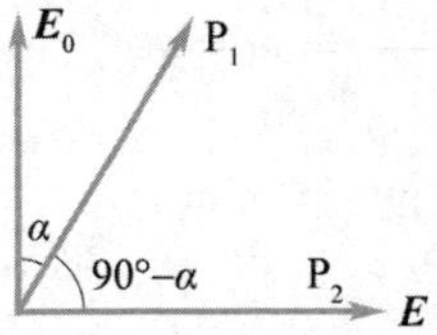

图6.7　例6.2图

6.3　反射与折射时光的偏振

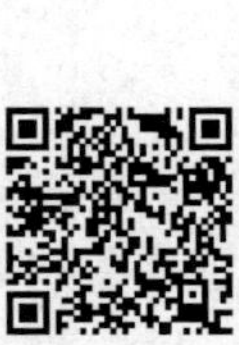

反射与折射时光的偏振

自然光在两种各向同性的介质的界面上反射和折射时,反射光和折射光都将成为部分偏振光;在特定情况下,反射光有可能成为完全偏振光,即线偏振光.

如图6.8(a)所示,MM'是两种介质(如空气和玻璃)的界面,SI是一束自然光

的入射线，IR 和 IR' 分别为反射线和折射线，i 为入射角，γ 为折射角. 可以把自然光分解为两个相互垂直的光振动，一个与入射面垂直(图中用黑点表示)，称为垂直振动；另一个与入射面平行(图中用短线表示)，称为平行振动. 实验发现，在反射光束中，垂直振动多于平行振动，而在折射光束中，平行振动多于垂直振动，即反射光和折射光均为部分偏振光.

理论和实验都证明，反射光的偏振化程度和入射角有关，**当入射角等于某一特定值 i_0，且满足**

$$\tan i_0 = \frac{n_2}{n_1} \tag{6.2}$$

时，反射光中只有垂直于入射面的分振动成为线偏振光，而折射光仍为部分偏振光，但这时折射光的偏振化程度最强，如图 6.8(b) 所示. 式(6.2) 称为**布儒斯特定律**. i_0 称为**布儒斯特角**或**起偏角**，式中，n_1、n_2 分别为界面上、下介质的折射率. 例如，自然光从空气射向折射率为 1.50 的玻璃表面时，起偏角为 56.3°.

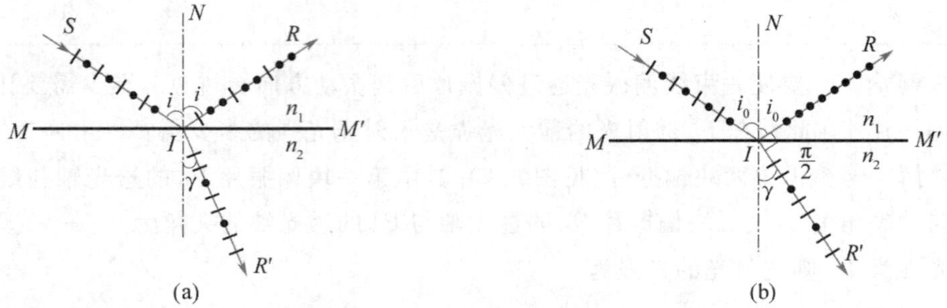

图 6.8　反射和折射时光的偏振

根据折射定律，$n_1 \sin i_0 = n_2 \sin \gamma$，又由布儒斯特定律有

$$\tan i_0 = \frac{\sin i_0}{\cos i_0} = \frac{n_2}{n_1}$$

可得

$$\sin \gamma = \cos i_0$$

故

$$i_0 + \gamma = \frac{\pi}{2}$$

这说明，当入射角为起偏角时，反射光与折射光相互垂直.

布儒斯特

自然光以起偏角入射时，反射光虽然是线偏振光，但光强很弱. 以自然光从空气入射到玻璃表面上为例，反射光的光强只占入射自然光中垂直振动光强的15%，折射光占入射自然光中垂直振动光强的 85% 和平行振动光强的全部. 所以，折射光的光强很大，但它的偏振化程度不高.

为了增强反射光的光强和折射光的偏振化程度，可以把许多相互平行的玻璃片重叠成玻璃片堆，如图 6.9 所示. 当自然光以起偏角 i_0 入射到玻璃片堆上时，不仅光从空气入射到玻璃片的各层界面上时，反射光都是垂直于入射面的光振动，而且光在从玻璃片入射到空气层的各界面上时，因为其入射角 $\gamma_0 = \frac{\pi}{2} - i_0$，即 $\tan\gamma_0 = \tan\left(\frac{\pi}{2} - i_0\right) = \cot i_0 = \frac{n_1}{n_2}$，所以对这个界面来说 γ_0 又是起偏角，即光从玻璃片入射到空气层的各界面上时，反射光也都是垂直于入射面的光振动. 这样，折射光中的垂直振动因多次反射而不断减弱，因而其偏振化程度将会逐渐增强，当玻璃片足够多时，最后透射出来的光就近似为平行于入射面的线偏振光. 同时，由于玻璃片堆各层反射光的累加，反射光的光强也得到增强. 利用这种方法，可以获得两束振动方向相互垂直的线偏振光.

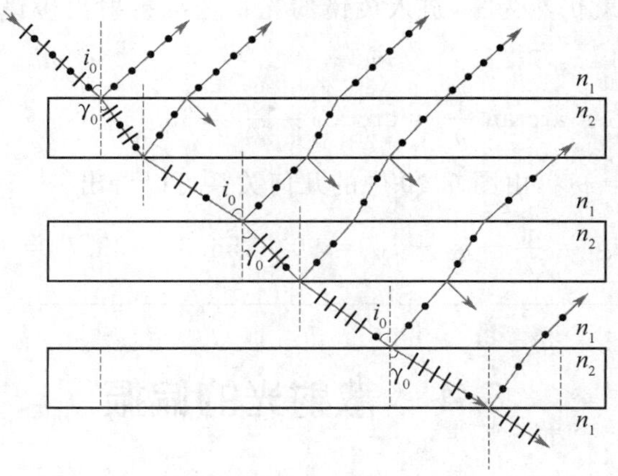

图 6.9　利用玻璃片堆获取线偏振光

例 6.3　利用布儒斯特定律可以测定不透明介质(如珐琅等)的折射率. 当一束平行自然光从空气中以 58° 角入射到某介质材料表面上时，检验出反射光是线偏振光，求该介质的折射率.

解　根据布儒斯特定律

$$\tan i_0 = \frac{n_2}{n_1}$$

所以

$$n_2 = n_1 \tan i_0 = \tan 58^\circ = 1.60$$

例 6.4　图 6.10 所示为一玻璃三棱镜，材料的折射率 $n = 1.50$，设光在棱镜中传播时能量不被吸收. (1) 一束光强为 I_0 的单色光，从空气中入射到棱镜左侧界面上折射进入棱镜. 若要求入射光全部进入棱镜，对入射光和入射角有何要求？(2) 若要求光束经棱镜从右侧折射出来，光强仍保持不变，则对棱镜顶角有何要求？

解　(1) 若要求入射光全部折射进入棱镜，则要求其反射光的光强为零. 对于自然光，此条件无法满足. 若入射光为光振动平行于入射面的线偏振光，则在入射角等于起偏角的情况下，反射光的光强为零，入射光将全部进入棱镜. 因此要求入射光是振动方向平行于入射面的线偏振光. 入射角 i_{01} 为

$$i_{01} = \arctan n = \arctan 1.50 = 56.3^\circ$$

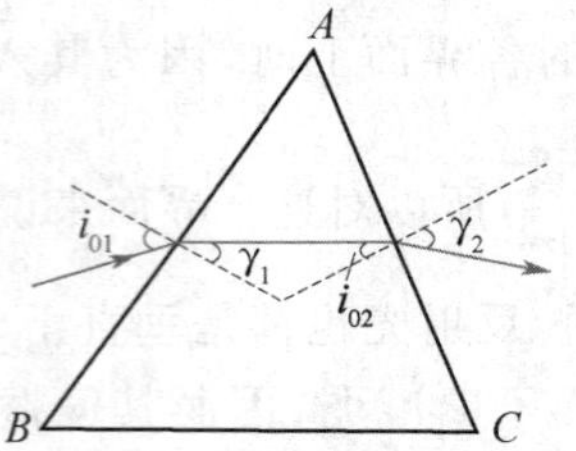

图 6.10 例 6.4 图

(2) 当进入棱镜的光射到棱镜右侧界面上时,因它只包含平行于入射面的光振动,只要以起偏角入射,其反射光的光强就仍然为零,进入棱镜的光将全部折射出棱镜而保持光强不变.这时投射到界面 AC 的起偏角 i_{02} 为

$$i_{02} = \arctan\frac{1}{n} = \arctan\frac{1}{1.50} = 33.7^\circ$$

因为 $i_{01} + \gamma_1 = 90^\circ$,$i_{02} + \gamma_2 = 90^\circ$,由图 6.10 中的几何关系可以看出

$$\angle BAC = \gamma_1 + i_{02} = \frac{\pi}{2} - i_{01} + i_{02} = 90^\circ - 56.3^\circ + 33.7^\circ = 67.4^\circ$$

6.4 散射光的偏振

在人眼前放一块偏振片,并通过这块偏振片向天空望去,当转动偏振片时,会发现透过它的"天光"有明暗的变化.这说明"天光"是部分偏振光,这种部分偏振光是大气中的微粒或分子对太阳光散射的结果.

一束光射到一个微粒或分子上,就会使其中的电子在光束内的电场矢量的作用下振动.此类振动中的电子会向其周围发射同频率的电磁波,即光,这种现象叫作**光的散射**.这种散射使人们能从侧面看到有灰尘的室内的太阳光束或大型歌舞晚会上的彩色激光射线.

分子中的一个电子振动时发出的光是偏振光,它的光振动方向总是垂直于光的传播方向(横波),并和电子的振动方向在同一个平面内.但是,电子振动往各方向发出的光的光强不同:在垂直于电子振动的方向上,光强最大;在沿电子振动的方向上,光强为零.图 6.11 表示了这种情形,O 点处有一电子沿竖直方向振动,它发出的球面波向四周传播,各条光线上的短线表示该方向上光振动的方向,短线的长度大致表示该方向上光振动的振幅.

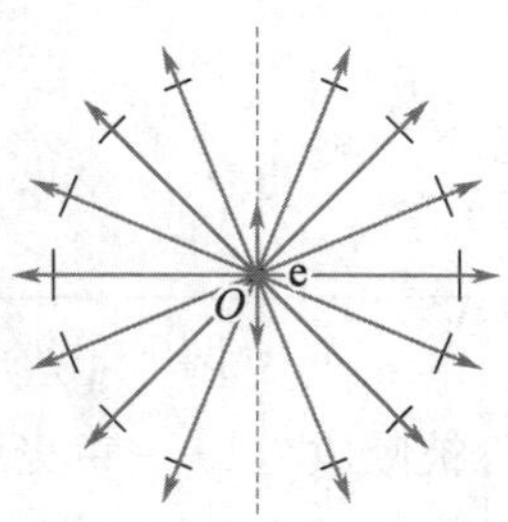

图 6.11 振动的电子发出的光的振幅和偏振方向示意图

如图 6.12 所示,设太阳光沿水平方向(x 轴方向)射来,它的水平方向(y 轴方向,垂直于纸面向内)和竖直方向(z 轴方向)上的光矢量激起位于 O 点处的分子中的电子做同方向的振动而发生光的散射.结合图 6.11 所示的规律,沿竖直方向向上看去,就只有振动方向沿 y 轴方向的线偏振光了.实际上,由于人们看到的"天

光”是大气中许多微粒或分子从不同方向散射来的光，也可能是经过几次散射后射来的光，加之微粒或分子的大小会影响其散射光的光强等，故人们看到的“天光”就是部分偏振光.

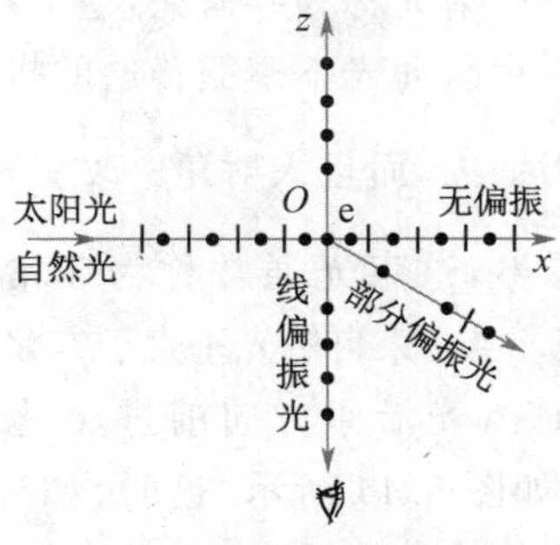

图 6.12　太阳光的散射

另外，按照电磁理论，每个散射光波的振幅与它的频率的平方成正比，而其光强又与它的振幅的平方成正比，所以散射光的光强和光的频率的四次方成正比. 由于蓝光的频率比红光高，所以太阳光中的蓝色光成分比红色光成分散射强度更大. 因此，天空看起来是蓝色的. 在早晨或傍晚，太阳光沿地平线射来，在大气层中传播的距离较长，其中的蓝色光成分大都散射掉了，余下的进入人眼的光主要是频率较低的红色光，这就是朝阳或夕阳看起来发红的原因.

6.5　光的双折射

6.5.1　双折射现象　寻常光和非常光

当一束光射到两种各向同性介质（如空气和玻璃）的界面上时，要发生反射和折射，并且反射光和折射光仍各为一束光. 但是当光射入各向异性晶体（如方解石晶体）后，可以观察到有两束折射光，这种现象称为光的**双折射现象**. 如图 6.13(a) 所示，把一块方解石晶体放在印有一行字的纸面上，从上往下透过方解石晶体看字时，可以看到每个字都变成了相互错开的两个字，即每个字都有两个像. 这是由光线进入方解石晶体后产生的两束折射光所致. 图6.13(b) 表示光在方解石晶体内的双折射现象. 显然，晶体越厚，透射出来的光线分得越开.

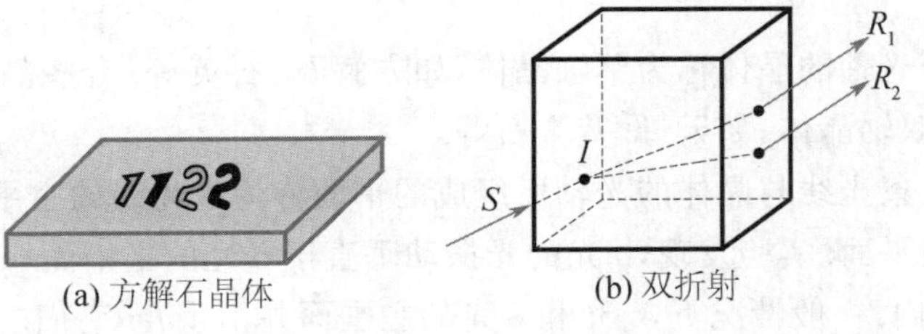

(a) 方解石晶体　　(b) 双折射

图 6.13　方解石晶体内的双折射现象

实验发现，除立方晶系外，光线进入晶体时，一般都产生双折射现象.

进一步的研究表明，两束折射线中的一束始终遵循折射定律，无论入射线的方向如何，其入射角 i 与折射角 γ 的正弦之比始终为恒量，即 $\frac{\sin i}{\sin \gamma}=\frac{n_2}{n_1}=$ 恒量，这一束折射光称为**寻常光**,通常用 o 表示,简称 o **光**;另一束折射光不遵循普通的折射定律,它不一定在入射面内,而且入射角 i 改变时,$\frac{\sin i}{\sin \gamma}$ 的值不是一个常数,这束光通常称为**非常光**,用 e 表示,简称 e **光**. 当一束自然光垂直于方解石晶体表面入射($i=0$)时,o 光沿原方向前进,e 光一般偏离原方向前进,如图 6.14 所示. 这时,如果使方解石晶体以入射光线为轴旋转,将发现 o 光不动,而 e 光却随之绕轴旋转. 用检偏器检验可知,o 光和 e 光都是线偏振光.

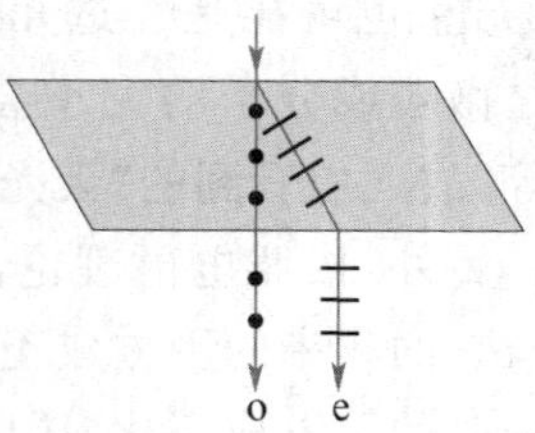

图 6.14 寻常光和非常光

6.5.2 晶体的光轴与光线的主平面

晶体内存在着一个特殊方向,光沿这个方向传播时不产生双折射现象,即 o 光和 e 光重合,在该方向上 o 光和 e 光的折射率相等,光的传播速度相等. 这个特殊的方向称为晶体的**光轴**. 例如,天然方解石晶体是斜平行六面体,两棱之间的夹角约为 78° 或 102°. 从其三个钝角面相会合的顶点引出一条直线,并使其与三棱边都成等角,这一直线方向就是方解石晶体的光轴方向,如图 6.15 所示. 应该注意,光轴不是指一条直线,而是强调其方向.

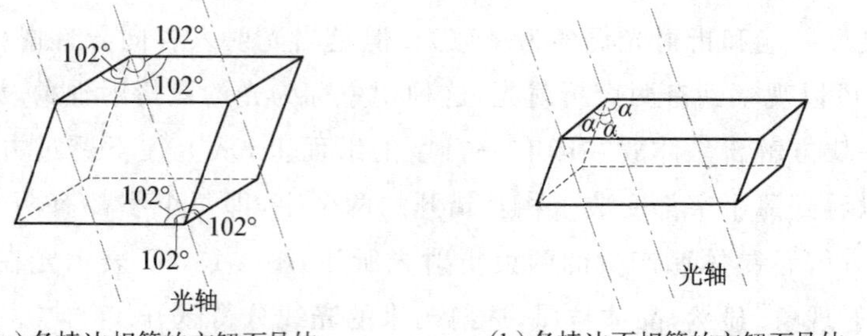

(a) 各棱边相等的方解石晶体　　(b) 各棱边不相等的方解石晶体

图 6.15 方解石晶体的光轴

只有一个光轴的晶体称为单轴晶体,如方解石、石英等. 有些晶体具有两个光轴方向,称为双轴晶体,如云母、蓝宝石等.

晶体中某条光线与晶体的光轴所组成的平面称为该光线的**主平面**. o 光和 e 光各有自己的主平面. 实验发现,o 光的光振动垂直于 o 光的主平面,e 光的光振动在 e 光的主平面内. 一般情况下,o 光和 e 光的主平面并不重合,它们之间有一个不大的夹角. 只有当光线沿光轴和晶体表面法线所组成的平面入射时,这两个主平面才严格重合,且就在入射面内,这时,o 光和 e 光的光振动方向相互垂直. 这个由光轴和晶体表面法线组成的平面称为晶体的**主截面**. 在实际应用中,一般都选择光线沿主截面入射,以简化对双折射现象的研究.

6.5.3　用惠更斯原理解释双折射现象

双折射现象是由 o 光和 e 光在晶体中的传播速度不同引起的. 在单轴晶体中，o 光沿各个方向传播的速度相同，而 e 光沿各个方向传播的速度不同，唯有沿光轴方向时，o 光和 e 光的传播速度相同. 在垂直于光轴的方向上，o 光和 e 光的传播速度相差最大. 假想在晶体内有一子波源，由它发出的光波在晶体内传播，则 o 光的波面是球面，而 e 光的波面是旋转椭球面，两个波面在光轴方向上相切. 用 $\boldsymbol{v}_o$ 表示 o 光的传播速度，$\boldsymbol{v}_e$ 表示 e 光沿垂直于光轴方向的传播速度. $v_o > v_e$ 的一类晶体，如石英，称为**正晶体**，其子波波阵面如图 6.16(a) 所示；$v_o < v_e$ 的一类晶体，如方解石，称为**负晶体**，其子波波阵面如图 6.16(b) 所示.

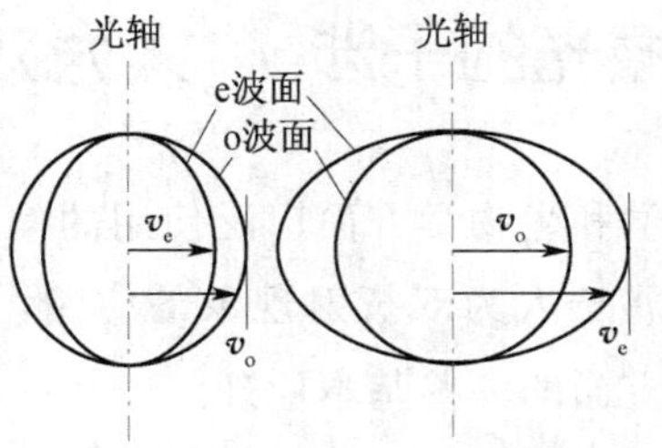

图 6.16　正晶体和负晶体的子波波阵面

根据折射率的定义，对于 o 光，$n_o = \dfrac{c}{v_o}$ 表示 o 光的主折射率，它是与方向无关而只由晶体材料决定的常数. 通常把真空中的光速 c 与 e 光沿垂直于光轴方向的传播速度 v_e 之比 $n_e = \dfrac{c}{v_e}$，称为 e 光的主折射率.

知道了晶体光轴方向和 n_o、n_e 两个主折射率，应用惠更斯作图法，就可确定单轴晶体中 o 光和 e 光的传播方向，从而说明双折射现象.

图 6.17(a) 为平行光以入射角 i 倾斜入射到方解石晶体上的情况. AC 是平面波的一个波面，当入射波由 C 点传到 D 点时，AC 波面上除 C 点外的其他各点处的波，都已先后到达晶体表面 AD 上并向晶体内发出子波，其中 A 点发出的 o 光球面子波和 e 光旋转椭球面子波波面如图 6.17(a) 所示，两子波波面相切于光轴上的 G 点. A、D 间各点先后发出的球面子波波面的包迹平面 DE 就是 o 光在晶体中的新波面，AE 线即为 o 光在晶体中的折射方向；各旋转椭球面子波波面的包迹平面 DF 就是 e 光在晶体中的新波面，AF 线即为 e 光在晶体中的折射方向. 从图 6.17(a) 中可见，o 光和 e 光的传播方向不同，因而在晶体中出现了双折射现象. 值得注意的是，e 光的传播方向并不与它的波面垂直. 图 6.17(b) 和图 6.17(c) 为平行光正入射到晶体表面上的情况. 在图 6.17(c) 中，o 光和 e 光的传播方向是相同的，但传播速度和折射率均不相同，仍属于双折射现象. 这一情况与光在晶体内沿光轴方向传播时具有同速度、同折射率、无双折射现象是有区别的.

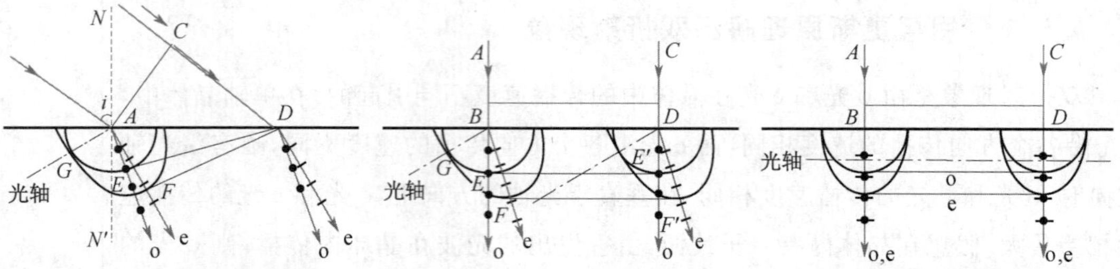

(a) 平面波倾斜射入方解石的双折射现象　(b) 平面波垂直射入方解石的双折射现象　(c) 平面波垂直射入方解石(光轴在折射面内并平行于晶面)的双折射现象

图 6.17　用惠更斯原理解释双折射现象

6.6　偏振光的干涉　人为双折射现象

目前在矿物学、冶金学和生物学方面广泛使用的偏振光显微镜就利用了偏振光的干涉.而光弹性法既属于人为双折射现象的应用,又属于偏振光的干涉的应用.本节讨论有关这两个方面的一些基本原理.

6.6.1　椭圆偏振光与圆偏振光　波片

利用振动方向相互垂直的两个同频率的光振动,可以获得椭圆偏振光和圆偏振光.获得椭圆偏振光的原理如图6.18所示,P为偏振片,C为单轴薄晶片,其光轴平行于晶面且与P的透光轴的夹角为θ.单色自然光透过偏振片后,成为线偏振光,设其振幅为E,光振动方向与晶片C的光轴方向的夹角为θ,该线偏振光垂直于光轴进入晶片后分解为o光、e光,仍沿原方向前进(此时o光、e光的两主平面重合,且就在它们的传播方向与光轴所在的平面内),o光的光振动垂直于主平面(垂直于光轴),e光的光振动平行于光轴,其振幅分别为$E_o = E\sin\theta, E_e = E\cos\theta$.由于两光在晶片中的传播速度不同,晶片对o光、e光的主折射率(e光在垂直于光轴方向上的折射率)n_o和n_e亦不相同,所以通过厚度为d的晶片后,它们之间将出现相位差:

$$\Delta\varphi = \frac{2\pi}{\lambda}(n_o - n_e)d \tag{6.3}$$

式中,λ是入射单色光的波长.这样两束频率相同、振动方向相互垂直且具有一定相位差的光就合成椭圆偏振光.合成光矢量末端的轨迹在一般情况下是一个椭圆.适当选择晶片厚度d,使得相位差

$$\Delta\varphi = \frac{2\pi}{\lambda}(n_o - n_e)d = \frac{\pi}{2}$$

则透过晶片后的合成光为正椭圆偏振光.因为这时o光、e光透过晶片后的光程

差为

$$\Delta = (n_o - n_e)d = \frac{\lambda}{4}$$

这样厚度的晶片称为四分之一波片. 如果光程差等于半波长,这样的晶片就称为二分之一波片. 显然,这是对特定波长而言的.

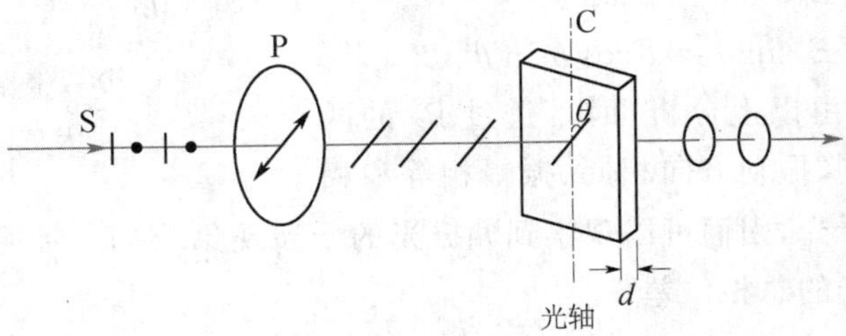

图 6.18　获得椭圆偏振光的原理

当图 6.18 中的晶片 C 为四分之一波片,且 $\theta = \frac{\pi}{4}$ 时,晶片中 o 光与 e 光的振幅相等,即 $E_o = E_e$,此时通过晶片后的光将成为圆偏振光.

如果将晶片 C 换成二分之一波片,θ 仍保持$\frac{\pi}{4}$,则 o 光、e 光通过晶片后的相位差为 π,且振幅相等,合成后仍为线偏振光,不过振动方向将旋转 90°.

6.6.2　偏振光的干涉

只要满足相干条件,偏振光和自然光一样,也可以产生干涉现象. 图 6.19 所示是观察偏振光干涉的实验装置. 其中,P_1、P_2 是两个透光轴互相垂直的偏振片,C 为薄晶片,其光轴平行于晶体表面. 单色自然光垂直入射偏振片 P_1,透过 P_1 后成为线偏振光,入射到晶片 C 时分解为 o 光和 e 光,透过晶片后则成为光振动方向相互垂直且有一定相位差的两束光. 这两束光射入偏振片 P_2 时,只有与 P_2 透光轴平行的分振动才可以通过,这样就得到了两束相干的线偏振光.

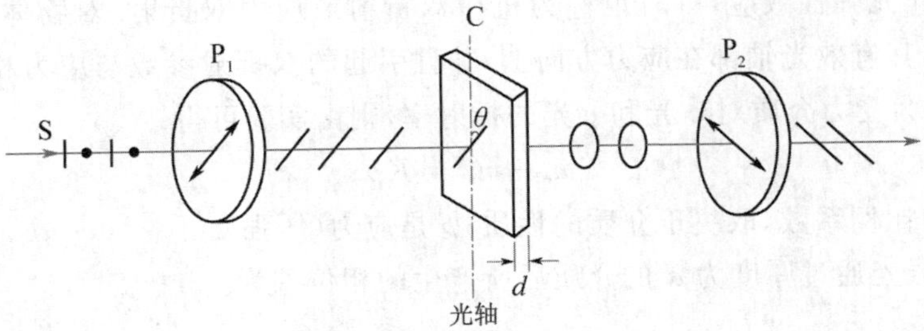

图 6.19　观察偏振光干涉的实验装置

图 6.20 是透过偏振片 P_1、薄晶片 C 和偏振片 P_2 的光的振幅矢量图. 其中,P_1、

P_2 为两偏振片的透光轴方向，C为晶片的光轴方向，E 为入射晶片C的线偏振光的振幅. 透过晶片C后，两束光的振幅分别为 $E_o = E\sin\theta$，$E_e = E\cos\theta$，它们的振动方向为o光垂直于光轴C，e光平行于光轴C. 这两束光透过 P_2 后的振幅分别为

$$E_{2o} = E_o\cos\theta = E\sin\theta\cos\theta$$

$$E_{2e} = E_e\sin\theta = E\cos\theta\sin\theta$$

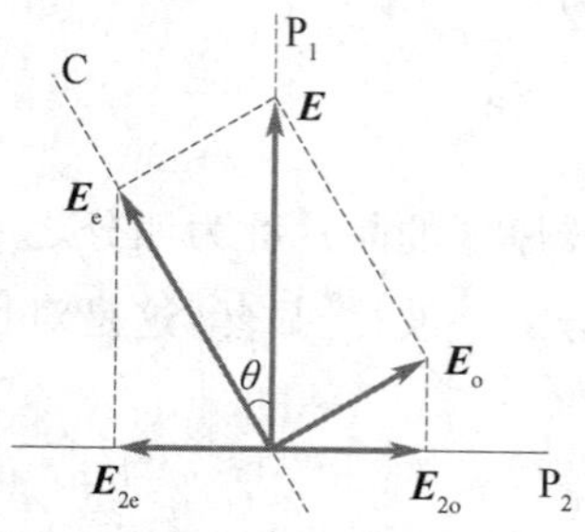

图 6.20　偏振光干涉振幅矢量图

两者振幅相等. 由以上分析可知，透过 P_2 的两束光是频率相同、振动方向相同、振幅相等和相位差恒定的相干光，因而可以观察到偏振光的干涉现象. 在 P_2 后观察到的光强取决于两束透射光的总相位差

$$\Delta\varphi = \frac{2\pi}{\lambda}(n_o - n_e)d + \pi \tag{6.4}$$

式中，等号右端第一项为两光通过厚度为 d 的晶片后所产生的相位差；第二项是由于 $\boldsymbol{E}_{2o}$ 和 $\boldsymbol{E}_{2e}$ 的方向相反而引起的附加相位差. 由此可知，干涉的明暗条件为

$$\Delta\varphi = \frac{2\pi}{\lambda}(n_o - n_e)d + \pi = \begin{cases} 2k\pi & (k = 1,2,3,\cdots) \quad (\text{干涉加强，视场最亮}) \\ (2k+1)\pi & (k = 1,2,3,\cdots) \quad (\text{干涉减弱，视场最暗}) \end{cases} \tag{6.5}$$

如果晶片C是劈尖形状，则视场中将出现明暗相间的干涉条纹.

如果所用入射光源为白光，则对应不同波长的光，满足各自的干涉条件时，视场中将出现彩色干涉图样，这种现象称为**色偏振**.

6.6.3　人为双折射现象

某些非晶体在受到外界作用(如机械力、电场或磁场等作用)时，会失去各向同性的性质，也呈现出双折射现象，称为**人为双折射现象**.

1. 光弹性效应 —— 应力双折射

本来透明的各向同性的介质在机械应力作用下，显示光学上的各向异性，这种现象叫作光弹性效应，有时也称为机械双折射或应力双折射. 对物体施以压力或张力时，其有效光轴都在应力方向上，并且引起的双折射参数与应力相关. 设 n_o 和 n_e 分别为受力介质对o光和e光的折射率，则由实验可得

$$n_o - n_e = Kp$$

式中，K 为比例系数，取决于介质的性质；p 是应力(压强).

两偏振光通过厚度为 d 的介质后所产生的相位差为

$$\Delta\varphi = \frac{2\pi}{\lambda}(n_o - n_e)d \tag{6.6}$$

式中，λ 为光在真空中的波长.

利用光弹性效应可以研究机械物体内部应力的分布情况. 用透明材料制成待

分析的机械零件的模型，并按实际使用时的受力情况对模型施力，于是在各受力部分产生相应的双折射. 把模型放在正交的起偏器与检偏器之间就可以观察到干涉条纹，根据条纹的色彩和形状可计算出应力分布情况，这种方法叫作光弹性法. 它在工程技术上已得到广泛应用.

2. 克尔效应 —— 电致双折射

1875 年，克尔发现，某些非晶体或液体在强电场作用下，其分子定向排列，从而获得类似于晶体的各向异性性质，这一现象称为克尔效应.

如图 6.21 所示，C 是装有平板电极且储有非晶体或液体（如硝基苯）的容器，叫作克尔盒. P_1、P_2 是两个正交的偏振片，使用时最好让它们的偏振化方向与电场方向分别成 $\pm 45^\circ$ 角. 未接通电源时，视场中是暗的. 接通电源后，视场由暗转明，说明在电场作用下，非晶体变成双折射晶体. 实验表明，盒内非晶体或液体在电场作用下获得单轴晶体的性质，其光轴方向与电场强度 $\boldsymbol{E}$ 的方向平行，入射单色光的波长 λ 与 n_o 和 n_e 之间的关系是

$$n_o - n_e = KE^2\lambda \tag{6.7}$$

式中，K 为克尔常数，与材料有关.

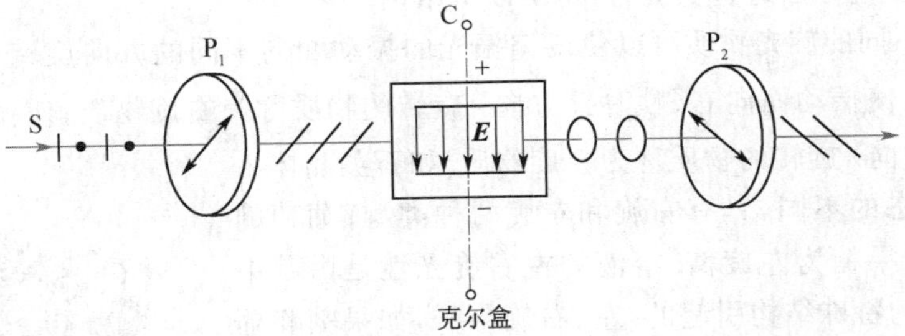

图 6.21 研究克尔效应的实验装置

利用克尔效应可制成光断续器 —— 光开关. 这种开关的优点在于几乎没有惯性，能随着电场的产生和消失迅速地开启和关闭（不超过 10^{-9} s），因而可使光强的变化非常迅速. 这种光断续器已广泛用于高速摄影、光速测量及电影、电视等中，近年来更多地用作脉冲激光器的 Q 开关.

在强磁场的作用下，非晶体也能呈现双折射现象，叫作磁致双折射，详细情况本书不再介绍，感兴趣的读者可自行查阅有关资料.

6.7 旋光现象

1811 年，阿拉果（Arago）发现，当线偏振光通过某些透明物质时，线偏振光的振动面将旋转一定的角度，这种现象称为振动面的旋转，也称为**旋光现象**. 能使振动面旋转的物质称为**旋光物质**，如石英、糖溶液和酒石酸溶液等都是旋光物质. 实验证明，振动面旋转的角度取决于旋光物质的性质、厚度或浓度，以及入射光的波

长等.

图6.22所示是研究旋光现象的实验装置.图中F是滤光器,用以获取单色光;C是旋光物质,如晶面与光轴垂直的石英片.当旋光物质放在两个相互正交的偏振片P_1和P_2之间时,将会看到视场由原来的黑暗变为明亮.将偏振片P_2绕光的传播方向旋转某一角度后,视场又将由明亮变为黑暗.这说明线偏振光透过旋光物质后仍然是线偏振光,但是振动面旋转了一个角度,旋转角等于偏振片P_2旋转的角度.

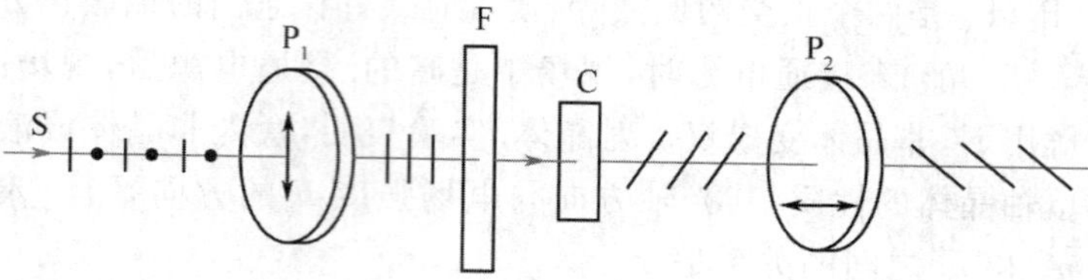

图6.22　研究旋光现象的实验装置

应用上述方法进行实验,可得出以下结论.

(1) 不同的旋光物质可以使线偏振光的振动面向不同的方向旋转.如果面对光源观察,使振动面向右(顺时针方向)旋转的物质称为右旋物质;使振动面向左(逆时针方向)旋转的物质称为左旋物质.如石英晶体由于结晶形态的不同,具有右旋和左旋两种类型;葡萄糖为右旋糖;果糖为左旋糖.溶液的左右旋光性是由其中分子本身的特殊结构引起的.左、右旋分子,如果糖和葡萄糖,它们的原子组成一样,都是$C_6H_{12}O_6$,但空间结构不同.这两种分子叫作**同分异构体**,它们的结构如图6.23所示.令人费解的是,人工合成的同分异构体,如左旋糖和右旋糖,总是左、右旋分子各半,而来自生命体的同分异构体,如由甘蔗或甜菜榨出来的蔗糖以及生物体内的葡萄糖都是右旋糖.生物总是选择右旋糖消化吸收,而对左旋糖不感兴趣.

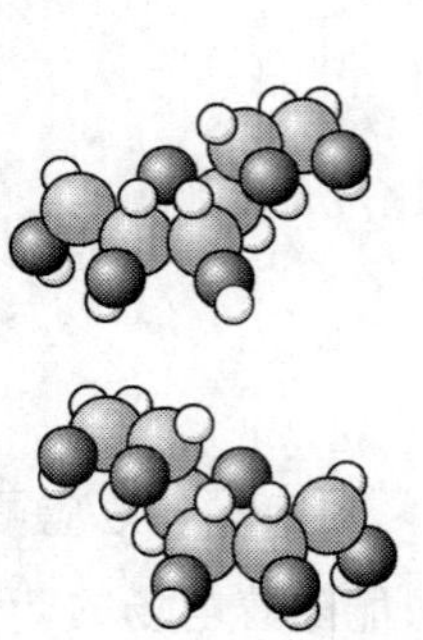

图6.23　果糖和葡萄糖的结构

(2) 振动面的旋转角φ与波长有关,当波长给定时,则与旋光物质的厚度d有关.它们满足关系式

$$\varphi = \alpha d \tag{6.8}$$

式中,d用mm计;α称为旋光率,与物质的性质、入射光的波长等有关.如1 mm厚的石英片能产生的旋转角对红光为15°,对钠黄光为21.7°,对紫光为51°.

(3) 偏振光通过糖溶液、松节油时,振动面的旋转角可表示为

$$\varphi = \alpha c d \tag{6.9}$$

式中,α和d的意义同上,c是旋光物质的浓度.在制糖工业中,测定糖溶液浓度的糖量计就是根据这一原理制成的.

阅读材料 液 晶

液晶是一种新材料，由于其具有低电压、微功耗、高对比度等优点，已广泛应用于显示器的制作中. 人们经常看到的计算器、电子钟表、笔记本电脑、数字仪表的显示屏，体育场馆中的记分牌，商场中的广告屏等，多是用液晶制成的.

近年来，人们又发现液晶与生命现象有联系，探索液晶的性质及生物液晶的特殊功能的课题正日渐深入，人们期待着液晶技术的不断完善和获得新的突破.

物质通常有三态：气态、液态和固态，但一些有机化合物可以在一定范围内取非液、非固的中间态. 这些有机化合物的分子质心做无规则排列，没有完全的周期性，并不具备晶体结构的特征，但是分子的取向具有明显的各向异性，能产生晶体所特有的光的双折射现象；同时，它们又具有液体特有的流动性和一定的黏度. 这种非晶、非液态的物质称为液晶. 液晶态是物质的又一种形态.

一、液晶的发现

1888 年，奥地利植物学家莱尼兹尔(F. Reinitzer) 在研究胆甾醇酯类在植物中的生物作用时观察到一种奇怪的现象：把胆甾醇苯甲酸酯($C_6H_5CO_2C_{27}H_{45}$，简称 CB) 晶体加热到温度为 145.5 ℃ 时，晶体熔融成乳白色黏稠混浊的液体；继续加热到温度为 178.5 ℃ 时，这种混浊的液体突然变得清亮透明. 这是人类首次观察到的液晶相，该温度称为清亮点. 再由此状态冷却，液体会发生从紫色、橙色到绿色的颜色变化. 开始，莱尼兹尔以为这是由所用晶体含有杂质引起的，但经多次提纯，实验现象仍然不变，而且由浑浊到清亮的过程是可逆的. 后来，经德国物理学家雷曼(O. Lehmann) 的系统研究，发现许多有机化合物都可以在熔点以上、清亮点以下出现混浊的中介相.

雷曼指出，处于中介相的这些物质，其力学性质与通常的液体相似，具有流动性和黏性；而其光学、电学性质(如折射率、介电常量、磁化率、扩散系数等) 却呈现各向异性，与晶体相似. 这种中介相称为液晶相，可以出现液晶相的物质统称为液晶.

从首次发现液晶至今的一百多年中，已发现液晶化合物几千种，但直到 20 世纪 70 年代才取得了突破性的研究进展，并在光电显示器件上获得了广泛的应用. 与此同时，在液晶的基础理论研究方面也取得了令人瞩目的成就，液晶物理学已成为凝聚态物理学的一个引人入胜的新分支.

二、液晶的结构与分类

能够组成液晶的有机分子的形状多呈棒形或扁平盘状，长度达几个纳米，长宽比为 4∶1 ～ 8∶1，分子量一般为 0.200 ～ 0.500 kg/mol. 图 6.24 给出了几种液晶分子的形状，从液晶分子的几何形状就可看出其具有明显的各向异性.

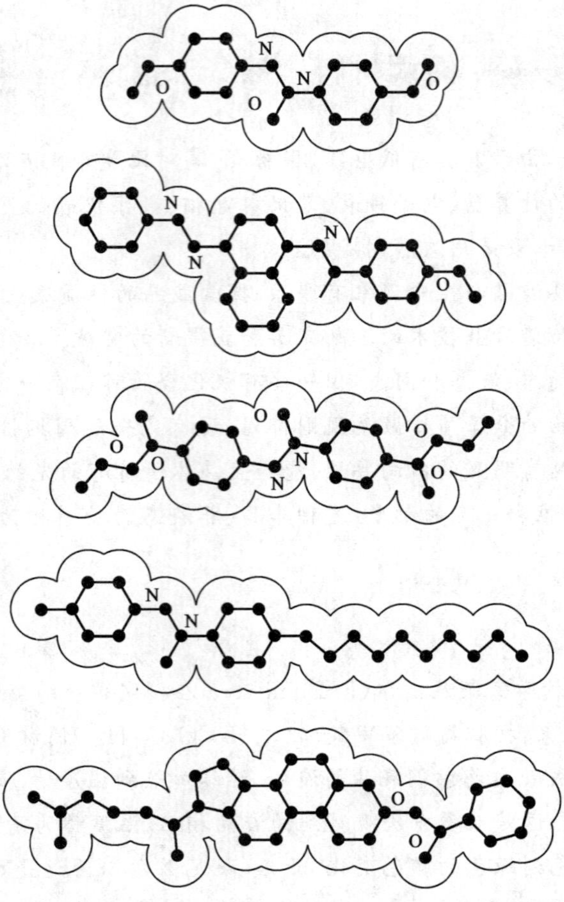

图 6.24　几种液晶分子的形状

按照液晶成分和出现中介相的物理条件,液晶大体可分为热致液晶和溶致液晶两大类.热致液晶指只存在于一定温度范围内的液晶相,多为单成分的纯化合物或均匀混合物,常用作显示器件的显示材料.

溶致液晶指将某些物质溶于另一种物质时形成液晶相.溶剂可以是水,也可以是其他有机溶剂.因此溶致液晶是多组分体系.最常见的溶致液晶有肥皂水、洗衣粉溶液、表面活化剂溶液等.溶致液晶还在生物系统中大量存在,生物膜就具有溶致液晶的特征,但生物系统结构的复杂性远远超过了液晶.人们用液晶相的概念描述生物系统并非真实的物理描述,而只是为了帮助想象.

按照液晶分子排列的对称性和有序性来分,热致液晶有三种基本类型(或称三个亚类):向列相、胆甾相和近晶相,下面分别介绍.

1. 向列相液晶

向列相液晶又叫作丝状液晶.这类液晶分子的长宽之比大于4,棒状分子的质心位置完全无序,但分子倾向于沿特定的方向排列,并不排列成层,如图 6.25(a) 所示.向列相液晶分子的排列方向可以用棒状分子的平均指向矢 **n** 表示，实验表明 **n** 相当于晶体的光轴方向. 由于向列相液晶分子间的短程作用比较弱，排列和运动比较自由，所以它能上下、前后、左右滑动. 向列相液晶的主要特点是对外界作用相当敏感. 在高于某一临界温度以后，向列相液晶就变成通常的液相了.

向列相液晶具有单轴晶体的光学性质，目前它是制作显示器件的主要材料.

2. 胆甾相液晶

甾是化合物的一种，广泛存在于植物体内. 胆固醇和许多激素都属于甾类化合物.

在胆甾相液晶中，分子呈扁平状层状排列，如图 6.25(b) 所示. 虽然胆甾相液晶每一层分子的排列很像向列相液晶，但相邻层上分子的指向矢却有微小的扭角(大约为 0.25°). 由于多层分子的长轴指向矢的扭转使胆甾相液晶分子的排列逐渐形成螺纹状，当分子长轴排列方向转过 360° 时，最外两端的分子层之间相隔的距离 L(也称为螺距) 约为 10^2 nm的数量级. 通常 L 会随温度的改变而改变，如果 L 正好与某种光的波长相等，就会显示出该种光的色彩.

胆甾相液晶的分子长轴平行于层面，而其光轴垂直于分子层面.

3. 近晶相液晶

近晶相液晶分子也排列成层，层内分子长轴相互平行，其方向垂直于层面，或与层面成一定倾斜角，层的厚度等于分子的长度，各层之间的距离可以变动，如图 6.25(c) 所示. 近晶相液晶分子可以在层内前后左右滑动，但不能在上下层间移动. 由于分子排列整齐，有点类似于晶体，故称近晶相. 近晶相液晶分子的质心在层内无序，可以自由平移，所以有流动性，但黏度较大.

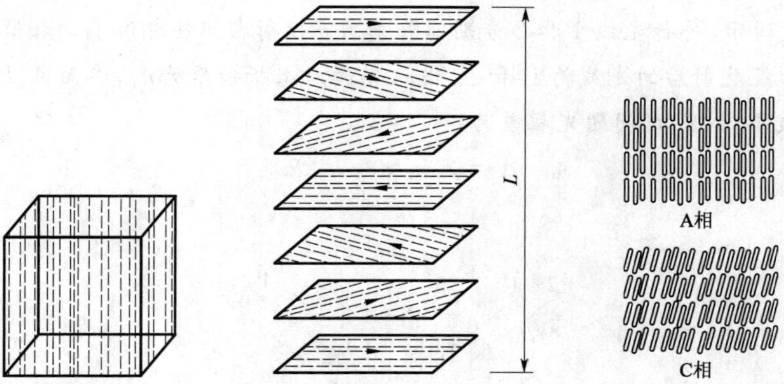

(a) 向列相液晶　(b) 胆甾相液晶　(c) 近晶相液晶

图 6.25　液晶分子排列示意图

应该说，热致液晶的这三种结构只是液晶的三个不同的相. 一般来说，同一种液晶材料在不同温度下可处于不同的相. 随着温度的变化，液晶各相态之间可以发生相变. 例如，胆甾醇壬酸酯晶体在 78 ℃ 时发生相变成为近晶相液晶，79 ℃ 时变成胆甾相液晶，90.5 ℃ 时变为各向同性的液体，如图 6.26 所示. 所以，在应用液晶时必须注意环境温度，避免局部光照与辐射，以免液晶发生相变.

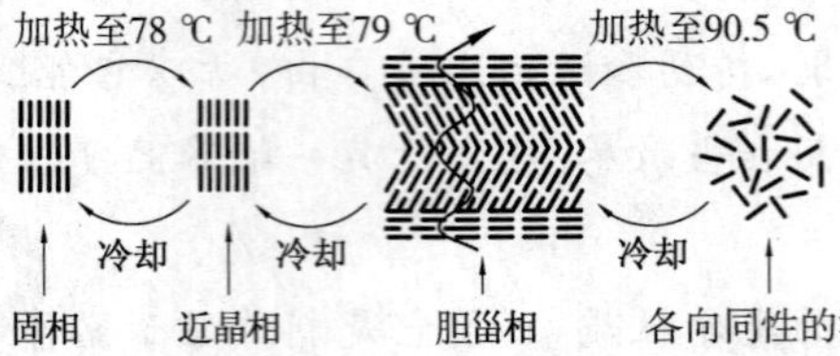

图 6.26　胆甾醇壬酸酯晶体的相变

三、液晶的光学、电学性质

由于液晶具有特殊的分子排列结构,它在平行于分子长轴的方向上和垂直于分子长轴的方向上的物理常量(如折射率、电容率、磁化率、电导率等)各不相同,因此液晶是各向异性的材料,这对液晶的光学性质具有重要的影响.液晶除了具有双折射、旋光性等光学特性外,还表现出一些特殊的电学、光学性能.

1. 液晶的光学性质随温度变化

对于向列相液晶,反映折射率各向异性的 $\Delta n = n_e - n_o$ 随温度变化,一般来说,温度越高,Δn 越小;当温度高于向列相液晶转变为液相的转变温度时,$\Delta n = 0$.

对于胆甾相液晶,除了 Δn 随温度变化外,其螺距 L 随温度的变化也较为明显.由于胆甾相液晶对光的反射率与螺距 L 和入射角 θ 有密切的关系,在不同温度下,在同一角度用白光照射时,胆甾相液晶会呈现不同的颜色.现分析如下.

如图 6.27 所示,平行光线 1 和 2 分别以入射角 θ 投射在胆甾相液晶的相隔为螺距 L 的任意两分子层上,经反射后的光线为 $1'$ 和 $2'$.设 A 界面以上折射率为 n_1,界面 A、B 间的平均折射率为 n_2,则光线 $1'$ 和 $2'$ 之间的光程差为

$$\Delta = 2(n_2 bc - n_1 Oa)$$

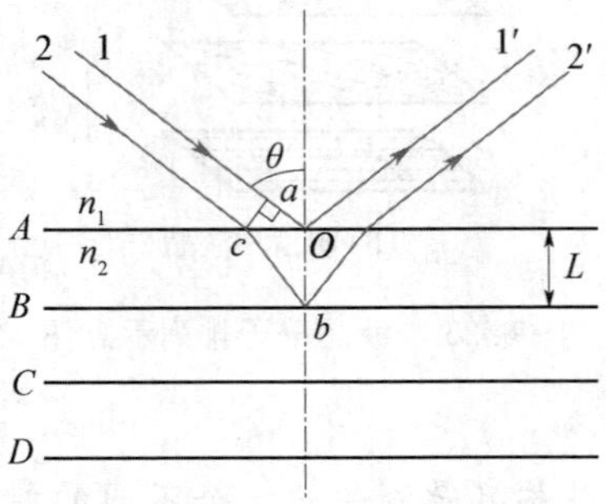

图 6.27　胆甾相液晶的选择反射

由于光线 $1'$ 和 $2'$ 同在胆甾相液晶中,可以认为 $n_1 \approx n_2 \approx n$,则光程差为

$$\Delta = 2nL\cos\theta \qquad ①$$

当 $\Delta = k\lambda(k = 1,2,3,\cdots)$ 时，得到最大反射光强，对应的波长为

$$\lambda = \frac{1}{k}(2nL\cos\theta)$$

与反射角 θ 和螺距 L 有关. 所以当把胆甾相液晶夹在两玻璃片之间并放在黑色的纸上时，在白光下观察液晶面上的反射光，θ 大时呈蓝色，θ 小时呈橙红色. 由于螺距 L 随温度变化，所以在不同温度下，胆甾相液晶的颜色也会发生变化. 这种在不同温度下对不同波长的光选择反射的特性可用于测量温度，其测温精度可达 0.5 ℃，现已用来对电子元件或电动机等进行测温检查或探查肿瘤的部位.

2. 液晶的电光效应

在电场作用下，液晶的光学特性发生变化，称为电光效应. 下面介绍两种电光效应.

1）电控双折射效应

由于液晶具有流动性，通常把它注入玻璃盒中，称为液晶盒. 当液晶盒很薄时，其分子的排列可以通过对玻璃表面进行适当的处理，如摩擦、化学清洗等加以控制. 当液晶分子长轴方向垂直于玻璃表面时，称为垂面排列；平行于玻璃表面时，称为沿面排列. 在玻璃表面涂上二氧化锡等透明导电薄膜，则玻璃片同时又成为透明电极.

把 N 型向列相垂面排列的液晶盒放在两正交偏振片之间，如图 6.28 所示.

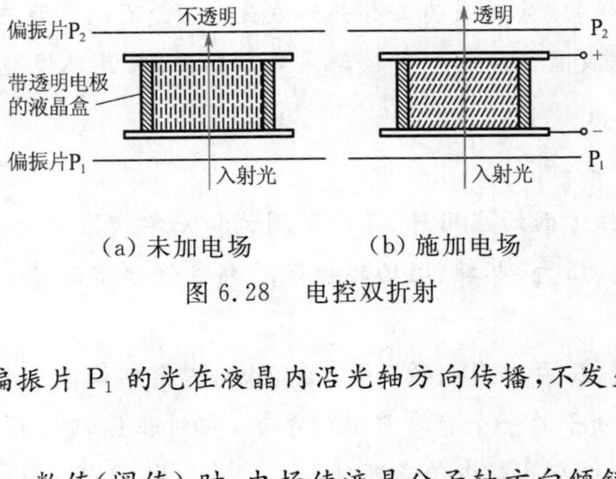

(a) 未加电场　　(b) 施加电场

图 6.28　电控双折射

未加电场时，通过偏振片 P_1 的光在液晶内沿光轴方向传播，不发生双折射，由于两偏振片正交，所以装置不透明.

施加电场并超过某一数值(阈值) 时，电场使液晶分子轴方向倾斜，此时光在液晶中传播时，发生双折射，装置由不透明变为透明.

光轴的倾斜随电场的变化而变化，因而两双折射光束间的相位差也随之变化，当入射光为复色光时，出射光的颜色也随之变化.

电控双折射现象用 P 型沿面排列的向列相液晶同样能观察到.

2）动态散射

把向列相液晶注入带有透明电极的液晶盒内，未加电场时，液晶盒透明. 施加电场并超过某一数值(阈值) 时，液晶盒由透明变为不透明，这种现象称为动态散射. 这是盒内离子和液晶分子在电场作用下相互碰撞，使液晶分子产生紊乱运动，导致折射率随时发生变化，使光发生强烈散射的结果.

去掉电场后,液晶盒恢复透明状态.但是如果在向列相液晶中混以适当的胆甾相液晶,则散射现象可以保持一段时间,这种情况称为有存储的动态散射.

动态散射现象在液晶显示技术中有广泛应用.目前用于数字显示的多为向列相液晶.图6.29(a)所示为7段液晶显示数码板.数码字的笔画由互相分离的7段透明电极组成,并且都与一公共电极相对.当其中某几段电极加上电压时,这几段就显示出来,组成某一数码字[见图6.29(b)].

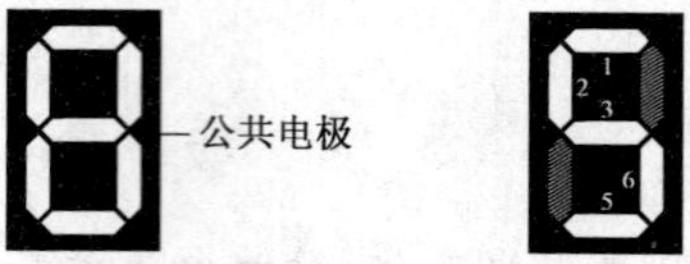

(a) 7段液晶显示数码板　(b) 显示数码5

图6.29　液晶数字显示

四、液晶的应用

1. 液晶显示

液晶显示器的英文简写为LCD(liquid crystal display),它是可以把不可见的信号(电、磁、热等)转换为可见信号的器件.这种信号的转变是通过能使液晶分子排列发生变化的磁场、电场或温度场的变化来实现的.虽然液晶本身并不发光,但它可以实现光的阻断和导通,改变光的相速或传播速度,所以液晶显示是一种被动式显示器件.外界环境越明亮,显示效果就越好,这是LCD显示的特点.

2. 液晶热像技术

液晶除了在显示器件方面的应用外,在计量测试和光学仪器方面也具有很高的应用价值.例如,胆甾相液晶对温度、压力、电场、磁场辐射等外部条件非常敏感,这就是液晶热像技术的物理基础.

当外部条件(如温度、压力、电场、磁场等)变化时,胆甾相液晶分子的螺距也会发生变化.而螺距L是胆甾相液晶分子的一个非常重要的参数,它对胆甾相液晶所有的物理性质几乎都有影响,因此可以将胆甾相液晶制成传感器件.

此外,利用液晶热像技术还可以进行无损探伤(电子电路热点检测、裂缝或焊缝的探测)、辐射场的测量(红外、微波强度测定)、医疗热谱图的显示(皮肤状态显示、血管疾病诊断、乳腺癌探测)等.

3. 液晶与生物膜

液晶还可能是打开生命之谜的钥匙.现代生物物理的研究表明,在正常的生物条件下生物膜处于液晶态.此外,神经冲动的传导、脂肪的消化等生命现象也都与液晶有关.可以说,没有液晶就没有生命.

目前,对生物膜的研究已与高温超导并列为凝聚态物理学的六大热点之一.